Umweltschutz und Wettbewerb
als Wertwiderspruch im deregulierten
deutschen und europäischen Elektrizitätsmarkt

Schriften zum Europa- und Völkerrecht und zur Rechtsvergleichung

Herausgegeben von Manfred Zuleeg

Band 5

PETER LANG

Frankfurt am Main · Berlin · Bern · Bruxelles · New York · Oxford · Wien

Christoph Schalast

Umweltschutz und Wettbewerb als Wertwiderspruch im deregulierten deutschen und europäischen Elektrizitätsmarkt

PETER LANG
Europäischer Verlag der Wissenschaften

Die Deutsche Bibliothek - CIP-Einheitsaufnahme

Schalast, Christoph:

Umweltschutz und Wettbewerb als Wertwiderspruch im deregulierten deutschen und europäischen Elektrizitätsmarkt / Christoph Schalast. - Frankfurt am Main ; Berlin ; Bern ; Bruxelles ; New York ; Oxford ; Wien : Lang, 2001
(Schriften zum Europa- und Völkerrecht und zur Rechtsvergleichung ; Bd. 5)
Zugl.: Frankfurt (Main), Univ., Diss., 2001
ISBN 3-631-38029-1

D 30
ISSN 1436-2007
ISBN 3-631-38029-1

www.peterlang.de

Vorwort

Die vorliegende Arbeit wurde im Wintersemester 2000/01 von dem Fachbereich Rechtswissenschaften der Johann Wolfgang Goethe-Universität Frankfurt am Main als Dissertation angenommen.

Rechtsprechung und Literatur sind durchgehend bis zum 01.12.2000 eingearbeitet, vereinzelt in den Fußnoten auch darüber hinaus. Das Urteil des EuGH vom 13.03.2001 – PreussenElektra - zur Vereinbarkeit des Stromeinspeisungsgesetzes mit dem Gemeinschaftsrecht konnte ebenfalls nur in den Fußnoten erwähnt werden. Soweit der EuGH in dem Urteil den Spielraum der Mitgliedsstaaten zur Förderung der erneuerbaren Energien hervorhebt, stützt dies die in der Untersuchung vertretenen Thesen.

Danken möchte ich zunächst dem Erstgutachter, Herrn Prof. Dr. Rehbinder, für seine Hinweise während der Entstehung der Untersuchung sowie die wissenschaftliche Freiheit, in der ich arbeiten konnte. Mein Dank gehört auch dem Zweitgutachter, Herrn Prof. Dr. Frankenberg, für die rasche Begutachtung und Herrn Prof. Dr. Zuleeg, dem Vorsitzenden des Prüfungsausschusses für die Aufnahme der Untersuchung in seine Schriftenreihe. Die Arbeit geht auf Anregungen zurück, die ich bereits während meiner Wahlstation als Rechtsreferendar bei der Generaldirektion Wissenschaft des Europäischen Parlamentes durch Dr. Peter Palinkas erhielt. Auch für seine spätere Unterstützung, insbesondere bei der Beschaffung von Materialien aus dem europäischen Gesetzgebungsprozess sowie viele anregende Diskussionen, schulde ich ihm Dank.

Schließlich möchte ich ganz herzlich meiner Frau Eva danken, die mich während des langen Entstehungsprozesses der Arbeit trotz aller damit verbundenen Belastungen stets gefördert und unterstützt hat. Ihr möchte ich die Arbeit widmen.

Frankfurt am Main, im April 2001 *Christoph Schalast*

Inhaltsverzeichnis

A. EINLEITUNG

Die folgende Untersuchung zu dem Wertwiderspruch zwischen Umweltschutz und Wettbewerb in dem vor kurzem deregulierten deutschen und europäischen Elektrizitätsmarkt ist hervorgegangen aus einer Studie, die der Verfasser bereits Ende der achtziger Jahre für die Generaldirektion Wissenschaft des Europäischen Parlaments im Rahmen der ersten Anhörungen zur Vorbereitung der Energiebinnenmarktrichtlinien erarbeitet hat.[1] Die Untersuchung steht dabei im inhaltlichen Zusammenhang mit den Arbeiten des Forschungsprojektes der Forschungsstelle Umweltrecht der Goethe-Universität zur Bedeutung des europäischen Gemeinschaftsrechts für die nationale Energiepolitik und das nationale Energierecht,[2] ist aber unabhängig davon entstanden.

Ziel der Untersuchung ist es, vier Jahre nach Verabschiedung der Elektrizitätsbinnenmarktrichtlinie und zwei Jahre nach Inkrafttreten des EnWG 1998, nachzuweisen, dass sowohl der europäische, wie auch der nationale Gesetzgeber einen Vorrang- und Wertkonflikt zwischen den Zielen „Umweltschutz" und „Wettbewerb" in der Elektrizitätsversorgung im Rahmen dieser großen Reformprojekte zwar gesehen aber nicht gelöst haben.

Beide, d.h. der nationale und der europäische Gesetzgeber sind nach der hier vertretenen These ihren selbst formulierten Zielen sowie den Ansprüchen an eine moderne Gesetzgebung nicht gerecht geworden.[3] Darüber hinaus soll die Studie aber auch Widersprüche der Gesetzgebung in den aktuellen, tagespolitisch bestimmten Politikbereichen und Rechtsgebieten „Wettbewerb" und „Umweltschutz" aufzeigen. Angesichts der in diesen Bereichen vielfältig vorhandenen Politikentwürfe in der Gesellschaft und bei Interessenvertretern und angesichts der damit verbundenen Ansprüche an die Gesetzgebung wird die Nichtentscheidung solcher Wertwidersprüche zu einem Beispielsfall für die nichterfüllte Verpflichtung des modernen Gesetzgebers, derartige Vorrangkonflikte zu lösen.

Entsprechend der These der Studie wird zunächst chronologisch die Entstehung der unterschiedlichen und widerstreitenden Ziele in der Elektrizitätsversorgung sowohl auf nationaler wie auf europäischer Ebene dargestellt:

---

1 Europäisches Parlament, Die deutsche Elektrizitätswirtschaft und der EG-Binnenmarkt für Energie. Sammlung Wissenschaft und Dokumentation, Reihe Energie und Forschung Nr. 8, Luxemburg 1989.

2 Vgl. hierzu die Untersuchungen von Britz, Örtliche Energieversorgung nach nationalem und europäischem Recht, Steinberg/Britz, Der Energieliefer- und –erzeugungsmarkt nach nationalem und europäischem Recht; Schaub, Europäische Energiebinnenmarktpolitik und Umweltpolitik.

3 Vgl. dazu Schmidt, KritV 1986, S. 9 f.

- Die ab den 1930er Jahren vorrangigen Ziele Versorgungssicherheit und Preiswürdigkeit.
- Die Aufnahme des Wettbewerbsgedankens in den 1950er Jahren.
- Die Einbeziehung des Umweltgedankens ab den 1970er Jahren.

Die Untersuchung konzentriert sich dabei auf den Elektrizitätsmarkt, da in diesem Bereich die Deregulierung am weitesten fortgeschritten ist.

In dem folgenden Abschnitt wird dann jeweils für die nationale und europäische Ebene geprüft, wie die (erst später hinzugetretenen) Ziele der Elektrizitätsversorgung, Wettbewerb und Umweltschutz im Sinne des behaupteten Prioritäten- und Wertkonfliktes, sowohl in der wissenschaftlichen Diskussion wie auch der Rechtsanwendung vor der Energierechtsreform wirksam wurden. Dadurch soll nachgewiesen werden, dass sowohl dem deutschen wie dem europäischen Gesetzgeber vor Verabschiedung des EnWG 1998 bzw. der Elektrizitätsbinnenmarktrichtlinie der Wert- und Anwendungsvorrangkonflikt zwischen Wettbewerb- und Umweltschutz in der Elektrizitätsversorgung bekannt war. Die Aufgabe der Gesetzgeber war es in dieser Situation, im Rahmen der anstehenden Reform diesen Widerspruch rechtsverbindlich zu entscheiden und nicht diese Entscheidung im Rahmen von § 6 EnWG 1998 auf die Gerichte abzuwälzen.

Schließlich werden in einem letzten Teil die sich abzeichnenden Konflikte in der Verwaltungs- und Rechtspraxis skizziert, die Folge der ausgebliebenden Entscheidung des Gesetzgebers sind. Größtes Problem wird dabei eine erhebliche Rechtsunsicherheit im Rahmen der aufgezeigten Vorrangkonflikte sein, die gerade in einem Wirtschaftsbereich mit hohem Kapitalbedarf und langfristigen Investitionsentscheidungen als besonders kontraproduktiv eingeschätzt werden muss.

Anzumerken ist schließlich, dass Hintergrund der Untersuchung auch die Erfahrungen des Verfassers als Berater und Mitautor von Gesetzesentwürfen im Rahmen der Energierechtsreform in den Transformationsstaaten Mittel- und Osteuropas sind.[4] In den ehemals sozialistischen Staaten orientiert man sich bei der Reform des Energierechts an Vorbildern in der Europäischen Union, sei es die Energiebinnenmarktrichtlinien, sei es die nationale Gesetzgebung von „Vorbildstaaten", wie Großbritannien oder der Bundesrepublik Deutschland. Die zahlreichen Diskussionen im Rahmen von Gesetzgebungskommissionen und Expertengruppen in diesem Zusammenhang haben gezeigt, dass der nach hier vertretender Ansicht fehlende Vorbildcharakter der deutschen und europäischen Neuregelung auch im Rahmen dieses Reformprozesses zu erheblichen

4 Vgl. Schalast, Osteuroparecht 1993, S. 277 ff.; derselbe, ET 1995, S. 653; derselbe, ET 1997, S. 29 ff.; derselbe, ET 1999, S. 254 ff.; der Verfasser ist u.a. Mitautor des Energiegesetzentwurfs von Slowenien und des Energieeinspargesetzentwurfs von Litauen.

Irritationen führen kann. Die „europäischen“ Bestimmungen wurden in der jüngsten Vergangenheit trotz der ungelösten Konflikte in den Reformstaaten in der Regel kritiklos übernommen. Diskussionen über die Notwendigkeit einer Wertentscheidung zwischen widerstreitenden Zielen der Energieversorgung werden dabei unter Verweis auf die Rechtslage in der Europäischen Union vertagt. Die in der folgenden Untersuchung dargestellte Problematik setzt sich dafür in den künftigen Mitgliedstaaten der Europäischen Union fort.

Damit ist es auch Ziel der Untersuchung nachzuweisen, dass eine moderne Gesetzgebung in von Interessen- und Wertwidersprüchen gekennzeichneten Querschnittsbereichen wie der Energieversorgung und dem Umweltschutz gehalten ist, für erkennbare Konflikte verbindliche Lösungen anzubieten. Ansonsten findet nur eine Verschiebung des Konfliktes auf die Ebene der Rechtsanwendung statt und parallel beginnt ein langsamer Prozess der Reform der Reform, der sich in Deutschland in der aktuellen Gesetzgebung zur Förderung der erneuerbaren Energien und der Kraft-Wärmekopplung sowie der Ökosteuerreform, d.h. der „Nachbesserung“ der Energierechtsnovelle zugunsten des Umweltschutzes, dokumentiert.

B. STRUKTUR DER ELEKTRIZITÄTSWIRTSCHAFT IN DEUTSCHLAND UND EUROPA

I. Die deutsche Elektrizitätswirtschaft

1. Elektrizitätsversorgung als öffentliche Aufgabe

Die deutsche Elektrizitätswirtschaft ist wie auch die Elektrizitätswirtschaft in den anderen Mitgliedsstaaten der Europäischen Union durch die spezifischen historischen Rahmenbedingungen ihrer Entstehung seit Anfang dieses Jahrhunderts gekennzeichnet.[5] Wichtige Faktoren waren dabei die wenigen in Deutschland vorhandenen Energieressourcen (vorrangig Kohle) sowie die etwa im Vergleich zu Zentralstaaten wie der Französischen Republik beschränkten Möglichkeiten zur Durchsetzung einer gesamtstaatlichen Energiepolitik in einem Bundesstaat.[6]

Sowohl in Deutschland, wie auch in allen Mitgliedstaaten der Europäischen Union wurde bereits kurz nach Beginn der Elektrifizierung Ende des 19. Jahrhunderts die Elektrizitätsversorgung als öffentliche Aufgabe begriffen und der Begriff der „öffentlichen Elektrizitätsversorgung" damit vorgegeben. Gerade in Deutschland war die Elektrizitätspolitik seit Beginn des 20. Jahrhunderts von der Frage geprägt, welche Stellung der Staat einnehmen soll und wie die staatliche Regulierung des Marktes gestaltet werden soll.[7] Diese Diskussion kam über den Zwischenschritt des Gesetzes betreffend die Sozialisierung der Elektrizitätswirtschaft von 1919 mit der Verabschiedung des EnWG 1935 zum Abschluss.

In Deutschland spricht man von „öffentlicher" Elektrizitätsversorgung dann, wenn Unternehmen Dritte, d.h. Tarifabnehmer, Sonderabnehmer, Privathaushalte oder die öffentliche Hand mit Elektrizität beliefern.[8] Dabei bedeutet öffentliche Elektrizitätsversorgung nicht – wie die Bezeichnung „öffentlich" zunächst vermuten lässt -, dass die Versorgung in Form hoheitlicher Tätigkeit erfolgt oder die Unternehmensorganisation der Energieversorgungsunternehmen

---

5 Zu der historischen Entwicklung, insbesondere in der ersten Hälfte des 20. Jahrhunderts: Stier, Staat und Strom, S. 73 f.; Gröner, Die Ordnung der deutschen Elektrizitätswirtschaft, S. 46 ff.; Löwer, Energieversorgung zwischen Staat, Gemeinde und Wirtschaft, S. 33 ff.; Vykydal, Der kartellrechtliche Kontrahierungszwang, S. 53 ff.

6 Dies führte auch in anderen Mitgliedsstaaten der Europäischen Union zu einer Vielzahl spezifischer Ordnungssysteme der Elektrizitätswirtschaft. Vgl. Gründing/Pick, ZfE 1990, S. 6 f., 11; Bundesministerium für Wirtschaft, Energieversorgung in der Europäischen Gemeinschaft, S. 21 ff.

7 Dies ist die Fragestellung der Habilitationsschrift von Stier, Staat und Strom.

8 Vgl. Obernolte/Danner, § 2 EnWG, Rn. 17 ff.; vgl. Ludwig/Odenthal, „Energieversorgungsunternehmen".

öffentlich-rechtlich ausgestattet sein muss. Vielmehr sind die in Deutschland aktiven Energieversorgungsunternehmen in ihrer überwiegenden Zahl privatrechtlich, d.h. als GmbH oder Aktiengesellschaft organisiert. Die Eigenversorgung durch Kraftwerke von Bergbau und verarbeitendem Gewerbe (sog. industrielle Kraftwirtschaft) sowie die Eigenversorgung durch die Deutsche Bahn AG wird dagegen nicht zur öffentlichen Elektrizitätsversorgung.[9] Die nachfolgende Untersuchung beschränkt sich dabei auf den Bereich der öffentlichen Versorgung Dritter mit Elektrizität.

2. Versorgungsstruktur

Vor der Reform des EnWG 1935 war es üblich, Verantwortlichkeiten für bestimmte Versorgungsaufgaben zu unterscheiden. So waren die überregionalen Verbundunternehmen (derzeit acht) vor allem für die Planung und den Ausbau der Großkraftwerke und der überregionalen Hochspannungsnetze verantwortlich.[10] Sie garantieren darüber hinaus auch die Vernetzung des nationalen Hochspannungsnetzes sowie den Austausch über die Grenzen hinweg. Regionale Versorgungsunternehmen, die nur in begrenzten Umfang selbst Strom erzeugen, sind vor allem für die Weiterverteilung des von den Verbundunternehmen bezogenen Stroms an die lokalen/kommunalen Energieversorgungsunternehmen verantwortlich.[11] Die lokalen bzw. kommunalen Energieversorgungsunternehmen, die sich vor allem im Besitz der Gebietskörperschaften befinden, für deren Elektrizitätsversorgung sie zuständig sind und die ihnen bisher auch Exklusivität zusicherten, garantieren die Bedarfsdeckung der Letztverbraucher, d.h. der Tarif- oder Sonderabnehmer mit elektrischer Energie. Daneben bieten vor allem die kommunalen Unternehmen in letzter Zeit verstärkt begleitende Energiedienstleistungen an.[12] Sie bilden damit das letzte Glied in der Energieversorgungskette.[13]

---

9 Siehe VDEW, Die öffentliche Elektrizitätsversorgung 1993, S. 6 f.

10 Schiffer, ET 2000, S. 124, Schiffer, Atomwirtschaft 1989, S. 359 f.; Schwabe, Die deutsche Stromversorgungsstruktur und der EWG-Vertrag, S. 21 ff.

11 Zu Einzelheiten siehe: Schiffer, Energiemarkt Bundesrepublik Deutschland, S. 78 ff.; derselbe, Atomwirtschaft 1989, S. 360; Schwabe, Die deutsche Stromversorgungsstruktur und der EWG-Vertrag, S. 22 f.; zu Handlungsspielräumen regionaler Versorger siehe: Buhse, ET 1990, S. 212 ff.

12 Schwabe, Die deutsche Stromversorgungsstruktur und der EWG-Vertrag, S. 23; grundsätzlich (aus der Sicht von 1967) zur Entwicklung und Struktur der kommunalen Energieversorgung, Püttner, DÖV 1990, S. 461 ff.; Schiffer, Atomwirtschaft 1989, S. 360; derselbe, Energiemarkt Bundesrepublik Deutschland, S. 81 ff.; Schacht, Örtliche und regionale Energieversorgungskonzepte.

13 In zahlreichen Kommunen wird von der Ratsmehrheit dem Umweltschutz besondere Bedeutung im Rahmen örtlicher Energieversorgungskonzepte beigemessen. Auch hat sich in der letzten Zeit eine intensive Diskussion über Chancen und Grenzen kommunaler, umweltorientierter Energiepolitik entwickelt. Vgl. Püttner, DÖV 1990, S. 461 ff. mit zahlreichen Nachweisen auf weiterführende Literatur; bekannte Beispiele örtlicher

Eine auffällige Besonderheit der kommunalen Energieversorgung in Deutschland ist dabei, dass oftmals Leistungserbringer (Stromlieferant), Hoheitsträger (Gebietskörperschaft), Planungsträger, Wegeeigentümer und Anteilseigentümer in einer juristischen Person vereinigt sind.[14]

Die auf den vorstehend geschilderten Ebenen organisierte Versorgungsstruktur der deutschen Elektrizitätswirtschaft führt dazu, dass die Belieferung von Endverbrauchern mindestens über die Netze von zwei, in der Regel aber von drei Energieversorgungsunternehmen erfolgte.[15] Dies stellt einen signifikanten Unterschied zu dem Ordnungssystem der Energiewirtschaft in anderen Mitgliedsstaaten der Europäischen Union dar, in denen oftmals nur ein Unternehmen für mehrere oder alle der vorstehend geschilderten Ebenen der Elektrizitätsversorgung verantwortlich ist.[16]

Bei dieser Darstellung wird aber auch deutlich, dass die vorstehend genannten Versorgungsebenen nicht klar getrennt werden können, da insbesondere die Regional- und Verbundunternehmen auf allen Ebenen des Elektrizitätsmarktes tätig sind bzw. im Rahmen der aktuellen Deregulierung des deutschen Energiemarktes beabsichtigen, ihre Aktivitäten entsprechend auszuweiten.

Von der Deregulierung der Elektrizitätsversorgung in der Europäischen Union und ihren Mitgliedsstaaten sind nach ersten Erfahrungen alle Ebenen der Energieversorgung erfasst, wobei entgegen früheren Erwartungen nicht nur der grenznahe Raum betroffen ist.[17]

Versorgungskonzepte und der Umstrukturierung von Energieversorgungsunternehmen zu Energiedienstleistungsunternehmen sind Saarbrücken und Kassel, siehe dazu: Schacht, Örtliche und regionale Energieversorgungskonzepte, S. 170 ff.; vgl. auch die Diskussion im Rahmen der Neuordnung der Energieversorgung in der ehemaligen DDR und den Schlussbericht der Enquete-Kommission, „Schutz der Erdatmosphäre", BT-Drs. 12/8600, S. 339 ff.

14 Schmidt-Aßmann, FS Fabricius, S. 252 ff.; siehe auch Spannowsky, RdE 1995, S. 135 ff.

15 Liesen, ZfE 1988, S. 7.

16 Eiß/Pick/Schulz, ZfE 1989, S. 164, auch mit einem Überblick über die Struktur in den übrigen Mitgliedsstaaten; vgl. auch Hermann, RdE 1988, S. 112 ff.

17 Für den Vergleich zu den früheren Erwartungen/Befürchtungen: vgl. Steffens, Glückauf 1988, S. 275 der ausführlich mögliche Auswirkungen auf das Saarland beschreibt; siehe auch: Mombaur, WuR 1990, S. 10 f.; Püttner, DÖV 1990, S. 462; grundsätzlich Spannowsky, RdE 1995, S. 135 ff.

3. Technische und wirtschaftliche Besonderheiten der Elektrizitätsversorgung

Die Elektrizitätsversorgung ist durch technische und wirtschaftliche Besonderheiten geprägt, die nachfolgend kurz dargestellt werden sollen.[18]

Hierbei ist zunächst das Prinzip der Leitungsgebundenheit zu nennen, das bedeutet, dass die Versorgung mit Elektrizität zwangsläufig über ein stationäres Hochspannungsnetz zu erfolgen hat. Dieses Leitungsnetz steht nicht wie andere vergleichbare Infrastrukturnetze (z.B. die Verkehrsnetze) im öffentlichen Eigentum, sondern im Privateigentum von Energieversorgungsunternehmen, die es errichtet haben und es weiterhin unterhalten.[19] Da es heute aufgrund von rechtlichen (Umweltschutz) und tatsächlichen Gegebenheiten (Wegeeigentum) kaum möglich ist, neue überregionale Leitungsnetze zu errichten, sind die Anbieter von Elektrizität in der Regel auf die Nutzung bereits vorhandener Anlagen angewiesen, die sich im Eigentum von Konkurrenten befinden. Dies stellt auch einen wichtigen Unterschied zu dem Telekommunikationsmarkt dar, wo inzwischen Konkurrenznetze entweder durch den Mobilfunk, die WLL-Technik oder die Nutzung der Breitbandkabelnetze entstanden sind.[20]

Eine weitere Besonderheit der derzeitigen Stromversorgung ist, dass sowohl die Errichtung von neuen Kraftwerken wie auch die Erhaltung und der weitere Aufbau des Leitungsnetzes sehr kapitalintensiv sind.[21] Hinzu kommt, dass solche Investitionsvorhaben nicht zuletzt angesichts der in Deutschland sehr zeitaufwendigen bau- und planungsrechtlichen Genehmigungsverfahren nur mit jahrelangem Vorlauf verwirklicht werden können.

Auch dies stellt einen weiteren erheblichen Unterschied zu dem ansonsten strukturell vergleichbaren Telekommunikationsmarkt dar.

Die Stromversorgung selbst erfolgt durch sog. vermaschte Netze, in die Kraftwerke – aus allen Ebenen des Elektrizitätsmarktes - einspeisen und aus denen schließlich die Endverbraucher den Strom entnehmen. Nicht üblich ist die sog. Inselversorgung durch unabhängige Leitungsverbindungen, die grundsätzlich

---

18 Vgl. Stober, Handbuch, S. 1255; Hohlefelder, ET 1985, S. 709 ff.; Briche, Die Elektrizitätswirtschaft in der Europäischen Union, S 16.

19 Zu verschiedenen Elementen dieser Fragestellung: Börner, Reform des Energierechts und Natur der Sache, S. 14; Emmerich, Das Wirtschaftsrecht der öffentlichen Unternehmen, S. 356; Jarass, Wirtschaftsverwaltungsrecht und Wirtschaftsverfassungsrecht, S. 275, Fn. 5.

20 Vgl. hierzu die Darstellung bei Ehmer, Regulierung, S. 8 ff, der zu Recht die Vergleichbarkeit von Energiewirtschaft und Telekommunikation problematisiert.

21 Vgl. Büdenbender, Energierecht, Rn. 19.

zwischen Verbrauchern (insbesondere Großverbrauchern) und einem Energieversorgungsunternehmen denkbar sind.[22] In einem vermaschten Netz findet der Strom seinen Weg zu den Verbrauchern durch das Prinzip des geringsten Widerstandes. Aufgrund der Vernetzung in einem vermaschten System besteht darüber hinaus die Möglichkeit des Ausgleichs bei Spitzenbedarf sowie der durchgängigen Qualitätssicherung.

Des weiteren ist bei der Elektrizitätsversorgung die Gleichzeitigkeit von Energieerzeugung und Verbrauch hervorzuheben. Die Nichtspeicherbarkeit der Elektrizität führt dazu, dass die Energieversorgungsunternehmen auf diesem Markt nicht mit der sonst üblichen Flexibilität aus Nachfrageschwankungen, z.B. durch „Produktion auf Halde" reagieren können. Vielmehr bestimmen die Verbraucher durch ihre Entnahme auch den kurzfristig notwendigen Bedarf an Elektrizität.[23] Dieser Umstand führt zwangsläufig dazu, dass durch die Energieversorgungsunternehmen mehr Kapazität bereitgehalten werden muss, als tatsächlich von den Verbrauchern auch entnommen wird. Auf der anderen Seite sind die Verbraucher aber in der Regel auch nur beschränkt in der Lage, ihren Bedarf zeitlich zu verlagern. Im Ergebnis führt dies dazu, dass im Stromverbund eine wegen fehlender Kapazität unterbliebene Lieferung nicht mehr nachgeholt werden kann.[24]

4. Marktteilnehmer

Die Unternehmensstruktur der derzeit noch ca. 900 in Deutschland tätigen Energieversorgungsunternehmen im Bereich der öffentlichen Elektrizitätsversorgung ist ungewöhnlich vielfältig im Vergleich zu den anderen Mitgliedsstaaten der EU.[25] Die überwiegende Anzahl der Unternehmen, ca. 90 %, sind als Kapitalgesellschaften organisiert, wogegen die Zahl der öffentlichen Eigenbetriebe und sonstiger Organisationsformen vernachlässigt werden kann.[26] An den Kapitalgesellschaften ist die öffentliche Hand immer noch eindeutig als Mehrheitsgesellschafter beteiligt, wobei sich Anteile an einem Unternehmen auch auf unterschiedliche Körperschaften öffentlichen Rechts verteilen können. Die Ge-

---

22 Vgl. Zinow, Rechtsprobleme der grenzüberschreitenden Durchleitung von Strom, S. 26 f.; Schweitzer, Der grenzüberschreitende Stromverbund, S. 23 ff.

23 Vgl. Büdenbender, JuS 1978, S. 150 f.; Jarass, Wirtschaftsverwaltungsrecht und Wirtschaftsverfassungsrecht, S. 275; Stober, Handbuch, S. 1261.

24 In der bisherigen Diskussion über die Deregulierung der Energiemärkte waren diese technisch-wirtschaftlichen Besonderheiten, d.h. die Kapitalintensität des Strommarktes und die Nichtspeicherbarkeit wichtige Argumente für die frühere wettbewerbsrechtliche Ausnahmestellung.

25 Vgl. Schiffer, ET 2000, S. 124; seit der Deregulierung ist eine starke Konzentration in der deutschen Elektrizitätswirtschaft feststellbar.

26 VDEW, Die öffentliche Elektrizitätsversorgung 1993, S. 8; Schiffer, Energiemarkt Bundesrepublik Deutschland, S. 144; VDEW, Strommarkt Deutschland 1996, S. 10.

bietskörperschaften, d.h. die Länder, Kreise und Gemeinden, besitzen allein über 60 % der Unternehmen. In Privateigentum befinden sich 13 % und bei den verbliebenen Unternehmen spricht man von gemischtwirtschaftlichen Energieversorgungsunternehmen.[27] Im Hinblick auf die im vorigen Abschnitt geschilderten Ebenen der Elektrizitätsversorgung ist darauf hinzuweisen, dass die öffentlichen Unternehmen vor allem im Bereich der lokalen/kommunalen Versorgung tätig sind, während die gemischt-wirtschaftlichen Unternehmen im Bereich der regionalen Versorgung dominieren.[28] Die wenigen noch vorhandenen Unternehmen in Privatbesitz sind vor allem für die Versorgung strukturschwacher Gebiete verantwortlich.
Die gemischt-wirtschaftlichen Unternehmen (weniger als 95 % öffentliches Kapital und unter 75 % privates Kapital) beherrschen heute sowohl die Stromerzeugung wie auch die überregionale und regionale Stromverteilung.[29] Die öffentliche Stromversorgung war weiterhin bereits lange vor der Deregulierung des Strommarktes durch einen zunehmenden Konzentrationsgrad gekennzeichnet.[30] Diese Tendenz wird statistisch dadurch deutlich, dass 1955 in Deutschland noch ca. 3.000 Energieversorgungsunternehmen bestanden, während es heute nur noch 1.000 sind.[31] Parallel ist es zu einem Prozess der Kapitalverflechtung innerhalb des Sektors gekommen, insbesondere dadurch, dass sich z.B. Verbundunternehmen an lokalen und regionalen Versorgern beteiligt haben.[32]

Zusammenfassend ist festzustellen, dass der deutsche Elektrizitätsmarkt immer noch von öffentlichen Unternehmen dominiert wird, wobei aber Privatunternehmen niemals vollständig aus dem Markt gedrängt wurden, wie dies in anderen Mitgliedsstaaten der EU und darüber hinaus üblich war.[33] Es ist aber davon auszugehen, dass es in Zukunft zu einer weitergehenden Privatisierung der öffentlichen Energieversorgung kommt, d.h. der Veräußerung des öffentlichen Anteilseigentums an Private. Eine ähnliche Entwicklung war bereits auf dem

27 Schiffer, Energiemarkt Bundesrepublik Deutschland, S. 141; VDEW, Strommarkt Deutschland 1996, S. 42.
28 Vgl. Schiffer, ET 2000, S. 124.
29 VDEW, Strommarkt Deutschland 1996, S. 42.
30 Zur historischen Entwicklung: Gröner, Die Ordnung der deutschen Elektrizitätswirtschaft, S. 51 ff.; Schulz, Ordnungsprobleme der Elektrizitätswirtschaft, S. 44 ff.; Zinow, Rechtsprobleme der grenzüberschreitenden Durchleitung von Strom, S. 30.
31 Mönig/Schmitt/Scheider/Schürmann, Konzentration und Wettbewerb in der Energiewirtschaft, S. 353 ff. und 757 ff.; Schulz, Ordnungsprobleme der Elektrizitätswirtschaft, S. 44 ff.; VDEW, Strommarkt Deutschland 1996, S. 10; Schiffer, ET 2000, S. 124.
32 Siehe dazu: Tatbestand und Gründe des Beschlusses des KG vom 30.03.1996, RdE 1997, S. 68 ff. sowie BKartA, TB 1995/96 (BT-Drs. 13/7900), S. 118 ff.
33 Vgl. Niederleithinger, Die Stellung der Versorgungswirtschaft im GWB, S. 106 f.

insoweit vergleichbaren Telekommunikationsmarkt in den letzten Jahren zu beobachten.

5. Der deutsche Elektrizitätsmarkt: Die Zahlen

In der Bundesrepublik Deutschland werden durchschnittlich ca. 550 Mrd. kWh Strom erzeugt, 1999 wurden 40,5 Mrd. kWh eingeführt und 39,50 Mrd. kWh ausgeführt.[34] Der deutsche Strommarkt ist dabei seit Jahren durch einen breiten Energieträgermix gekennzeichnet. Bei der Erzeugung dominiert weiterhin die Kernenergie mit einem Anteil von über 30 %. Allerdings ist hier die aktuelle Entwicklung nach dem Regierungswechsel 1998 nicht abzusehen.[35] Der Anteil von Braun- und Steinkohle beträgt mit abnehmender Tendenz noch insgesamt ca. 50 %. Hinzu kommen Erdgas, Wasserkraft und die sonstigen Energieträger mit wechselndem, insgesamt jedoch geringem Anteil.[36] Den regenerierbaren Energiequellen, wie der Wind-, Wasser- und Sonnenenergie kommt derzeit noch kein relevanter Anteil zu, trotz ihrer Förderung etwa durch das Gesetz über den Vorrang erneuerbarer Energiequellen, dem Nachfolger des Stromeinspeisungsgesetzes. Allerdings ist ein deutlicher Trend zur Steigerung der Versorgung aus erneuerbarer Energie feststellbar, der sich angesichts der Förderung durch den Gesetzgeber weiter fortsetzen wird.

Seit Anfang der neunziger Jahre ist der Stromaustausch, d.h. die Gesamtmenge des eingeführten und ausgeführten Stroms kontinuierlich nunmehr auf ca. 80 Mrd. kWh angestiegen.[37] Dieser Stromaustausch konzentriert sich angesichts der Marktöffnung in der EU vorrangig auf die Mitgliedstaaten, doch kann vermutet werden, dass auch der Import aus Mittel- und Osteuropa - der Mitte der 90er Jahre zum Erliegen gekommen war-[38] angesichts der Preisvorteile wieder größere Bedeutung zukommen wird.

Die Zahlen verdeutlichen jedenfalls, dass etliches weiteres Potential für Stromimporte nach Deutschland vorhanden ist.

---

34 Vgl. Schiffer, ET 2000, S. 124.

35 Vgl. Schlesinger/Schulz, ET 2000, S. 106 ff., 113 zum Deutschen Energiemarkt im Jahr 2020.

36 Schiffer, ET 2000, S. 125, vgl. zur Entwicklung im letzten Jahrzehnt: Schiffer, Energiemarkt Bundesrepublik Deutschland, S. 157; VDEW, Strommarkt Deutschland 1996, S. 39. Zur Bedeutung der Zahlen sollte man sich allerdings kurz vergegenwärtigen, dass diese Daten sich ausschließlich auf die Stromerzeugung beziehen. Bei dem Primärenergieverbrauch steht noch immer das Erdöl mit über 40 % an der Spitze, gefolgt von Stein- und Braunkohle. Bundesministerium für Wirtschaft, Energieversorgung in der Europäischen Gemeinschaft, S. 32.

37 Schiffer, ET 2000, S. 124.

38 VDEW, Strommarkt Deutschland 1996, S. 10, wo Lieferungen an Mittel- und Osteuropa nicht mehr erfasst werden.

6. Die Integration der neuen Bundesländer in den deutschen Elektrizitätsmarkt

Die DDR war bis zum Inkrafttreten des Einigungsvertrags am 3. Oktober 1990 in die osteuropäische Energieversorgung im Rahmen des Vereinigten Energiesystems der osteuropäischen Länder integriert.[39] Entsprechend der sozialistischen Rechtsordnung und dem Prinzip der Planwirtschaft, war das Ministerium für Kohle und Energie die zentrale, für die Energieversorgung zuständige, Behörde. Für die Belieferung der Endabnehmer waren die sog. Energiekombinate verantwortlich, die entsprechend der Gliederung der DDR-Verwaltung jeweils auf Bezirksebene bestanden.[40] Naturgemäß kannte die zentrale Planwirtschaft keine Wettbewerbselemente.[41] Darüber hinaus wurden die Energiepreise vor allem der Privathaushalte stark subventioniert.[42]
Im Laufe der Veränderungen seit der Wende im Spätherbst 1989 und dem Wegfall der zentralen planwirtschaftlichen Leitung versuchten auch die ostdeutschen Energieversorgungsunternehmen ihre Struktur soweit als möglich dem westdeutschen Vorbild anzupassen.[43] Aufgrund des hohen Investitionsbedarfs in der ostdeutschen Elektrizitätsversorgung war diese auf die Zusammenarbeit mit der westdeutschen Stromindustrie angewiesen. In dem sog. Stromvertrag mit der Treuhandanstalt vom 22. August 1990 haben die drei großen Verbundunternehmen RWE, Preussen Elektra und Bayernwerk die Verantwortung für die Stromversorgung in der ehemaligen DDR auf allen drei Ebenen übernommen.[44]

Nachdem mehrere Kommunen gegen diesen Vertrag klagten, kam es auf Vorschlag des Bundesverfassungsgerichts zu einem Vergleich zwischen den Verbundunternehmen und den klagenden Kommunen, wonach Stadtwerken grundsätzlich die örtlichen Versorgungsanlagen übertragen werden können, wenn sie die Voraussetzungen von § 5 EnWG a.F. erfüllen. Soweit Kommunen Stadt-

---

39 Schiffer, Energiemarkt Bundesrepublik Deutschland, S. 124.

40 Rechtsgrundlage hierfür war die Verordnung über die Energiewirtschaft in der DDR vom 30.10.1980, GBl. I. S. 321; siehe dazu grundsätzlich: Gloria, FS Fabricius, S. 473 ff.

41 Grundsätzlich dazu: Wutzke, WuW 1990, S. 717.

42 Zur Preisbildung in der ehemaligen DDR und dem Umfang der Energiesubventionen: Weisheimer, ET 1990, S. 626 f.

43 Zu dieser Entwicklung: Gerberding, RdE 1990, S. 70 ff.; zur heutigen Situation: Stotz/Broßmann, ET 1995, S. 559 ff; Riesner, ET 1995, S. 574 ff.; Bald/Heusinger/Lovis, ET 1995, S. 570 ff.

44 Zur früheren tagespolitischen Diskussion über den Stromvertrag und seine wettbewerbsrechtlichen Probleme: siehe die Berichte in der FAZ vom 15.08.1990, 17.08.1990, 22.08.1990 und 29.11.1990; grundsätzlich positiv gegenüber dem Stromvertrag: Das energiepolitische Gesamtkonzept der Bundesregierung, BT-Drs. 12/1799, Ziffer 30 f.

werke gründen, verzichten sie im Gegenzug auf den ihnen zugesicherten Anteil an den Regionalunternehmen.[45]
Besondere Bedeutung kommt in den neuen Bundesländern der Zukunft der Braunkohle zu.[46] Ihr Anteil an der Erzeugung von Strom betrug 1990 noch ca. 88 %.[47]
Die neuen Bundesländer wurden inzwischen unter Einbeziehung von Berlin in das westeuropäische UCPTE-Verbundnetz integriert.[48]

7. Zusammenfassung

Die Elektrizitätsversorgung in der Bundesrepublik Deutschland ist im Vergleich mit den meisten anderen Mitgliedstaaten der Europäischen Union durch eine dezentrale und pluralistische Struktur gekennzeichnet.[49] Es existiert keine gesetzlich vorgeschriebene zentrale staatliche Planung zur Sicherstellung der Versorgung, sondern die zahlreichen privatrechtlich organisierten Energieversorgungsunternehmen sind im Rahmen der Fachaufsicht nach dem EnWG für den Ausbau des Verteilungsnetzes, die Stromerzeugung sowie ihre vertraglichen Beziehungen zu Lieferanten und Abnehmern selbst verantwortlich. Die staatliche Einflussnahme ist jedoch durch die historisch gewachsene Kapitalbeteiligung der öffentlichen Hand sowie den aktuellen Konzentrationsprozess gesichert. Die Gebietskörperschaften können über ihre Kapitalbeteiligungen erheblichen Einfluss auf die Entscheidungsfindung in den Energieversorgungsunternehmen ausüben. Auf der anderen Seite begrenzen aber die privatwirtschaftliche Struktur und das Ziel der Gewinnerzielung das staatliche Lenkungspotential, wodurch die wirtschaftlichen Eigeninteressen der Unternehmen in den letzten Jahren verstärkt in den Vordergrund traten.[50]

II. Der europäische Elektrizitätsmarkt

1. Grundstruktur

Die im vorstehenden Abschnitt erwähnten Ein- bzw. Ausfuhren von Elektrizität innerhalb der Europäischen Union und darüber hinaus werden über die europäi-

---

45 Schiffer, Energiemarkt Bundesrepublik Deutschland, S. 126.
46 Vgl. Schiffer, ET 1997, S. 156 ff.
47 Das energiepolitische Gesamtkonzept der Bundesregierung, BT-Drs. 12/1799 Ziffer 30.
48 Hagenmeyer, ET 1996, S. 432.
49 Vgl. Schweitzer, Der grenzüberschreitende Stromverbund, S. 18 ff.; gewisse Bezugspunkte sind allerdings zur Energieversorgung in den Niederlanden und Belgien feststellbar; vgl. hierzu: Zinow, Rechtsprobleme der grenzüberschreitenden Durchleitung von Strom, S. 67 ff.
50 Vgl. Jarass, Der Staat 1978, S. 522; Papier, Staatliche Einwirkungen auf die Energiewirtschaft, S. 543.

schen Stromverbundsysteme abgewickelt. Diese wurden nach dem 2. Weltkrieg jeweils innerhalb Westeuropas bzw. innerhalb des Rates für gegenseitige Wirtschaftshilfe (RgW) vorrangig deshalb gebildet, um über die nationalen Grenzen hinaus Reservekapazitäten bereithalten zu können. Bis zu der Wende 1990 bestanden auf dem Kontinent drei solcher Stromverbundsysteme: Nordel für die skandinavischen Länder, UCPTE,[51] der westeuropäische Stromverbund, sowie das Vereinigte Energiesystem der osteuropäischen Länder (IPS).[52] Hinzu kommt heute im Rahmen der Reform der mittel- und osteuropäischen Wirtschaft das CENTREL-Netz mit den Mitgliedern Polen, Ungarn, Tschechische- und Slowakische Republik.[53]

Da es das vorrangige Ziel der Verbundnetze bei ihrer Entstehung war, sich während einer kurzfristigen Überlastung nationaler Netze gegenseitig zu unterstützen, verpflichtet die UCPTE ihre Mitglieder, 3 % der Produktionskapazität als Reserve für Notfälle bereit zu halten.[54] Neben dieser grenzüberschreitenden "Sicherheitsenergieversorgung" waren die Verbundsysteme aber auch bemüht, durch gemeinsames Operieren die Strombeschaffung zu optimieren.[55] Im Ergebnis hat es sich aber bei dem Stromaustausch vor der Deregulierung der Märkte in der Europäischen Union und in der Bundesrepublik Deutschland nicht um einen echten Handel, sondern nur um ein Tauschgeschäft im Rahmen des jeweiligen Stromverbundes gehandelt.

Im System der UCPTE ist allerdings insoweit Wettbewerb vorgesehen, als ein Nachfrager bei Bedarf bei demjenigen Anbieter Strom kaufen kann, der die günstigsten Reservekapazitäten bereithält.

Die Stromverbünde und der Stromaustausch konnten daher bereits nach ihren Regeln nicht die Grundlage für einen marktwirtschaftlichen Stromhandel im Europa bilden, da die Zusammenschlüsse rein partnerschaftlich organisiert waren.[56] Auch haben die grenzüberschreitenden Netze keinen Einfluss auf die nationalen Energiepolitiken. Technisch hatten sie allerdings alle notwendigen

---

51 Zur Entwicklung des heute wohl wichtigsten europäischen Stromverbundes, der UCPTE: Schütze, Europäischer Stromverbund, S. 7 ff.

52 Schiffer, Strommarkt Deutschland, S. 124; Kiwitt, ET 1990, S. 761 f., auch hinsichtlich der technischen Schwierigkeiten aufgrund der unterschiedlichen Netzsysteme; vgl. auch Strauß, ET 1990, S. 769.

53 Hagenmeyer, ET 1996, S. 432.

54 Vgl. Hochbaum, in: Groeben/Thiesing/Ehlermann, Art. 90, Rn. 68, Fn. 271.

55 Bierhoff, Atomwirtschaft, 1990, S. 391; derselbe, ET 1990, S. 760 f. zur Zusammenarbeit im Rahmen von UCPTE.

56 Zur Vereinbarkeit des Stromverbundes mit dem EG-Wettbewerbsrecht: Schütze, Europäischer Stromverbund, S. 19 ff. und S. 159 ff., der im Ergebnis einen Verstoß feststellt; Klätte, ET 1988, S. 416, der das Verbundsystem als logische Fortsetzung der geschlossenen Versorgungsgebiete betrachtet.

Voraussetzungen für die Abwicklung eines grenzüberschreitenden Stromhandels über ihre Verbundsysteme ermöglicht.[57]

2. Unterschiedliche Konzepte der Elektrizitätsversorgung in der Europäischen Union

Die Elektrizitätsversorgung in den Mitgliedstaaten der Europäischen Union war und ist geprägt durch die unterschiedlichen politischen und wirtschaftlichen Voraussetzungen.[58] Da historisch die Versorgungssicherheit das vorherrschende Ziel nationaler Energiepolitik war und ein hohes Maß an Versorgungssicherheit in der Regel nur durch die Nutzung einheimischer Ressourcen erzielt werden konnte, stand naturgemäß deren Förderung im Vordergrund. Insbesondere die Ölkrise Anfang der siebziger Jahre hat diese Problematik noch einmal verstärkt in das Bewusstsein von Politik und Öffentlichkeit gerückt. Die Mitgliedstaaten haben in Reaktion darauf auf unterschiedliche Energieträger und Ordnungssysteme gesetzt.[59] So verstärkte z.B. Griechenland die Förderung seiner einheimischen Braunkohle, das Vereinigte Königreich setzte auf Erdöl, und Frankreich hat ein ehrgeiziges Atomprogramm seit Anfang der siebziger Jahre verwirklicht.[60] Andere Staaten ohne einheimische Ressourcen wie z.B. Dänemark oder auch die Staaten der Iberischen Halbinsel sind dagegen vorrangig von Importen abhängig.

Seit Anfang der 80er Jahre haben dann einige Mitgliedsstaaten - dem Vorbild der USA folgend - bei der Deregulierung ihrer Elektrizitätsmärkte eine Vorreiterfunktion für die Gemeinschaft übernommen. Hier sind vor allem Großbritannien und die Niederlande zu nennen, denen dann Anfang der 90er Jahre Staaten wie z.B. Portugal gefolgt sind.[61]

Wichtigstes Strukturmerkmal der insoweit wohl für die Reformdebatte in der Europäischen Union vorbildlichen Neustrukturierung in Großbritannien unter der Regierung Thatcher war dabei die gesetzlich vorgeschriebene Trennung von

---

57 Hagenmeyer, ET 1996, S. 432 ff.

58 Vgl. Briche, Die Elektrizitätswirtschaft in der Europäischen Union, S. 17 ff.

59 Überblick aus der Perspektive Anfang der neunziger Jahre im Vorfeld der Verabschiedung der Transitrichtlinien: Zinow, Rechtsprobleme der grenzüberschreitenden Durchleitung von Strom, S. 50 ff.; im Mittelpunkt der Reformdiskussion stand dabei lange Zeit das britische Modell, vgl. z.B. Schalast, ROW 1993, S. 156 f.; Lewington/Weisheimer, ET 1995, S. 591 ff.; zur aktuellen Situation siehe International Energy Agency, Energy Policies of IEA countries, 1996 Review; International Energy Agency, The Role of IEA Governments in Energy, 1996 Update.

60 Vgl. Michaelis, Elektrizitätswirtschaft 1987, S. 749, mit zahlreichen Vergleichsdaten; Eiß/Pick/Schulz, ZfE 1989, S. 167; Gründung/Pick, ZfE 1990, S. 6; Bundesministerium für Wirtschaft, Energieversorgung in der Europäischen Gemeinschaft, S. 22 ff.

61 Schalast, ROW 1993, S. 156 f.

Erzeugung, Transport und Verteilung von elektrischer Energie. Damit einhergehend wurde die Versorgungspflicht stufenweise aufgehoben und in England und Wales eine Verbundnetzgesellschaft geschaffen, die das Hochspannungsnetz allen Anbietern zur Verfügung stellt.[62] Auch in den Niederlanden wurden bereits früh durch das Elektrizitätsgesetz von 1989 die Wettbewerbselemente in der Energieversorgung verstärkt und insbesondere Großverbrauchern aber auch Regionalversorgern die Möglichkeit eingeräumt, ihre Lieferanten frei wählen zu können.[63] Andere Staaten wie z.B. Frankreich oder Griechenland haben dagegen bis zur Elektrizitätsbinnenmarktrichtlinie keine Anstrengungen zur Reform des Ordnungssystems ihrer Elektrizitätswirtschaft unternommen. Daher ist das Bild der Elektrizitätsversorgung in Europa ausgesprochen vielgestaltig; konservative althergebrachte Versorgungssysteme stehen im Wettbewerb mit bereits seit Jahren deregulierten Märkten, wie in Großbritannien und in den Niederlanden.

Auch das Tempo und die Intensität der Marktöffnung nach Verabschiedung der Elektrizitätsbinnenmarktrichtlinie stellt sich innerhalb der Europäischen Union höchst unterschiedlich dar und Deutschland und Frankreich scheinen insoweit für Extrempositionen zu stehen:

- Deutschland hat sich im Rahmen des EnWG 1998 für eine echte und umfassende Marktöffnung entschieden
- Frankreich riskiert demgegenüber wegen verspäteter Umsetzung der Richtlinie sogar ein Vertragsverletzungsverfahren.[64]

Grundsätzlich ist dabei davon auszugehen, dass der Strombedarf und damit die Nachfrage in der Europäischen Union auch in Zukunft weiter steigen wird, insbesondere im Hinblick auf den immer noch bestehenden Nachholbedarf der südeuropäischen Mitgliedstaaten.[65] Diese Nachfrage werden vermutlich Versorgungsunternehmen aus Staaten mit erheblichen Überkapazitäten, insbesondere Frankreich, decken. Die Bundesrepublik Deutschland kann heute mit ihrem spezifischen Energieträgermix den nationalen Bedarf erfüllen und ist darüber hinaus auch zu Exporten fähig.[66]

---

62 Vgl. Lamprecht, ET 1992, S. 775.

63 Vgl. Schalast, Osteuroparecht 1993, S. 279.

64 Nach einer aktuellen Einschätzung der Kommission beträgt die Marktöffnung in Deutschland 100 %, in Frankreich aber nur 30 %, KOM (2000) 297 fin.

65 Bundesministerium für Wirtschaft, Energieversorgung in der Europäischen Gemeinschaft, S. 81, KOM, Energy in Europe, Special Issue, July 1992 mit mehreren Szenarien, die alle zu diesem Ergebnis kommen, siehe z.B. S. 27.

66 Unabhängig davon, ob Über- oder Unterkapazitäten national bestehen, wurde die Frage der Deregulierung des Strommarktes letztendlich vor allem als Preisfrage diskutiert. Dies gilt nicht nur für Staaten mit Überkapazitäten wie Deutschland und Frankreich,

III. Energieversorgung und Klimapolitik

Energieversorgung ist nur unter extensiver Nutzung von Umweltressourcen möglicht.[67] Mit der Gewinnung, Umwandlung, dem Transport und dem Verbrauch von Energie, in welcher Form auch immer, seien es fossile Energieträger, Kernenergie oder die erneuerbaren Energieträger, sind Umweltbelastungen und Risiken verbunden.[68]
Jeder Energieerzeugungs-, -umwandlungs- und -nutzungsprozess führt zu erheblichen Umweltbelastungen. Am stärksten in das Licht der Öffentlichkeit gerückt sind heute die CO_2- und SO_2-Emissionen, die von der Wissenschaft für das Waldsterben, das Ozonloch und die globale Klimaveränderung durch den sog. Treibhauseffekt verantwortlich gemacht werden.[69]

Die derzeit wohl am meisten diskutierte Form der Umweltbeeinträchtigung ist die Emission von Schadstoffen bei der Verbrennung fossiler Energieträger, d.h. Kohle, Erdöl und Erdgas, deren Anteil an der Stromerzeugung in der Bundesrepublik Deutschland unter Ausschluss der neuen Bundesländer knapp 2/3 ausmacht.[70] Daneben sind aber ebenfalls die Belastungen durch Transport, Bau von Energieanlagen, Betrieb und Entsorgung zu nennen.[71]

Damit stellt sich die Frage nach der „ökologischen Verträglichkeit" auf allen Stufen der Energieversorgung und hinsichtlich jedes Primärenergieträgers verschieden.[72]

In der Gesamtheit sind die Schadstoffemissionen durch den Energiesektor gleichfalls verantwortlich für einen Großteil des in die Luft und die Atmosphäre

---

vgl. etwa Zinow, Rechtsprobleme der grenzüberschreitenden Durchleitung von Strom, S. 20 ff.

67 Werbeck, ZögU 1995, S. 42 ff.; Klinger, WiVerw 1985, S. 147 ff.; Brauch, Energiepolitik, S. 1 ff.

68 Grundsätzlich: Rat von Sachverständigen für Umweltfragen, Umweltgutachten 2000, Tz. 1229 ff.; vgl. auch Bundesministerium für Umwelt, Naturschutz und Reaktorsicherheit, Umweltschutz in Deutschland, S. 105; Schiffer, ZfE 1988, S. 49; Grawe, ET 1990, S. 568; siehe schon früh Rehbinder, Sicherung der Energieversorgung und Umweltschutz, S. 1019 ff.

69 Vgl. dazu bereits frühzeitig: Rat von Sachverständigen für Umweltfragen, Energie und Umwelt 1981, S. 65, Tz. 284 ff.; Töpfer, ZfE 1989, S. 179 f.; derselbe, ET 1988, S. 81 f.; Rehbinder, Sicherung der Energieversorgung und Umweltschutz, S. 118 ff.

70 Rat von Sachverständigen für Umweltfragen, Umweltgutachten 1987, Tz. 1867 f.; Michaelis, ET 1988, S. 850 ff.; Rupp, RdE 1990, S. 26; schon frühzeitig zur Problematik der fossilen Energieträger: Bericht des Umweltprogramms der Vereinten Nationen (UNEP) 1972-1982, S. 487 ff.

71 Grawe, ET 1990, S. 569.

72 Vgl. Rat von Sachverständigen für Umweltfragen, Umweltgutachten 2000, Tz. 1250 ff. ; Grawe, ET 1990, S. 569.

abgegebenen Schwefeldioxids, Stickstoffoxids sowie des seit Jahren besonders diskutierten Kohlendioxids (CO_2).[73]

Ohne auf die in der wissenschaftlichen Literatur im einzelnen umstrittenen Zusammenhänge und Auswirkungen näher eingehen zu können, ist derzeit zumindest unstreitig, dass die Schadstoffemissionen klimaschädigende Wirkungen haben, also den sog. Treibhauseffekt[74] durch ihre Ansammlung in der Erdatmosphäre verursachen.[75] Daraus wird übereinstimmend die Forderung abgeleitet, dass Schadstoffemissionen so gering wie möglich gehalten werden müssen, um den Erfordernissen des Umweltschutzes gerecht zu werden.[76] Dies ist aus rechtlicher wie ökonomischer Sicht durch Energieeinsparung (rationelle Energienutzung) und durch Maßnahmen zur Senkung der Schadstoffemissionen bei Stromerzeugung, -transport und -verbrauch möglich.[77]

Dabei haben die Maßnahmen in Deutschland im Bereich der Luftreinhaltung bereits zwischen 1987 und 1996 zu einer erheblichen Senkung der SO_2-Emissionen (um ca. 80 %), der NOX-Emissionen (um ca. 75 %) oder auch der Staubemissionen (um ca. 98 %) geführt.[78] Die energiebedingten CO_2-Emissionen sind im Vergleich mit den Ausgangsjahren 1990 im Jahr 1999 um 15,3 % zurückgegangen, im Vergleich zu 1998 um 30 %.[79] Auch auf Landes-

---

73 Vgl. Töpfer, ET 1988, S. 81; derselbe, ZfE 1989, S. 180 f.; zur Relevanz von CO_2 für den sog. Treibhauseffekt: Schönwiese, Naturwissenschaftliche Grundlagen, S. 15 ff.; Michaelis, FS Lukes, S. 121 f.; derselbe, ET 1988, S. 850 f.; vgl. auch Walz, Potentiale und Strategien, S. 411 ff.

74 Koch/Behrend, NuR 1996, S. 433 f.; auch auf internationaler Ebene ist der Treibhauseffekt zu einer vorrangigen Problematik geworden, siehe dazu: Schröder, AVR 1996, S. 251 ff.; Ehrmann, NVwZ 1997, S. 874 ff.

75 Grundsätzlich zu der Problematik: der Rat von Sachverständigen für Umweltfragen, Energie und Umwelt 1981, Tz. 603 ff., 615, sowie im Umweltgutachten 1987, Tz. 1988 ff.; Clemens, Die Klimaproblematik, mit einer Zusammenfassung der ersten Publikationen der Enquete-Kommission „Vorsorge zum Schutz der Erdatmosphäre“; Grawe, ET 1990, S. 576; Bail, Klimaschutz und rechtspolitischer Ausblick, in: Rengeling (Hrsg.), Handbuch zum europäischen und deutschen Umweltrecht, Bd. II, § 56, Rn. 1 ff.

76 Vgl. dazu die Mitteilung der Kommission für ein europäisches Programm zur Klimaänderung vom März 2000, KOM (2000) 88endg.

77 Zu den Minderungspotentialen in der Elektrizitätswirtschaft: VDEW, ET 1990, S. 506 f.; Pallaske, Der Städtetag, 1990, S. 43 ff., zur Möglichkeit auf kommunaler Ebene eine energiesparende und umweltschonende Wärmeversorgung zu verwirklichen; grundsätzlich Rupp, RdE 1990, S. 26; Schiffer, ZfE 1988, S. 51 ff.; Rat von Sachverständigen für Umweltfragen, Umweltgutachten 1987, Tz. 2013 ff.; dagegen schlagen Gattinger/Halbritter, ET 1990, S. 634 ff. einen einseitigen Ausbau der Kernenergie vor.

78 VDEW, Strommarkt Deutschland 1996, S. 32.

79 Vgl. Schiffer, ET 2000, S. 115; VDEW; Strommarkt Deutschland 1996, S. 33; vgl. auch Schlussbericht der Enquete-Kommission „Schutz der Erdatmosphäre“, BT-Drs. 12/8600, S. 84 ff.

und Kommunalebene haben sich Umweltschutzprogramme ausgewirkt.[80] Allerdings sind die Minderungspotentiale noch längst nicht umfänglich genutzt.[81] Aufgrund der derzeitigen Zusammenhänge zwischen Energieversorgung und Klimapolitik steht jedenfalls fest, dass dieser Bereich zu den zentralen Bereichen künftiger Umweltschutzpolitik bzw. notwendiger Umsetzung von Umweltschutzmaßnahmen in die Praxis gehört.[82]

---

80 Vgl. Enquetekommission, „Schutz der Erdatmosphäre", BT-Drs. 12/8600, S. 85 ff.

81 Vgl. Enquetekommission, „Schutz der Erdatmosphäre", BT-Drs. 12/8600, S. 130 ff., 261 ff., insbesondere zu CO_2; vgl. auch den Beschluss der Bundesregierung zur Reduzierung der energiebedingten CO_2-Emissionen, BT-Drs. 12/2081.

82 Vgl. dazu Bundesministerium für Umwelt, Naturschutz und Reaktorsicherheit (Hrsg.), UGB-KomE, S. 1220; Kloepfer, Umweltrecht § 1, Rn. 33 und § 14, Rn. 4; folgerichtig haben sich die EU und Deutschland in Kyoto zu einer Minderung der Treibhausgase verpflichtet, s. grundsätzlich zum Kyoto-Protokoll Steeg, RdE 1998, S. 131 f.; vgl. auch KOM(2000)87endg. und KOM(2000)88endg.

C. DER WERTWIDERSPRUCH ZWISCHEN UMWELTSCHUTZ UND WETTBEWERB IM DEUTSCHEN ENERGIERECHT

I. Die Entstehung des Wertwiderspruchs zwischen Umweltschutz und Wettbewerb

1. Das Energiewirtschaftsgesetz 1935

a. Die Leitgedanken des EnWG 1935

aa. Entstehung des EnWG 1935

Das EnWG vom 13.12.1935[83] (nachfolgend EnWG 1935) bestimmte bis zu seiner Novellierung im November 1997/Mai 1998 über 50 Jahre in unterschiedlichen politischen und gesellschaftlichen Rahmenbedingungen die rechtliche Ordnung der öffentlichen Energieversorgung in der Bundesrepublik Deutschland.[84]
Das EnWG 1935 galt gemäß Art. 123, 125 i.V.m. 74 Nr. 11 GG nach 1949 als Bundesrecht fort, da es nicht im Widerspruch zu dem Grundgesetz stand, sondern nur spezifisch energiewirtschaftliche Regelungen enthielt.[85]

Nach der Präambel des EnWG 1935 war die maßgebliche Motivation zum Erlass des Gesetzes die Sicherung der öffentlichen Energieversorgung. Durch das Gesetz sollten volkswirtschaftlich schädliche Auswirkungen des Wettbewerbs verhindert und die Energieversorgung so sicher und billig wie möglich gestaltet werden. So hieß es in der Gesetzespräambel wörtlich:

> **„... und im Interesse des Gemeinwohls die Energiewirtschaft wirtschaftlich einzusetzen, den notwendigen öffentlichen Einfluss in allen Angelegenheiten der Energieversorgung zu sichern, volkswirtschaftlich schädliche Auswirkungen des Wettbewerbs zu verhindern, einen zweckmäßigen Ausgleich durch Verbundwirtschaft zu fördern und durch all dies die Energieversorgung so *sicher und billig* (Hervorhebung des Verfassers) wie möglich zu gestalten...“**[86]

---

[83] RGBl. I, S. 1451 in der Fassung des Gesetzes vom 19.12.1977, BGBl. I, S. 2750; nachfolgend wird dieses EnWG 1935 und die Energierechtsnovelle von 29.11.1997 EnWG 1998 genannt.

[84] Vgl. Evers, Entstehungsgeschichte, Ziele, Konzeptionen, Grundsätze und Änderungen des Energiewirtschaftsgesetzes, S. 18 ff.; vgl. Vykydal, Der kartellrechtliche Kontrahierungszwang, S. 60.

[85] Büdenbender, JuS 1978, S. 152; vgl. Obernolte/Danner, Energiewirtschaftsrecht, Bd. I, Einf., Anm. 3; vgl. auch Kulartz, Kommunale Gebietsreform und Energieversorgung, S. 30; sowie Evers, Das Recht der Energieversorgung, S. 27 ff., 35 ff. zu den verschiedenen Interpretationen nach 1949.

[86] Gesetz zur Förderung der Energiewirtschaft zum 13.12.1935, RGBl. I, S. 1451.

Nach der amtlichen Begründung ging der Gesetzgeber zwar von einer unternehmerischen Eigenverantwortlichkeit der Energieversorgungsunternehmen aus, und er wollte nur dort eingreifen, wo das freie Spiel der Marktkräfte nicht zur Erreichung des in der Präambel definierten volkswirtschaftlichen Zwecks geeignet schien.[87] Das EnWG 1935 war dabei der Schlusspunkt unter eine jahrzehntelange politische Diskussion in Deutschland über den staatlichen Einfluss in der Elektrizitätsversorgung. Ein erster Schritt zur Verstärkung der staatlichen Einflussnahme war bereits 1919 kurz nach der Novemberrevolution erfolgt, als von der Reichsregierung das Gesetz betreffend die Sozialisierung der Elektrizitätswirtschaft erlassen wurde.[88] Durch dieses sog. „Sozialisierungsgesetz" wurde der Grundsatz der freien Marktwirtschaft, der bis zu diesem Zeitpunkt die Elektrizitätswirtschaft in Deutschland maßgeblich bestimmt hatte, erstmals zu Gunsten einer staatlichen Regulierung aufgehoben.[89] Durch das Gesetz von 1919 war jedoch die Diskussion über die Ordnung der Elektrizitätswirtschaft nicht beendet, sondern erst in Gang gesetzt worden. Hintergrund war, dass das Gesetz nicht in die Praxis umgesetzt wurde und die mit dem Gesetz beabsichtigte staatliche Regulierung des Sektors daher nicht Realität wurde.[90]

Dieses Umsetzungsproblem wurde erst 15 Jahre später durch das EnWG 1935 im nationalsozialistischen Staat „beendet". Hervorzuheben ist dabei, dass die durch das EnWG 1935 eingeführten –nachfolgend noch darzustellenden- staatlichen Einflussmöglichkeiten im Rahmen der Energieaufsicht einem damals (und auch später) vorherrschenden gesellschaftlichen Konsens über die Gestaltung der Energieversorgung in Deutschland entsprachen.[91]

b.b. Sicherheit und Preiswürdigkeit

Das EnWG 1935 war – wie vorstehend dargestellt - von den Grundgedanken, Sicherheit und Preiswürdigkeit geprägt.[92] Diese Prinzipien waren seitdem für die deutsche Elektrizitätswirtschaft, sowie die politische Diskussion in diesem Sektor bestimmend, weshalb ihre Bedeutung nachfolgend kurz dargestellt werden soll.

---

87 Tegethoff, in: Tegethoff/Büdenbender/Klinger, Anm. I zur Präambel des EnWG, S. 1 ff.

88 RGBl. 1920, S. 19 ff.

89 Vgl. zu den Entwicklungen Stier, Staat und Strom, S. 399 f. und S. 402 f.

90 Vgl. dazu Stier, Staat und Strom, S. 402 ff., S. 455 f.

91 Stier, Staat und Strom, S. 402 ff., S. 455 f.

92 Vgl. dazu: Gröner, Die Ordnung der deutschen Elektrizitätswirtschaft, S. 31 ff.; Stober, Handbuch, S. 1261 f.; Evers, Das Recht der Energieversorgung, S. 27 ff.; Harms/Metzenthin, Energie und Recht S. 275.; Vykydal, Der kartellrechtliche Kontrahierungszwang, S. 60.

Sicherheit der Stromversorgung i.S.d. EnWG 1935 bedeutete zunächst, dass für den jeweils möglichen Spitzenbedarf im gesamten Reichsgebiet (später nach 1949 Bundesgebiet) genügend (Reserve-)Kapazitäten zur Versorgung aller Verbraucher bereitgehalten werden, die aufgrund fehlender Lagermöglichkeiten bei Nichtnutzung, d.h. Nichtabnahme verfallen, aber bezahlt werden müssen.[93] Weiter bedingte das Prinzip der Sicherheit des Stromverbrauchs nach damals vorherrschender Auffassung auch die alleinige Verantwortlichkeit eines bestimmten Energieversorgungsunternehmen für ein abgegrenztes Versorgungsgebiet,[94] weil nur so die Bereithaltung der erforderlichen Reservekapazität garantiert war.

Unter Preiswürdigkeit im Sinne der Präambel des EnWG wurde eine möglichst billige Energieversorgung verstanden.[95] Billig bedeutete dabei im Ergebnis den unter Berücksichtigung der Kosten für die Versorgungssicherheit niedrigsten Preis.

Die Ziele des EnWG 1935 standen damit strukturell im Widerspruch zueinander, da die Garantie von Versorgungssicherheit naturgemäß zu Überkapazitäten führt, wenn auch für die seltenen Zeiten des Spitzenverbrauchs genügend Energie vorgehalten werden muss. Die nicht speicherbare Reserve muss vom Verbraucher aber immer mitbezahlt werden und führt so zu ihrem Preis für die Endabnehmer.

b. Energieaufsicht nach dem EnWG 1935

a.a. Einführung

Die vom Gesetzgeber 1935 definierten Ziele der Energieversorgung, Sicherheit und Preiswürdigkeit, sollten nach dem damaligen Verständnis aller Beteiligten über eine staatliche Regulierung, die Energieaufsicht des Reiches, verwirklicht werden. Auch nach den Veränderungen 1945 und 1949 wurde die durch das EnWG 1935 geschaffene Staatsaufsicht beibehalten und den geänderten politischen Verhältnissen und Zuständigkeiten angepasst. Da die Energieaufsicht insoweit prägend für das bisherige Ordnungssystem der Elektrizitätswirtschaft war, soll sie nachfolgend mit ihren wichtigsten Elementen dargestellt werden.

---

93 Stober, Handbuch S. 1261; Seeliger ET 1988, S. 54.

94 Stober, Handbuch, S. 1262; Jarass, Wirtschaftsverwaltungsrecht und Wirtschaftsverfassungsrecht; § 17 Rn. 6.

95 Vgl. Danner, in: Obernolte/Danner, Energiewirtschaftsrecht, Einführung I., b) aa); vgl. auch Stober, Handbuch, S. 1262, und Büdenbender, Energierecht, Rn. 18 ff.

b.b. Adressatenkreis

Durch das EnWG 1935 wurden die Rechtsbeziehungen zwischen den im Elektrizitätsmarkt tätigen privaten oder öffentlichen Unternehmen auf eine vollkommen neue „Geschäftsgrundlage" gestellt. Während - nicht zuletzt aufgrund der Nichtumsetzung des Sozialisierungsgesetzes von 1919 - bis zu der Verabschiedung des EnWG 1935 der Grundsatz der freien Marktwirtschaft und damit auch der freien unternehmerischen Entscheidung über Errichtung, Ausbau oder auch Fusion von Energieerzeugungs- und Verteilungsanlagen herrschte, änderte sich diese Situation danach grundlegend. Das Gesetz richtete sich dabei an alle in Deutschland tätigen Energieversorgungsunternehmen. Diese wurden gemäß § 2 Abs. 2 EnWG 1935 (vgl. auch § 2 Abs. 3 EnWG 1998) als Unternehmen und Betriebe - ohne Rücksicht auf ihre jeweilige Rechtsform - definiert, die andere mit elektrischer Energie versorgen oder Betriebe dieser Art verwalten. Durch diese Definition werden die sog. Eigenanlagen – die von Unternehmen nur zur Eigenversorgung errichtet und betrieben werden - nicht unter öffentliche Energieversorgung subsumiert.[96]

Nach dem EnWG 1935 war demnach für die Einordnung als Energieversorgungsunternehmen ausschlaggebend, ob Dritte versorgt werden. Nur solche Energieversorgungsunternehmen unterlagen der energiewirtschaftlichen Aufsicht, d.h. der staatlichen Wirtschaftslenkung,[97] deren Schwerpunkt die Investitions-, Zulässigkeits- und Angebotskontrolle gem. den §§ 4, 5 EnWG 1935 im Zusammenhang mit der allgemeinen Anschluss- und Versorgungspflicht gem. § 6 Abs. 1 EnWG 1935 bildete.

c.c. Investitionskontrolle, § 4 EnWG 1935

Ein Anliegen des EnWG 1935 war es, leistungsfähige Energieversorgungsunternehmen zu fördern, da diese nach damaliger Auffassung die Sicherheit und Preiswürdigkeit am zuverlässigsten garantierten. Unter diesem Gesichtspunkt kam der Investitionskontrolle im Rahmen der staatlichen Regulierung des Sektors erhebliche Bedeutung zu. Gemäß § 4 EnWG 1935 waren (auch künftige) Energieversorgungsunternehmen und Eigenanlagenbetreiber verpflichtet, dem zuständigen Wirtschaftsministerium anzuzeigen, falls sie beabsichtigen, eine

---

96 Unter Eigenanlagen wurden dabei gem. § 1 der 5. Verordnung zur Durchführung des EnWG 1935 solche Anlagen verstanden, die Gas oder elektrische Energie erzeugen, ohne Energieversorgungsunternehmen im Sinne von § 2 Abs. 2 zu sein (sog. Selbstversorger).

97 Jarass, Wirtschaftsverwaltungsrecht und Wirtschaftsverfassungsrecht, S. 279; Evers, Das Recht der Energieversorgung, S. 100 ff.; grundlegend: Der „Mineralölbeschluss" des BVerfG, BVerfGE 30, 292, 311 f., 323 f.

Anlage zu errichten, zu erneuern, zu erweitern oder stillzulegen.[98] Aus Gründen des Gemeinwohls hatte die Aufsichtsbehörde das Recht, solche Maßnahmen nach Absatz 2 zu beanstanden oder zu untersagen. Damit war die freie Unternehmerentscheidung einer sonst nicht bekannten staatlichen Investitionskontrolle unterworfen. Allerdings war die Norm rein repressiv ausgestaltet, d.h. ein Unternehmen konnte mit der Einrichtung einer Anlage ohne Erlaubnis beginnen, musste allerdings in diesem Fall das Risiko einer späteren Untersagung tragen.[99]

Grund für eine Untersagung konnte nach der Norm nur ein Verstoß gegen das Gemeinwohl sein, ein unbestimmter Rechtsbegriff, der erst im Zusammenhang mit den Zielen des EnWG 1935 konkretisiert werden konnte.[100]
Abzustellen war bei dieser Auslegung demnach auf die in der Präambel festgelegten Prinzipien der Energieversorgung: Sicherheit und Preiswürdigkeit.[101] Im Ergebnis musste daher eine den vorgenannten Zielen verpflichtete Investitionskontrolle zu einer Konzentration in der Energieversorgung führen, da leistungsfähige Anbieter in der Regel größere Anbieter bzw. Verbundunternehmen sind. Folgerichtig setzte auch seit Verabschiedung des EnWG 1935 ein „Unternehmenssterben" in der Elektrizitätswirtschaft ein, das bis heute nicht zum Abschluss gekommen ist.

> Im Rahmen der Deregulierung des europäischen Strommarktes kam der Investitionskontrolle wohl keine beschränkende Bedeutung zu, da die Norm ausschließlich der Vermeidung „teurer" Fehlinvestitionen von deutschen Energieversorgungsunternehmen mit Sitz im Geltungsbereich des Gesetzes diente.[102] Die Energierechtsnovelle verzichtet entsprechend ihren Zielen der Deregulierung ganz auf die Investitionskontrolle.

d.d. Genehmigungsvorbehalt des § 5 EnWG 1935

Die staatliche Einflussnahme durch die Investitionskontrolle wurde ergänzt durch § 5 EnWG 1935, wonach die Aufnahme der öffentlichen Energieversorgung, d.h. der Versorgung anderer, der Genehmigung der zuständigen Aufsichtsbehörde bedurfte. Dieser Genehmigungsvorbehalt stellt keine Besonder-

---

98 Grundsätzlich: Ossenbühl, Rechtliche Probleme; Evers, Das Recht der Energieversorgung, S. 107 ff.; Gröner, Die Ordnung der deutschen Elektrizitätswirtschaft, S 355 ff.

99 Stober, Besonderes Wirtschaftsverwaltungsrecht, S. 168 ff.

100 Auf die aktuelle Frage einer Novellierung von § 4 EnWG wird im folgenden eingegangen; ausführlich zum Begriff des Gemeinwohls: Ossenbühl, Umweltschutz und Gemeinwohl, S. 6 ff.; Kuhnt, FS Fabricius, S. 240 f.

101 Zur Bedeutung von § 4 EnWG im Rahmen des nationalen Versorgungskonzeptes: Börner, Das EnWG - legislatorische Defizite oder sachgerechtes Gesetzesinstrumentarium, S. 354, 363 ff., Harms/Metzenthin, Energie und Recht, S. 275.

102 Vgl. Harms/Metzenthin, Energie und Recht, S. 278.

heit des Energiewirtschaftsrechts dar, sondern ist auch in anderen – zwischenzeitlich deregulierten- Wirtschaftsbereichen, wie dem Telekommunikationssektor üblich. Im Ergebnis soll sichergestellt werden, dass angesichts des erheblichen Kapitalbedarfs in der Elektrizitätswirtschaft und der Bedeutung der Versorgungssicherheit nur entsprechend fachkundige und leistungsfähige Unternehmen derartig „anspruchsvolle“ Leistungen anbieten dürfen. Auf der anderen Seite wird durch den Genehmigungsvorbehalt der Marktzutritt für neue Anbieter erschwert. Dies stellt jedoch in dem regulierten Elektrizitätsmarkt vor der Reform 1998 kein echtes Problem dar, da „Newcomer“ systembedingt kaum auftraten.

Die Genehmigungsbedürftigkeit der Versorgung mit Elektrizität war nach der Rechtsprechung des BVerfG auch eine zulässige Einschränkung der Berufsfreiheit, da die verfolgten Ziele, „Sicherheit und Preiswürdigung der Energieversorgung“, dem Gemeinwohl dienen.[103] Die Norm verfolgte nach der herrschenden Meinung den zulässigen Zweck, die Schwächung der bestehenden Energieversorgungsunternehmen zu verhindern, indem ihre Versorgungsgebiete zersplittert oder hier Schwerpunkte ausgelöst wurden. Schließlich sollten Doppelinvestitionen vermieden werden, da sie letztlich dem Verbraucher schaden würden, weil dieser sie (doppelt) zu bezahlen hatte.[104]

> Auch ausländische Energieversorgungsunternehmen, die außerhalb des Geltungsbereiches des Gesetzes bereits Energieversorgung betrieben und die Versorgung anderer in der Bundesrepublik Deutschland aufnehmen wollten, bedurften der Erlaubnis gemäß § 5 EnWG 1935. Damit unterlag die Lieferung von Strom durch ein Energieversorgungsunternehmen aus einem anderen EG-Land an deutsche Verbraucher dem Genehmigungsvorbehalt. Einem ausländischen Anbieter konnte aber nach der früheren h.M. diese Erlaubnis kaum erteilt werden, da die Versorgungssicherheit nicht gewährleistet werden konnte.[105] Hierin lag mithin ein gesetzliches Hindernis für die Lieferung von Strom aus anderen EG-Staaten an deutsche Endverbraucher, da die deutsche Energieaufsicht auf diesem Wege Importe untersagen konnte.[106]

---

103 Vgl. das sog. „Apothekenurteil“, BVerfGE 7, 377 ff. zur existentiellen Bedeutung einer sicheren und ausreichenden Versorgung, BVerfGE 30, 292; weitere Nachweise bei Danner, in: Obernolte/Danner, Energiewirtschaftsrecht, Anm. 1 zu § 5 EnWG; Büdenbender, Energierecht, Rn. 159; Auch ein Verstoß gegen Art. 14 Grundgesetz (Eigentum) und Art. 28 (Selbstverwaltungsrecht der Gemeinden) kann nicht gesehen werden.

104 Stober, Besonderes Wirtschaftsverwaltungsrecht, S. 167 f.; Das Recht der Energieversorgung, S. 99 f.

105 So ausdrücklich Danner, in: Obernolte/Danner, Energiewirtschaftsrecht, Anm. 2 a zu § 5 EnWG.

106 Vgl. Kuhnt, Probleme des Stromimports aus der Sicht deutscher Stromerzeuger, S. 9, 13;
Harms/Metzenthin, Energie und Recht, S. 278. In der Energierechtsnovelle wird daher in § 3 Abs. 1 EnWG 1998 klargestellt, dass die Einspeisung in das Netz eines Energieversorgungsunternehmen nicht der Genehmigung bedarf. Soweit die Aufnahme der

e.e. Die Allgemeine Anschluss- und Versorgungspflicht, § 6 EnWG 1935

Nach § 6 EnWG 1935 waren Energieversorgungsunternehmen verpflichtet, ihre Versorgungsbedingungen und Tarife öffentlich bekannt zu machen sowie jeden in ihrem Versorgungsgebiet zu diesen Bedingungen zu versorgen bzw. anzuschließen.

Der Grundsatz der Vertragsfreiheit, der prinzipiell das deutsche Zivilrecht beherrscht, wurde damit durch eine Kontrahierungspflicht ersetzt. Die Energieversorgungsunternehmen hatten insoweit weder die Abschlussfreiheit noch eine individuelle Gestaltungsfreiheit für ihre vertraglichen Beziehungen mit Endabnehmern.[107]

Die allgemeine Anschluss- und Versorgungspflicht sollte sicherstellen, dass das für ein Versorgungsgebiet zuständige Unternehmen den gesamten Bedarf der Abnehmer auch zuverlässig deckt.[108]
Die Einführung einer allgemeinen Anschluss- und Versorgungspflicht sowie die damit verbundene Beschränkung der Vertragsfreiheit waren aber erst dadurch notwendig geworden, dass das EnWG 1935 die bisher privatwirtschaftlich strukturierte Elektrizitätsversorgung in Deutschland in einen öffentlichen, staat-

---

Versorgung noch einer Genehmigung bedarf, kann diese nach § 3 Abs. 2 EnWG 1998 nur unter den folgenden Voraussetzungen versagt werden:
„Die Genehmigung darf nur versagt werden, wenn
(1) der Antragsteller nicht die personelle, technische und wirtschaftliche Leistungsfähigkeit besitzt, um die Energieversorgung entsprechend den Zielen und Vorschriften dieses Gesetzes auf Dauer zu gewährleisten, oder
(2) bei Aufnahme der Elektrizitätsversorgung die beantragte Versorgungstätigkeit zu ungünstigeren Versorgungsbedingungen für die betroffenen Abnehmer insgesamt führen würde oder sich für das verbleibende Gebiet des bisherigen Versorgers erhebliche Nachteile ergeben würden; dabei ist das Ziel einer möglichst sicheren, preisgünstigen und umweltverträglichen Energieversorgung angemessen zu berücksichtigen."

107 Dazu: Hildemann, WM 1976, S. 1294.

108 BGH BB 1971, S. 1175; Diese Verpflichtung der deutschen Energieversorgungsunternehmen nach dem EnWG 1935 stand im Widerspruch zur Zulässigkeit von Energielieferverträgen zwischen ausländischen Erzeugern bzw. Versorgern und deutschen Endverbrauchern, da die ausländischen Energieversorgungsunternehmen nicht in der Lage waren, eine entsprechende allgemeine Garantie abzugeben und dies im übrigen auch gar nicht wollten. Vielmehr konzentriert sich ihr Interesse auf kurzfristige Lieferverträge bzw. Verträge mit Sonderabnehmern. Vgl. Zask, Exportkapazität der französischen Stromwirtschaft , S. 3 ff.

lich regulierten Wirtschaftssektor mit geschlossenen Versorgungsgebieten umgeformt hat.[109]

f.f. Auskunfts- und Mitteilungspflicht, § 3 EnWG 1935

Damit den Aufsichtsbehörden die notwendigen Informationen für ihre Maßnahmen zur Verfügung standen, unterlagen die Energieversorgungsunternehmen zunächst einer umfassenden Auskunfts- und Mitteilungspflicht. Die Behörden waren auch berechtigt, bestimmte Tatbestände technischer oder wirtschaftlicher Art für mitteilungspflichtig zu erklären. Dabei handelt es sich im Ergebnis um ein typisches Instrumentarium der Gewerbeaufsicht, das auch der Reformgesetzgeber 1998 (vgl. § 13 EnWG 1998) beibehalten hat.

c. Wettbewerb im EnWG 1935

Entsprechend dem bereits in der Präambel geäußerten Ziel des Gesetzes, die "volkswirtschaftlich schädlichen Auswirkungen des Wettbewerbs zu verhindern", sollte das EnWG 1935 den seit Anfang des 20. Jahrhunderts vorhandenen Wettbewerb - teilweise auch zwischen privaten und öffentlichen Unternehmen- in der Elektrizitätswirtschaft beenden.[110] Diese Form des Wettbewerbs wurde allerdings bereits durch erste Konzessions- und Demarkationsverträge in der Praxis eingeschränkt. Den Schlusspunkt unter diese Entwicklung setzte aber der Gesetzgeber 1935, indem er den Substitutionswettbewerb für diesen Wirtschaftsbereich bewusst ausgeschaltet hat.

d. Umweltschutz im EnWG 1935

Zum Zeitpunkt der Verabschiedung des ersten deutschen Energiewirtschaftsgesetzes war Umweltschutz noch kein Begriff, dem in der öffentlichen Diskussion Relevanz zukam. Folgerichtig enthält das EnWG auch keine Vorschriften, die Rechtsgebiete oder Ziele berühren, die man dem Umweltschutz gemäß seiner heutigen Bedeutung als juristischem und politischem Begriff zuordnen würde. Dies ist durch die zeitliche Bedingtheit des EnWG 1935 zu erklären.

---

109 Auf der anderen Seite zeigt § 10 EnWG 1998, Allgemeine Anschluss- und Versorgungspflicht, dass auch in einem deregulierten Elektrizitätsmarkt die Versorgungssicherheit garantiert werden kann.

110 Soweit dies zum Zeitpunkt der Verabschiedung des Gesetzes in der Praxis noch von Bedeutung war, da sich zwischenzeitlich das System der Konzessions- und Demarkationsverträge durchzusetzen begann; vgl. Stier, Staat und Strom, S. 457.

e. Zusammenfassung

Zusammenfassend ist festzustellen, dass das EnWG 1935 ausdrücklich die damals als für die Elektrizitätswirtschaft "schädlich" betrachteten Wirkungen des Wettbewerbs ausgleichen, d.h. im Ergebnis nicht wirksam werden lassen sollte. Das EnWG 1935 ist von dem Gesichtspunkt der Preiswürdigkeit, das hieß damals vorrangig Billigkeit der Versorgung und zweitens von dem Gesichtspunkt der Versorgungssicherheit geprägt, der 1935 aber auch später vor allem national definiert wurde. Andere Gesichtspunkte, die man auch vor der Entstehung des neuen Rechtsgebiets „Umweltrecht" Anfang der siebziger Jahre diesem zuordnen könnte, waren nicht Zielvorstellungen des historischen Gesetzgebers. Der Gesetzgeber wollte das Ziel der Versorgungssicherung durch die Energieaufsicht und das Ziel der Preiswürdigkeit durch ein Preiskontrollverfahren und die Investitionskontrolle umsetzen. Wettbewerb stand nach Auffassung des Gesetzgebers im Widerspruch zu diesen Zielen, da er zu sinnlosen Überkapazitäten und Investitionsruinen führen würde. Auch nach 1945 bzw. 1949 und selbst nach Verabschiedung des GWB 1958[111] sollte sich diese Ausrichtung des EnWG 1935 bis zu seiner Ablösung durch das EnWG 1998 nicht ändern. Dies bedeutet, dass nicht zuletzt getragen von einem allgemeinen gesellschaftlichen Konsens vor allem in den Wachstumsjahren der 50er und 60er Jahre, die Zielsetzungen des Gesetzes, wie sie vor allem in der Präambel zum Ausdruck kamen, 60 Jahre nicht geändert wurden.[112]

2. Die Entstehung des Wettbewerbsgedankens im Energierecht

a. Das Gesetz gegen Wettbewerbsbeschränkungen von 1958

a.a. Die Grundprinzipien des GWB

Zentrales Ziel des EnWG 1935 war es – wie vorstehend geschildert -, die „schädlichen" Formen des Wettbewerbs von dem Elektrizitätsmarkt fernzuhalten. An diesem Prinzip wurde zunächst auch nach den politischen und gesellschaftlichen Veränderungen 1945 bzw. 1949 nichts geändert. Allerdings wurde in den westlichen Besatzungsgebieten spätestens seit Anfang 1949 die Frage diskutiert, ob bei der anstehenden Neustrukturierung der Wirtschaftsordnung im Elektrizitätssektor Wettbewerb zugelassen werden sollte.[113] Diese Diskussion kam einige Jahre später in dem langwierigen Gesetzgebungsprozess bis zur Verabschiedung eines (west-) deutschen Kartellgesetzes, des Gesetzes gegen

---

111 BGBl. I 1957, S. 1081; soweit nachfolgend auf das GWB Bezug genommen wird, wird dies i.d.R. mit dem Jahr seiner Fassung zitiert, auf die Bezug genommen wird.

112 Vgl. dazu Stier, Staat und Strom, S. 456 ff.

113 Vgl. hierzu Stier, Staat und Strom, S. 496; Löwer, Energiewirtschaft und Energieversorgung, S. 836 ff.

Wettbewerbsbeschränkungen, weitgehend ohne Ergebnis zum Abschluss. Zwar enthielt das GWB 1958 einen eigenen Abschnitt, der der sog. Versorgungswirtschaft unter Einbeziehung der Elektrizitätswirtschaft gewidmet war, doch diente dieser Abschnitt nicht dazu, den Sektor für den Wettbewerb zu öffnen, sondern sein Ziel war es, einen Ausnahmebereich von dem ansonsten im Wirtschaftsleben allgemein gültigen Wettbewerbsprinzip zu schaffen.

Im Mittelpunkt des GWB 1958 stand – geprägt von dem amerikanischen Vorbild - zunächst das sog. Verbotsprinzip, wie es in § 1 GWB 1958 formuliert wurde; eine Norm, die seit 1958 auch über die 6. Kartellrechtsnovelle vom 01.01.1999 hinaus das deutsche Kartellrecht prägt.[114] Grundprinzip des § 1 GWB a.F. war es, dass Kartellabsprachen, d.h. wettbewerbsbeschränkende Verträge im Sinne der Norm gesetzlich verboten und damit – falls sie trotzdem geschlossen wurden – „unwirksam“ sind. Das Verbotsprinzip führt im Ergebnis dazu, dass solche gegen § 1 GWB verstoßende Verträge nicht existierten.
Anders wird dagegen das zweite, das GWB 1958 prägende Prinzip, dass sog. Missbrauchsprinzip wirksam. Bei diesen Spezialtatbeständen, ging der Gesetzgeber nicht von einer grundsätzlichen Unwirksamkeit eines bestimmten Handelns aus, sondern es musste geprüft werden, ob die jeweilige Absprache im Einzelfall die Tatbestandsvoraussetzungen eines Missbrauchs wirtschaftlicher Macht, d.h. ein den Zielen des GWB zuwiderlaufendes Ziel verfolgten.[115]

Das allgemeine Kartellverbot des § 1 GWB 1958 hatte in der Konsequenz zu der Unwirksamkeit der in der Energiewirtschaft üblichen Kartellabsprachen geführt, durch die die durch das EnWG 1935 geförderten geschlossenen Versorgungsgebiete von den Unternehmen gegen Substitutionswettbewerb abgeschirmt wurden.

Der Gesetzgeber des GWB 1958 vertrat aber die Auffassung, dass bestimmte Vertragstypen aufgrund ihrer wirtschaftlichen Besonderheiten auch kartellrechtlich eine Sonderstellung beanspruchen können. Damit wurde die allgemeine Anwendbarkeit des Kartellverbots in Frage gestellt, und es entstanden die für das deutsche Kartellrecht lange Zeit typischen Bereichsausnahmen für die Versorgungswirtschaft.

---

114 Vgl. Immenga, in: Immenga/Mestmäcker, GWB, § 1, Rn. 3 ff.; Bunte in: Langen/Bunte, Kartellrecht, §1, Rn. 1 ff.; Zur Entstehungsgeschichte des GWB vgl. Fikentscher, Wirtschaftsrecht, Bd. II, S. 181., obwohl erstmals im Rahmen der GWB Novelle 1998 der Wortlaut von § 1 GWB im Hinblick auf eine Angleichung an Art. 85 EGV a.F. novelliert wurde.

115 Bunte in: Langen/Bunte, Kartellrecht, Einführung, Rn. 7 f.

b.b. Ein Ausnahmebereich für die Energiewirtschaft

Hauptargument für einen eigenen Abschnitt, der Sonderregelungen für die Energiewirtschaft im GWB 1958 enthalten sollte, war im Rahmen des Gesetzgebungsverfahrens, dass die technisch-wirtschaftlichen Besonderheiten der leitungsgebundenen Energiewirtschaft, wie überhaupt der leitungsgebundenen Wirtschaft, zunächst aus volkswirtschaftlichen Gründen die Zulassung bestimmter wettbewerbsbeschränkender Vereinbarungen im Sinne von § 1 GWB 1958 erfordern.[116] Damit ging der Gesetzgeber davon aus, dass die durch das Wettbewerbsprinzip beabsichtigte Leistungssteigerung und bestmögliche Versorgung der Verbraucher für bestimmte Märkte, vorliegend den Elektrizitätsmarkt, ungeeignet sei.[117] Mit dieser Argumentation griff der Gesetzgeber 1958, gut zwanzig Jahre später, wieder auf die bereits aus der Begründung des EnWG 1935 bekannten Argumente gegen Wettbewerb in der Elektrizitätswirtschaft zurück.

Die Sonderregelungen der §§ 103 ff. GWB 1958 beruhten demnach auf der Überlegung, dass die Versorgung der Endabnehmer, gleich ob Industrie oder Private, in einem bestimmten Gebiet mit Elektrizität oder Gas bzw. Wasser durch ein einziges Unternehmen die notwendige Voraussetzung für eine rationelle, billige und sichere Versorgung ist. Wettbewerb sollte nicht zugelassen werden, da die notwendige Versorgung „Aller" durch ihn kaum verbessert würde. Man sprach auch insoweit von einem „natürlichen Monopol".[118] Die Zulassung eines wettbewerbsfreien Ausnahmebereiches entsprach damit den Zielen des EnWG 1935[119] – nicht aber den Zielen des GWB – und wurde damit für vie-

---

116 Vgl. die Zitate aus unterschiedlichen Begründungen zu den Gesetzesentwürfen bei Klaue, in: Immenga/Mestmäcker, GWB, vor § 103, Rn. 1; Hootz, in: Gemeinschaftskommentar, § 103 GWB, Rn. 2.

117 Vgl. Hootz, in: Gemeinschaftskommentar, § 103 GWB, Rn. 2.

118 Emmerich, Das Wirtschaftsrecht der öffentlichen Unternehmen, S. 356, weist darauf hin, dass sich die Situation bei einer Trennung von Leitungseigentum und Energieerzeugung grundsätzlich ändern würde; dagegen skeptisch: Börner, Reform des Energierechts und Natur der Sache, S. 14.

119 Zum Verhältnis von EnWG und GWB a.F., vgl.: OLG Neustadt an der Weinstraße, WuW/E OLG 288 = ET 1959/60, S. 36. Das Gericht kam (allerdings unter den im Jahre 1958 bestehenden Umständen, d.h. eines geringeren Konzentrationsgrades und stärkerer „tatsächlicher" Wettbewerbselemente) zu dem Ergebnis, das EnWG sei nicht lex specialis zum GWB, weshalb die §§ 26 (Boykott und Diskriminierung) und 35 (Schadensersatz) Anwendung fänden. Ausführlich dazu: Fischerhof, Wettbewerb in der Energiewirtschaft und das Gesetz gegen Wettbewerbsbeschränkungen, S. 110 ff., der angesichts von § 103 GWB darauf hinweist, dass die Gebietsschutzverträge nach dem Willen des Gesetzgebers eben keine unbillige Benachteiligung darstellen, sondern ein Monopol rechtmäßig absichern (S. 113).

le Jahre prägender Bestandteil des Ordnungssystems der deutschen Energiewirtschaft.[120]

Durch die §§ 103 ff. GWB 1958 wurden vom Gesetzgeber ein weiteres Mal die seit Anfang dieses Jahrhunderts üblich gewordenen Abreden anerkannt, die den Schutz des jeweiligen Versorgungsgebietes eines Energieversorgungsunternehmens vor Wettbewerbern sicherstellten.[121]

Wettbewerb war in einem solchen System nur noch insoweit denkbar, wie er nicht im Widerspruch zu den Zielen Versorgungssicherheit und Preiswürdigkeit stand.[122] Damit hatte zwar das "Ziel" Wettbewerb Eingang in das Ordnungssystem der Energiewirtschaft gefunden, war aber gegenüber den überlieferten Prinzipien Versorgungssicherheit und Billigkeit offensichtlich zweitrangig.

Der historische Gesetzgeber ging zwar von der allgemeinen Anwendung des Kartellverbots auf die Energiewirtschaft aus, hielt aber aus wirtschaftspolitischen Erwägungen eine Bereichsausnahme für geboten. Allerdings sollte nicht unerwähnt bleiben, dass diese Bereichsausnahme bereits 1958 als nur vorläufig begriffen wurde, und schnell setzte eine Reformdebatte über die Einführung von „mehr Wettbewerb" in der Elektrizitätswirtschaft ein.[123] Bereits bei Verabschiedung des GWB 1958 beschloss der Bundestag eine begleitende Erklärung, nach der die Bereichsausnahme nur bis zu einer Neufassung des Energiewirtschaftsgesetzes gelten sollte.[124] Dazu sollte es aber erst, wie bekannt, im April 1998 kommen.

c.c. Geltung der Missbrauchsaufsicht

Nicht freigestellt wurde dagegen die Energiewirtschaft von der zweiten Säule des deutschen Kartellrechts, der Missbrauchsaufsicht. Es wurden sogar ergänzende Missbrauchstatbestände für diesen Sektor entwickelt. Sinn und Zweck dieser Ausnahmetatbestände war es, solche wettbewerbsbeschränkenden Verträge in der Elektrizitätsversorgung von dem allgemeinen Kartellverbot nicht freizustellen, die sich nicht auf den Sinn und Zweck der Freistellung berufen

---

120 Langen/Niederleithinger/Ritter/Schmidt, § 103 GWB, Rn. 6; Emmerich, Kartellrecht, S. 443; Büdenbender, JuS 1978, S. 156; Möschel, Recht der Wettbewerbsbeschränkungen, Rn. 1024; Kuhnt, FS Fabricius, S. 235 f.; Stober, Handbuch, S. 1256; Eickhof, FAZ vom 18.11.1989, S. 15; grundsätzlich Fischerhof, Wettbewerb in der Energiewirtschaft und das Gesetz gegen Wettbewerbsbeschränkungen, S. 102 f.; Gröner, Die Ordnung der deutschen Elektrizitätswirtschaft, S. 344 f.; Niederleithinger, Die Stellung der Versorgungswirtschaft im GWB, S. 115.

121 Zur historischen Entwicklung: Gröner, Die Ordnung der deutschen Elektrizitätswirtschaft, S. 46, 51 ff.; Evers, Das Recht der Energieversorgung, S. 21 ff.

122 Vgl. BGH, WuW/E BGH 1221, 1223.

123 Klaue, in: Immenga/Mestmäcker, GWB, vor § 103, Rn. 2.

124 Stier, Staat und Strom, S. 497.

konnten.[125] Allerdings wurde die Missbrauchsaufsicht in der Kartellpraxis zwischen 1958 und 1998 kaum zu einem wirksamen Instrument der Verhinderung von Marktmachtmissbrauch, da die Kartellbehörde aufgrund des nicht vorhandenen Wettbewerbs nur schwer beurteilen konnte, inwieweit sich ein Unternehmen entgegen dem Wettbewerbsprinzip verhalten hat. Hier musste auf einen fiktiven „Als-Ob-Wettbewerb“ abgestellt und ein theoretischer Maßstab zur Beurteilung missbräuchlichen Verhaltens herangezogen werden.[126]

d.d. Verstärkung der Wettbewerbselemente durch die GWB-Novellen

Das Recht der Ausnahmebereiche wurde bereits durch die 2. Kartellrechtsnovelle vom 03.08.1973,[127] die eine Verbesserung der Missbrauchsaufsicht zum Ziel hatte, geändert. Hervorzuheben ist allerdings die 4. Kartellrechtsnovelle vom 26.04.1980[128] im Hinblick auf die Verstärkung der Wettbewerbselemente in der Elektrizitätswirtschaft. Besondere Bedeutung kommt insoweit der Konkretisierung bereits vorhandener Missbrauchstatbestände und der Errichtung einer eigenständigen Missbrauchsaufsicht (§ 103 Abs. 5 und Abs. 6 GWB 1980) für die Elektrizitätswirtschaft zu.[129] Wichtig war des weiteren die gesetzlich vorgeschriebene zeitliche Begrenzung von wettbewerbsbeschränkenden Verträgen in der Energiewirtschaft durch § 103a GWB auf 20 Jahre, wodurch eine Bestandsgarantie der Freistellung vermieden werde sollte.[130]
Die Tendenz der Verschärfung der Missbrauchsaufsicht wurde auch durch die 5. Kartellrechtsnovelle fortgesetzt, indem u.a. die Regelvermutung aufgehoben wurde, wonach ein Versorgungsunternehmen nicht unbillig handelt, wenn es die Durchleitung zur Versorgung eines Dritten in seinem Gebiet verweigert.[131] Insgesamt brachte dies aber keine grundlegenden Änderungen.[132]

e.e. Ergebnis

Insgesamt ist festzustellen, dass bereits durch die Schaffung von Ausnahmevorschriften für die Elektrizitätswirtschaft im Kartellrecht die Anwendung des Wettbewerbsprinzips für diesen Bereich grundsätzlich anerkannt wurde. Durch

---

125 Vgl. BGH, WuW/ E, BGH 655 f; BGH, WuW/E, BGH 1221, 1223; BGH, WuW/E, BGH 1969, 1972

126 Vgl. Vykydal, Der kartellrechtliche Kontrahierungszwang, S. 72 f.

127 BGBl I, S. 917; vgl. Bunte, in: Langen/Bunte, Kartellrecht, Einf. GWB, Rn. 12.

128 BGBl I, S. 458; vgl. Bunte, in: Langen/Bunte, Kartellrecht, Einf. GWB, Rn. 14.

129 Vgl. zu dem Gesetzgebungsverfahren Hootz, in: Gemeinschaftskommentar, § 103, Rn. 4.

130 Vgl. Vykydal, Der kartellrechtliche Kontrahierungszwang, S. 68.

131 S. BT-Drs. 11/4610, S. 13.

132 Vgl. dazu: Die Gesetzesbegründung, BT-Drs. 11/4610, S. 12 f.; vgl. Immenga/Mestmäcker, in: dies., GWB, Einl., Rn. 19.

die Kartellrechtsnovellen wurden die Wettbewerbselemente vor allem im Rahmen der Missbrauchsaufsicht laufend verstärkt. Das Wettbewerbsprinzip wurde aber niemals konsequent umgesetzt, und in der Kartellrechtspraxis entfaltete es wenig Wirkung.

b. Die kartellrechtliche Sonderstellung der bundesdeutschen Energiewirtschaft: Die Grundprinzipien der §§ 103 - 105 GWB a.F.

a.a. Einführung

Durch § 103 GWB 1958 wurden die seit dem Anfang des 20. Jahrhunderts entwickelten wettbewerbsbeschränkenden Vereinbarungen von Versorgungsunternehmen untereinander oder mit Gebietskörperschaften vom allgemeinen Kartellverbot freigestellt. Dabei entsprach der Begriff des Energieversorgungsunternehmens i.S.v. § 103 GWB a.F. der Regelung im EnWG 1935.

Der Gesetzgeber hat allerdings 1958 erstmals diese Vertragstypen, d.h. die sogenannten Demarkations- und Konzessionsverträge im GWB ausdrücklich definiert.[133]
Nachfolgend werden daher die von der Freistellung erfassten Vertragstypen entsprechend der Systematik des GWB a.F. erläutert.

b.b. Freigestellte Abreden gem. § 103 Abs. 1 GWB a.F.

(1) Demarkationsabreden (Gebietsschutzverträge) gem. § 103 Abs. 1 Nr. 1 GWB a.F.

Ein Demarkationsvertrag (Gebietsschutzvertrag) wurde zwischen zwei Versorgungsunternehmen oder einem Versorgungsunternehmen und einer Gebietskörperschaft abgeschlossen. In ihm verpflichtete sich eine der Vertragsparteien, in dem betreffenden Gebiet die öffentliche Versorgung über ein festes Leitungssystem zu unterlassen. Die jeweiligen Versorgungsgebiete und die Zuständigkeit dafür wurden ausdrücklich festgelegt und unter den beteiligten Gesellschaften aufgeteilt.[134]

---

133 Zu den verschiedenen Variationen s. Klaue, in: Immenga/Mestmäcker, GWB, § 103, Rn. 12 ff.; vgl. Zinow, in: Wiedemann, Handbuch, § 34, Rn. 48 ff.

134 Langen/Jestaedt, Kartellrecht, § 103 GWB, Rn. 6; Möschel, Recht der Wettbewerbsbeschränkungen, Rn. 1031; Emmerich, Kartellrecht, S. 443; Evers, Das Recht der Energieversorgung, S. 190. Entscheidend ist dabei nicht der Wortlaut der Abrede, sondern ihr sachlicher Inhalt. Vgl. dazu: Fischerhof, Gesetz gegen Wettbewerbsbeschränkungen und Energiewirtschaft - Fragen der Vertragspraxis, S. 81 f.; Vykydal, Der kartellrechtliche Kontrahierungszwang, S. 58 ff.

Die Unterlassungsverpflichtung eines der Vertragsbeteiligten musste daher auf ein bestimmtes, genau abgegrenztes, (Vertrags-) Gebiet bezogen sein.
Im allgemeinen unterschied man zwischen sog. selbständigen und unselbständigen Demarkationsverträgen. Die selbständigen Demarkationsverträge wurden zwischen Versorgungsunternehmen abgeschlossen, die in keiner Lieferbeziehung zueinander standen. Solche Verträge wurden zunehmend seltener. Die Regel waren dagegen die sog. unselbständigen Demarkationsabreden, in denen die Unterlassungsverpflichtung Bestandteil eines Elektrizitäts- (oder Gaslieferungs-) vertrages war.[135]

Ein weiterer Vertragstyp zur Abgrenzung von Versorgungsgebieten im Sinne von § 103 Abs. 1 Nr. 1 GWB a.F. waren die sog. mittelbaren Demarkationsverträge und Grenzmengenabkommen. Bei den mittelbaren Demarkationsverträgen regelten die Vertragspartner nicht die Gebietsversorgung selbst, sondern nur die Belieferung des Gebietsversorgungsunternehmens und damit die mittelbare Versorgung. Der durch den Vertrag geschützte Lieferant garantierte die für sein geschlossenes Vertragsgebiet erforderliche Kapazität.[136]

Bei den Grenzmengenabkommen wurde schließlich eine kundenbezogene Aufteilung innerhalb eines Versorgungsgebiets zwischen zwei Unternehmen vorgenommen. Sie setzten daher mehrere Versorgungsnetze innerhalb dieses Gebietes voraus und regelten die Belieferung der Abnehmer nach der jeweiligen Abnahmemenge. Daneben war eine Aufteilung der Versorgung z.B. durch die Aufteilung nach den verschiedenen Spannungsebenen (Hochspannung, Mittelspannung oder Niederspannung) möglich.[137]

Insgesamt lässt sich an dieser Stelle festhalten, dass die Demarkationsverträge dazu dienten, im Bereich der öffentlichen Versorgung mit Elektrizität den Energieversorgungsunternehmen abgegrenzte Zuständigkeitsgebiete zuzuweisen, in denen sie allein die Versorgungssicherheit garantierten. Die Energieversorgungsunternehmen haben dieses Angebot des Gesetzgebers zum Abschluss von Kartellvereinbarungen flächendeckend angenommen. Selbst in Gebieten, wo zwei Energieversorgungsunternehmen über ein (unabhängiges) Leitungsnetz verfügten, erfolgte z.B. über Grenzmengenabkommen eine wettbewerbsausschließende Marktaufteilung. Im Ergebnis verfolgte damit die Freistellung von

---

135 Jestaedt, in: Langen/Bunte, Kartellrecht, § 103, Rn. 9; Klaue, in: Immenga/Mestmäcker, § 103, Rn. 13 f.

136 Fischerhof, Gesetz gegen Wettbewerbsbeschränkungen und Energiewirtschaft - Fragen der Vertragspraxis, S. 81 ff.; Vgl. auch BGH, WuW/E BGH 1405 f.

137 Vgl. Ludwig/Odenthal, Stichwort „Großabnehmerklausel“ und „Demarkationsvertrag“; umfangreiche Darstellung aller denkbaren Demarkationsverträge bei: Steinberg/Britz, Der Energieliefer- und erzeugermarkt nach nationalem und europäischem Recht, S. 19 ff.

Demarkationsverträgen vom Kartellverbot die gleiche Zielrichtung, wie sie bereits in der Präambel des EnWG 1935 ausgedrückt wurden: Die Verhinderung von schädlichen Ausführungen des Wettbewerbs.

(2) Ausschließlichkeitsabreden in Wegebenutzungsverträgen gem. § 103 Abs. 1 Nr. 2 GWB a.F. (Konzessionsverträge)

Die durch den Abschluss von Demarkationsverträgen zwischen den Energieversorgungsunternehmen entstandenen „ausschließlichen" Versorgungsgebiete werden durch exklusive Konzessionsverträge mit den Eigentümern der öffentlichen Wege über die in der Regel Hochspannungsnetze allein geführt werden können, d.h. regelmäßig den Gebietskörperschaften, ergänzt.

In der Bundesrepublik Deutschland stellen die Gebietskörperschaften, insbesondere die Kommunen, den Energieversorgungsunternehmen ihre öffentlichen Wege zur Verlegung von Leitungen durch privatrechtliche Verträge zur Sondernutzung gem. § 8 Bundesfernstraßengesetz bzw. den entsprechenden Länderstraßengesetzen zur Verfügung.[138]
Da die Versorgung einer Vielzahl von Kunden durch ein festes Leitungsnetz ohne Inanspruchnahme öffentlicher Wege praktisch ausgeschlossen ist, haben die Gebietskörperschaften die faktische Möglichkeit festzulegen, wer in ihrem Gebiet die Versorgung durchführt.[139] Dies geschah vor der Energierechtsnovelle durch einen privatrechtlichen Vertrag, in dem die Gemeinden einem Energieversorgungsunternehmen das Recht zur Leitungsverlegung auf ihren öffentlichen Wegen einräumten. Des weiteren enthielt diese Vereinbarung immer auch eine Ausschließlichkeitsklausel, nach der keinem weiteren Energieversorgungsunternehmen dieses Recht in dem Konzessionsgebiet eingeräumt werden kann. Im Gegenzug erhielt die Gemeinde eine Konzessionsabgabe.[140] § 103 Abs. 1 Nr. 2 GWB a.F. gestattete demnach den Gemeinden

---

138 Vgl. Lukes, Die Benutzung öffentlicher Wege zur Fortleitung elektrischer Energie, S. 25 ff.; Gröner, Die Ordnung der deutschen Elektrizitätswirtschaft, S. 258, 264 ff.; Evers, Das Recht der Energieversorgung, S. 175; Ludwig/Odenthal, Stichwort "Konzessionsvertrag".

139 Der Gesetzgeber hat der leitungsgebundenen Versorgungswirtschaft im Gegensatz etwa zu den Fernsprechleitungen der Bundespost kein gesetzliches Wegerecht eingeräumt, was einen strukturell wichtigen Unterschied zur Telekommunikation darstellt; vgl. Rittner, Wirtschaftsrecht, S. 594.

140 Vgl. Rittner, Wirtschaftsrecht, S. 594; Emmerich, Kartellrecht, S. 464 f.; Langen/Niederleithinger/Ritter/Schmidt, § 103 GWB, Rn. 13 f.; von Gamm, § 103, § 103 a, Anm. a; Feuerborn, in: Obernolte/Danner, §§ 103-105, Anm. A.c.cc.; zur Bedeutung der Konzessionsabgaben als Wettbewerbselement angesichts des Auslaufens zahlreicher Verträge aus der Sicht der Genehmigungsbehörde: Riechmann, der Gemeindehaushalt 1990, S. 1 f.; siehe auch Ludwig/Odenthal, Stichwort „Konzessionsabgaben, Konzessionsabgabenrecht", a.E.; Vykydal, Der kartellrechtliche Kontrahierungszwang, S. 55 ff.

Nr. 2 GWB a.F. gestattete demnach den Gemeinden Konzessionsverträge abzuschließen, wodurch dem Vertragspartner das Monopol für die Versorgung des Gemeindegebietes eingeräumt wurde.[141]

Dabei erfasste der Tatbestand von § 103 Abs. 1 Nr. 2 GWB a.F. nur die Leitungsverlegung zum Zwecke der unmittelbaren Versorgung der Endverbraucher. Ergänzende Vereinbarungen, nach denen eine Leitungsverlegung durch Dritte zu anderen Zwecken ausgeschlossen wurde, waren nicht vom Kartellverbot freigestellt.[142] Wollte daher ein Energieversorgungsunternehmen durch das Gebiet einer Gemeinde nur eine Durchgangsleitung verlegen, mit der keine Endabnehmer im Gebiet dieser Kommune unmittelbar versorgt werden sollten, konnte sich die Gebietskörperschaft dem Begehren jedenfalls nicht unter Berufung auf den abgeschlossenen Konzessionsvertrag entziehen.[143]

Streitig war dagegen, ob ein Endabnehmer (Sonderabnehmer) mittels einer Stichleitung (Inselversorgung), trotz eines Konzessionsvertrages mit Ausschließlichkeitsbindung der ihn umschließenden Gebietskörperschaft, Strom von einem anderen Energieversorgungsunternehmen beziehen durfte. Entscheidend war hier, ob man in diesem Fall von öffentlicher Versorgung sprechen konnte, die Grundvoraussetzung für die Anwendbarkeit der Ausnahmeregelung der §§ 103 ff. GWB a.F.
Nach der früher vorherrschenden Meinung, stellte selbst dieser Sachverhalt keine Eigenversorgung dar, sondern öffentliche Energieversorgung, womit die Gebietskörperschaft Leitungsbau untersagen musste.[144]

Die im Wegerecht wurzelnden Konzessionsverträge stellten im Ergebnis ein wichtiges Hindernis für Stromlieferungen durch Wettbewerber an Endverbraucher dar.
Die Regelung verhinderte auch, dass zwischen einem ausländischen Energieversorgungsunternehmen und einem deutschen Unternehmen eine Sonderlei-

---

141 Wolf, ET 1988, S. 56.

142 Zu der vergleichbaren Problematik bei Gaslieferungen vgl.: Steindorff, RIW 1989, Beilage 1 zu Heft 1, S. 1 ff.; von Gamm, § 103 GWB, Rn. 7; Möschel, Recht der Wettbewerbsbeschränkungen, Rn. 1034.

143 H.M. vgl. Möschel, Recht der Wettbewerbsbeschränkungen, Rn. 1034; Wolf, ET 1988, S. 57; Feuerborn, in: Obernolte/Danner, Energiewirtschaftsrecht, Anm. A.c.cc.; Niederleithinger, Die Stellung der Versorgungswirtschaft im GWB, S. 190; Langen/Niederleithinger/Ritter/Schmidt, § 103 GWB, Rn. 14.

144 Feuerborn, Der kartellrechtliche Freistellungsbereich, S. 56 ff.; Klaue, in: Immenga/Mestmäcker, GWB, § 103 GWB, Rn. 29; Hootz, in: Gemeinschaftskommentar, § 103 GWB, Rn. 21; Lukes, Die Benutzung öffentlicher Wege zur Fortleitung elektrischer Energie, S. 72; dagegen vertritt vor allem Emmerich die Meinung, dass in einem solchen Fall zulässige Eigenversorgung vorliegt, Kartellrecht, S. 448; derselbe, ZfE 1977, S. 49 f.

tung verlegt wird,[145] was insbesondere in Grenzregionen wie eben dem Saarland immer wieder diskutiert wurde.[146]

c.c. Die Missbrauchsaufsicht gem. § 103 Abs. 5 GWB a.F.

(1) Missbrauch und Bereichsausnahme

Auch wenn der Gesetzgeber die üblichen Demarkations- und Konzessionsverträge vom Kartellverbot freistellte, wollte er auf der anderen Seite nicht gänzlich auf das Wettbewerbsprinzip in der Versorgungswirtschaft verzichten, weshalb er eine spezielle Missbrauchsaufsicht für die Energiewirtschaft schuf.

Die Missbrauchsaufsicht stellt dabei – im Gegensatz zu dem das GWB 1958 bestimmenden Verbotsprinzip - ein allgemeines Prinzip des deutschen Zivilrechts dar, das bereits Jahrzehnte vor Schaffung des GWB Anwendung fand. Hintergrund der Missbrauchsaufsicht ist, dass Inhaber wirtschaftlicher Macht die ihnen eingeräumten Handlungsfreiheiten nutzen können, um diese zu Lasten der Verbraucher aber auch der Gesamtwirtschaft auszunutzen. Aufgrund von Erfahrungen seit den 20er Jahren war daher bei Verabschiedung des GWB unstreitig, dass diese Prinzipien auch in das neue Kartellgesetz aufgenommen werden sollten. So enthält § 26 GWB a.F. ein Verbot von Liefer- und Bezugssperren sowie ein allgemeines Diskriminierungsverbot gemäß § 26 Abs. 4 GWB a.F.[147] Die Norm ist dabei seit 1957/1958 nur redaktionell überarbeitet worden. Ergänzend zu dieser allgemeinen Missbrauchsaufsicht sah sich der Gesetzgeber gehalten, spezielle Missbrauchstatbestände für die vom allgemeinen Kartellverbot freigestellten Versorgungsbereiche zu schaffen. Diese Vorschriften gingen als Spezialvorschriften § 26 GWB a.F. vor.

Die Missbrauchsaufsicht über die Versorgungswirtschaft sollte sicherstellen, dass die kartellrechtlich privilegierten Unternehmen von den Ausnahmetatbeständen nur in einer Weise Gebrauch machten, die dem Zweck der Freistellung entsprach. Im Wege der Missbrauchsaufsicht sollte daher gegen Unternehmen vorgegangen werden, wenn die von ihnen geschlossenen Verträge nicht zu der beabsichtigten Rationalisierung und Steigerung der Wirtschaftlichkeit in der Elektrizitätswirtschaft beitrugen. Missbrauch im Sinne des § 103 Abs. 5 GWB a.F. war demnach eine zwar formell zulässige, d.h. von der Freistellung gedeck-

---

145 Feuerborn, in: Obernolte/Danner, Energiewirtschaftsrecht, §§ 103-105 GWB, Anm. A.c.cc.; Kuhnt, Probleme des Stromimports aus der Sicht deutscher Stromerzeuger, S. 13; Markert, VIK-Mitt. 1989, S. 13 ff.; Gröner, ZfE 1989, S. 22 f.

146 Vgl. Steffens, Glückauf 1988, S. 275.

147 Vgl. dazu Immenga/Mestmäcker, Einleitung, Rn. 5, und Markert, in: Immenga/Mestmäcker, § 26, Rn. 1 und Rn. 4 f.; Schultz, in: Langen/Bunte, Kartellrecht, § 26, Rn. 234 ff.

te, im Hinblick auf den Gesetzeszweck jedoch systemwidrige Inanspruchnahme der Ausnahmeregelung.[148]

Die Missbrauchsaufsicht stellt damit den Versuch dar, nach der wohl auch vom Gesetzgeber als problematisch erkannten Zulassung von Monopolen, auf dem Wege der staatlichen Regulierung Wettbewerbselemente in das System der öffentlichen Energieversorgung zu integrieren.[149]
Nachfolgend werden nur die beiden im Hinblick auf die aktuelle Deregulierung der Strommärkte bedeutsamen Tatbestände der Missbrauchsaufsicht, der Preismissbrauch und die Durchleitungsverweigerung, dargestellt.

(2) § 103 Abs. 5 S. 2 Nr. 2 GWB a.F., Preisvergleich mit gleichartigen Versorgungsunternehmen

Ein Preismissbrauch i.S.v. § 103 Abs. 5 S. 2 Nr. 2 GWB a.F. lag vor, wenn eine Gebietsschutzabrede trotz Vorliegens von Rationalisierungsvorteilen nicht im Interesse der Abnehmer lag, da die Preise und die Bedingungen der beteiligten Unternehmen sich spürbar voneinander oder von vergleichbaren dritten Unternehmen unterschieden. Hintergrund der Norm war, dass durch den Gebietsschutz dauerhaft verhindert wurde, dass ein „billigeres" Unternehmen in das Gebiet des „teureren" vordringen könnte. Die zulässige Kartellabsprache war in diesem Fall trotz eines eventuellen Rationalisierungsvorteils mit erheblichen Nachteilen für die Endabnehmer in diesem Versorgungsgebiet verbunden.[150]
Umstritten war bis zur Aufhebung der Norm, wann konkret bei Vorliegen eines Preisunterschiedes ein Missbrauch bejaht werden konnte. Nach der Rechtsprechung des BGH[151] war bei der Preismissbrauchsprüfung ein Vergleichsmaßstab zwischen zwei Versorgungsunternehmen auf der Grundlage des sog. „Als-Ob-Wettbewerbs" zugrunde zu legen. Die Rechtsprechung prüfte, ob die festgestellten Preisunterschiede durch strukturelle Besonderheiten des Versorgungsgebietes, in dem die höheren Preise verlangt wurden, gerechtfertigt waren. In die Preise des fiktiven Wettbewerbers wurden alle Kostenfaktoren einbezogen, die durch die tatsächlichen Gegebenheiten des Versorgungsgebietes vorgegeben waren. Solche strukturellen Besonderheiten waren z.B. die Notwendigkeit langer Leitungswege im ländlichen Raum oder die Zahl und Zusammensetzung der

[148] Vgl. BGH WuW/E, BGH 655, 656, BGH a.a.O. 1221, 1223; Jestaedt, in: Langen/Bunte, Kartellrecht, § 103 GWB, Rn. 26.

[149] So auch der Wortlaut von § 103 Abs. 5, S. 2 Nr. 1 GWB a.F.

[150] Emmerich, Kartellrecht, S. 460 ff.; von Gamm, § 103, § 103 a, Rn. 16; Langen/Niederleithinger/Ritter/Schmidt, § 103 GWB, Rn. 28 ff.; Möschel, Recht der Wettbewerbsbeschränkungen, Rn. 1042 ff.

[151] BGHZ 59, 42, („Stromtarif"); siehe dazu: Klaue, in: Immenga/Mestmäcker, § 103 GWB, Rn. 52 ff.; Langen/Niederleithinger/Ritter/Schmidt, § 103 GWB, Rn. 28.

Abnehmer (Tarifkunden, Sonderabnehmer etc.).[152] Die Einbeziehung derartig vieler spezifischer Kostenfaktoren in die vergleichende Betrachtung führte im Ergebnis dazu, dass die Preisaufsicht leerlief, womit dieses Korrekturelement im System der Ausnahmebereiche ausfiel.[153]

(3) Durchleitung gem. § 103 Abs. 5, S. 2, Nr. 4 GWB a.F.

(a) Einführung

Im Mittelpunkt der Diskussion um die Neuregelung des Ordnungsrahmens für die leitungsgebundene Elektrizitätswirtschaft steht seit Mitte der 80er Jahre der Begriff der Durchleitung. Durchleitung bedeutet mit unterschiedlichen Akzenten im Kern das Recht eines Energieversorgungsunternehmen, das Hochspannungsleitungsnetz eines Wettbewerbers für die Weiterleitung seines Stroms zu nutzen. Dieser wird dazu in der Regel nicht bereit sein, d.h. die Durchleitung verweigern und, falls der Gesetzgeber dies verhindern will, muss er den Leitungseigentümer zu einer Durchleitung verpflichten.[154]

Fraglich ist dabei, unter welchen Voraussetzungen der Eigentümer eines Versorgungsnetzes gezwungen werden kann, dieses seinem Konkurrenten zur Verfügung zu stellen.

Nachfolgend soll zunächst der Begriff der Durchleitung, wie er rechtlich seit 1980 im GWB a.F. definiert wurde, erläutert werden.

(b) Zum Begriff der Durchleitung

Der Begriff der Durchleitung wird – soweit ersichtlich - erstmals im deutschen Recht 1980 in § 103 Abs. 5, Nr. 4 GWB a.F. wie folgt definiert:

---

152 BGHZ 59, 42, 47 ff.; BGHZ 68, 23, 33 ff.; WuW/E BGH 2309; BGH NJW 1976, S. 710 (Mehrpreis von 11%), siehe dazu ausführlich: Klaue, in: Immenga/Mestmäcker, § 103 GWB, Rn 49 f.; Langen/Niederleithinger/Ritter/Schmidt, § 103 GWB, Rn. 39 ff.; Stahl, in: Obernolte/Danner, Energiewirtschaftsrecht, §§ 103-105 GWB Anm. B.b.; diese Tendenz wurde durch die Entscheidung des BGH vom 21.02.1995, BGHZ 129, 37 ff., fortgeführt; siehe dazu: Zinow, ET 1996, S. 247 und Schwintowski, BB 1996, S.1673 ff.

153 Vgl. Emmerich, Kartellrecht, S. 461 ff.; Möschel, Recht der Wettbewerbsbeschränkungen, Rn. 1045; Allerdings bemühte sich das Bundeskartellamt vorrangig im Bereich der Gasversorgung in den neuen Bundesländern gegen Fälle von Preismissbrauch vorzugehen. Vgl. BKartA, TB 1995/96, BT.-Drs. 13/7900, S. 119 f.; Markert, ET 1997, S. 71 ff.

154 Vgl. Obernolte/Danner, Energiewirtschaftsrecht, § 6 EnWG, Rn. 5 f.

„...
4. ein Versorgungsunternehmen ein anderes Versorgungsunternehmen oder ein sonstiges Unternehmen im Absatz oder im Bezug von Elektrizität oder Gas (Energie) dadurch unbillig behindert, dass es sich weigert, mit diesen Unternehmen Verträge über die Einspeisung von Energie in sein Versorgungsnetz und eine damit verbundene Entnahme (Durchleitung) zu angemessenen Bedingungen abzuschließen.

...“

Diese Legaldefinition von Durchleitung verdeutlicht, dass es sich dabei nicht um den Transport der Ware „Strom“ über ein fremdes Leitungssystem handelt. Vielmehr wird durch die Einspeisung von fremder Zusatzelektrizität in ein Leitungsnetz die Strom- und Spannungsverteilung darin durch die eingespeiste elektrische Energie verändert (Prinzip des geringsten Widerstandes).[155] Dieser Begriff der Durchleitung hat sich durchgesetzt und findet sich z.B. wieder in dem Vertrag zwischen der Bundesrepublik Deutschland und den Verbundunternehmen der Elektrizitätswirtschaft zur Umsetzung der EG-Transitrichtlinie vom 29. Oktober 1990.[156]

§ 1 dieses Vertrages definiert Elektrizitätstransit (=Durchleitung) wie folgt:

„(1) Elektrizitätstransit ist die Übertragung von Elektrizität durch das Höchstspannungsnetz eines oder mehrerer Verbundunternehmen oder der in § 2 des Vertrages angeführten europäischen Verbundunternehmen über mindestens eine innergemeinschaftliche Grenze, wobei das Erzeugungsnetz bzw. das Endabnehmernetz innerhalb des Hoheitsgebietes der Europäischen Wirtschaftsgemeinschaft liegt. Unter Übertragung ist die Gesamtheit der Dienstleistungen zu verstehen, die der Betreiber eines zwischengeschalteten Verbundnetzes erbringt, um einen Stromaustausch (Einspeisung und damit verbundene Entnahme) zwischen Verbundunternehmen zu ermöglichen.“

Stromaustausch per Durchleitung gemäß dieser Definitionen wird dabei schon seit Jahrzehnten zum Ausgleich von Lastspitzen und bei Ausfällen von Kraftwerken zwischen Energieversorgungsunternehmen praktiziert.[157] Die Dienstleistungen, die von dem Netzbetreiber für eine Durchleitung erbracht werden, müssen dabei von dem jeweiligen Elektrizitätsversorgungsunternehmen festgestellt werden.[158]

---

155 Vgl. zum Begriff der Durchleitung Britz, Örtliche Energieversorgung nach nationalem und europäischem Recht, S. 117 mit zahlreichen Nachweisen; Zinow, Rechtsprobleme der grenzüberschreitenden Durchleitung von Strom, S. 27 f.

156 Vertrag vom 11.10.1991, abgedruckt in: Obernolte/Danner, Energiewirtschaftsrecht, Anhang II Nr. 2a.

157 Vgl. Ebel, WuW 1994, S. 734.

158 Vgl. Schüppstuhl/Maier, WuW 1995, S. 381 f.

Angesichts der faktischen Unmöglichkeit, heute umfangreiche Versorgungsleitungen neu zu errichten, kann Wettbewerb um Endverbraucher nur mittels Durchleitungen, d.h. Nutzung der Leitungen der Konkurrenz, ermöglicht werden.

(c) Die Durchleitungsverweigerung

Der Gesetzgeber führte den Begriff der Durchleitung im Rahmen der vierten Kartellrechtsnovelle 1980 mit dem Ziel ein, die bisher in der Praxis wenig erfolgreiche Missbrauchsaufsicht in der Energiewirtschaft gemäß § 103 GWB a.F. zu stärken. Die rechtliche Zulässigkeit von Durchleitungen nach dieser Norm müssen daher immer aus dem systematischen Zusammenhang von Aufgaben und Zweck der Missbrauchsaufsicht verstanden werden.

Fraglich war aber bereits seit Verabschiedung des Gesetzes, wie Durchleitungen in der Praxis durchgesetzt werden können.

Naturgemäß wird jeder Netzeigentümer bemüht sein, ein Durchleitungsbegehren, d.h. das Angebot eines Durchleitungsvertrages durch einen Konkurrenten, wenn irgend möglich abzulehnen, weil dies seine eigenen Vermarktungsmöglichkeiten beschränkt. Im Rahmen der Missbrauchsaufsicht gem. § 103 Abs. 4 GWB 1980 stellte sich dann die Frage, wann eine solche Durchleitungsverweigerung gegen Sinn und Zweck des Kartellprivilegs für Versorgungsunternehmen verstieß und daher unzulässig war.

Eine missbräuchliche Durchleitungsverweigerung wurde gemäß § 103 Abs. 5 Nr. 3 und Nr. 4 GWB 1980 vor allem für die beiden folgenden Fälle angenommen:

- Einem industriellen Eigenerzeuger wird die Durchleitung zu einer weiteren Betriebsstätte verweigert, obwohl sie Konkurrenten in vergleichbaren Fällen zugestanden wurde.

- Ein Energieversorgungsunternehmen ist an einem Kraftwerk gemeinsam mit anderen Unternehmen beteiligt. Dieses liegt außerhalb seines Versorgungsgebiets, und eine eigene Leitung besteht nicht. Die Stromdurchleitung wäre ohne den Bau einer neuen Leitung durch Abschluss von Durchleitungsvereinbarungen mit einem dritten Energieversorgungsunternehmen möglich, ohne dass die Erfüllung von dessen Versorgungsaufgaben gefährdet wäre. Dennoch verweigert dieses Energieversorgungsunternehmen die Durchleitung.[159]

---

[159] Langen/Niederleithinger/Ritter/Schmidt, § 103 GWB, Rn. 55; Möschel, Recht der Wettbewerbsbeschränkungen, Rn. 1048; Emmerich, Kartellrecht, S. 463.

Mit diesen eng begrenzten Missbrauchstatbeständen wurde durch den Gesetzgeber zunächst die Ablehnung einer weitergehenden, allgemeinen Durchleitungspflicht, die zu einer Aufweichung des Systems der geschlossenen Versorgungsgebiete führen würde, zum Ausdruck gebracht. Ausgeschlossen blieb jeder ernsthafte Versuch der Durchlöcherung der Versorgungsmonopole durch das sog. „Rosinenpicken", d.h. des Abschlusses von Lieferverträgen mit bestimmten, aufgrund ihrer Nachfrage interessanten Großabnehmern im Wege der Durchleitung.[160] Das Herausbrechen einzelner Abnehmer aus den geschützten Gebieten konnte nicht erzwungen werden.[161] Dahinter stand im Ergebnis die Überlegung, dass es einem Energieversorgungsunternehmen nur unter ganz bestimmten Umständen zugemutet werden kann, sein Leitungsnetz für die eigene Konkurrenz zur Verfügung zu stellen.

Die Missbrauchsaufsicht gemäß GWB 1980 war demnach in der Praxis ohne Bedeutung.[162]

d.d. § 103 a GWB a.F., Befristung der Gebietsschutzverträge

Zusätzlich zu der Erweiterung der Missbrauchsaufsicht hatte die 4. Kartellrechtsnovelle 1980 die Befristung der nach § 103 Abs. 1 GWB freigestellten Wettbewerbsbeschränkungen auf 20 Jahre eingeführt.[163]
Nach der Übergangsregelung in § 103 a Abs. 4 GWB 1980 wurden die bestehenden Altverträge spätestens am 31.12.1994 unwirksam. Damit sollte die Rechtsstellung der Gemeinden, d.h. insbesondere ihr Handlungsspielraum bei Vertragsablauf gestärkt werden.[164]
Die Bedeutung der Norm war damit vor allem auf neue Konzessionsverträge zwischen Gebietskörperschaften und Energieversorgungsunternehmen konzentriert. In der Praxis setzte die Befristung betroffene Energieversorgungsunternehmen hinsichtlich der Verlängerung von Gestattungsverträgen und ihre Laufzeit unter Druck und schuf damit eine gewisse Wettbewerbsatmosphäre. Zu-

---

160 Ausführlich zu dieser Frage: Feuerborn, in: Obernolte/Danner, Energiewirtschaftsrecht, §§ 103-105 GWB (Bearbeitung 1998), Anm. B.; vgl. auch Kuhnt, Probleme des Stromimports aus der Sicht deutscher Stromerzeuger, S. 13 f.; Möschel, Recht der Wettbewerbsbeschränkungen, Rn. 1048.

161 Kein Industriekunde kann nach deutschem Kartellrecht von seinem zuständigen Energieversorgungsunternehmen die Durchleitung von französischem Strom erzwingen; vgl. dazu: Riechmann, Rechtsprobleme des Stromimports, S. 29, 32 ff.

162 In der einschlägigen Rechtsprechungssammlung WuWE findet sich für die Jahre 1980-1998 kaum ein Fall.; siehe dazu auch Vykydal, Der kartellrechtliche Kontrahierungszwang, S. 254 ff., der einen Durchleitungsanspruch aus § 26 Abs. 2 GWB a.F. prüft.

163 Zu den Resultaten der Novelle: Tegethoff, Novellierungsbestrebungen, S. 55 f.

164 Tettinger, NWVBl. 1989, S. 1 ff.; Ludwig/Odenthal, Stichwort "Befristungsregelung" a.E.

mindest alle 20 Jahre mussten die Energieversorgungsunternehmen gegenüber ihren Konzessionsgemeinden Rechenschaft ablegen, und die Gemeinden konnten ihre Konzessionen wechseln.[165]
Da der neue Vertragspartner der Gemeinden aber zunächst das Leitungsnetz seines Vorgängers erwerben musste, das in dessen Eigentum stand, war auch dieses Wettbewerbselement nur bedingt wirksam.

e.e. Zusammenfassung

Zusammenfassend ist festzustellen, dass seit der Schaffung von Ausnahmebereichen für die Versorgungswirtschaft durch das GWB 1958 eine langsame Tendenz zur Verstärkung der Wettbewerbselemente in der Elektrizitätswirtschaft erkennbar ist. Diese Entwicklung wurde im Rahmen der Gesetzgebung in Deutschland vor allem durch die vierte Kartellnovelle 1980 intensiviert, in der erstmals – wenn auch nur im Rahmen der Missbrauchsaufsicht- eine Verpflichtung zur Durchleitung von elektrischer Energie über die Netze eines Konkurrenten denkbar wurde. Dieser Prozess in Deutschland wurde dann kurz darauf durch die Entwicklung in der EG/EU im Rahmen der Dynamik des Binnenmarktkonzeptes der Kommission unterstützt bzw. überholt. Die weiteren Anregungen zur Verstärkung des Wettbewerbsgedankens in der deutschen Elektrizitätswirtschaft sollten seitdem vor allem aus Brüssel bzw. Straßburg kommen.

c. Der Einfluss des europäischen Rechts auf die Verstärkung des Wettbewerbs in der deutschen Elektrizitätswirtschaft.

a.a. Die wettbewerbsorientierte Praxis des BKartA

Das Bundeskartellamt bemühte sich seit Ende der achtziger Jahre verstärkt, die wettbewerbsorientierten Bestimmungen des deutschen Energiekartellrechts, insbesondere die Missbrauchsaufsicht, konsequenter anzuwenden. Dadurch sollte verdeutlicht werden, dass auch nach der früheren Rechtslage kein völliger „wettbewerbsfreier Raum“ bestand. Dem diente insbesondere die Anwendung der durch den Ausnahmebereich nicht ausgeschlossenen Missbrauchsbestimmungen, insbesondere § 26 GWB a.F.[166] Dabei konnte es sich aber – angesichts der bereits geschilderten Systematik des Missbrauchsprinzips im GWB a.F. - immer nur um vereinzelte Verfahren handeln, die besonders krasse und systemwidrige Absprachen betrafen. Eine echte Verstärkung des Wettbewerbsprinzips konnte so aber nicht durchgesetzt werden, und dies hätte auch den Interessen des (historischen) Gesetzgebers widersprochen.

---

165 Wobei die Energieversorgungsunternehmen versuchen, über die Vertragspraxis die Norm zu umgehen. Siehe dazu: Wolf, ET 1988, S. 56 ff., mit kritischer Diskussion der kommunalfreundlichen Beschlüsse des BGH, RdE 1986, S. 115 ff., 118 ff.

166 Vgl. dazu BKartA TB 1995/1996, S. 117 f.; Markert, BB 1994, S. 1645.

Dagegen kannte das europäische Kartellrecht keine ausdrücklichen Bereichsausnahmen, und daher bot es sich als Ansatzpunkt für eine Marktöffnung geradezu an. Folgerichtig hat das Bundeskartellamt seit Anfang der neunziger Jahre seine neuen Befugnisse zur Anwendung des Europäischen Kartellrechts genutzt, um i.S.d. GWB a.F. nicht rechtsmissbräuchliche Durchleitungsverweigerungen und Demarkations- bzw. Konzessionsverträge auf ihre Vereinbarkeit mit den Art. 85, 86 EGV[167] zu überprüfen.[168]

b.b. Durchleitungsverweigerung

Angesichts der Zielrichtung des Binnenmarktkonzeptes der Kommission, grenzüberschreitende Elektrizitätslieferungen zu fördern, bot sich für die Anwendung des europäischen Kartellrechts ein Sachverhalt an, in dem ein deutsches Elektrizitätsversorgungsunternehmen eine grenzüberschreitende Lieferung eines ausländischen Konkurrenten über sein Leitungsnetz in sein Versorgungsgebiet durch Nicht-Abschluss eines Durchleitungsvertrages vereitelt. Ein erster Sachverhalt dieser Art, der auch in der Presse vielfach diskutiert wurde, war der sogenannte RWE/Kleve-Fall, bei dem von RWE eine grenzüberschreitende Lieferung über ihr Leitungsnetz in ihr Versorgungsgebiet Kleve verweigert wurde.[169] Der Sachverhalt wurde der EG-Kommission zur Entscheidung vorgelegt, nachdem RWE einen Antrag auf Einzelfreistellung gem. Art. 85 Abs. 3 EGV gestellt hatte. Eine Entscheidung der EG-Kommission konnte aber nicht mehr gefällt werden, da der betroffene Vertrag Ende 1994 - vor der Beschlussfassung in Brüssel - ausgelaufen war.[170]

c.c. Konzessions- und Demarkationsverträge

Im Juni 1995 hat das Bundeskartellamt erstmals ein Untersagungsverfahren gegen einen von einer Kommune, der Stadt Nordhorn, mit RWE abgeschlossenen Konzessionsvertrag hinsichtlich der Unvereinbarkeit des darin vereinbarten exklusiven Wegenutzungsrechts mit Art. 85 EGV eingeleitet.[171] Die Untersa-

---

167 Nachfolgend wird der EG-Vertrag in der Fassung des Amsterdamer Vertrages als EG gemäß dem Zitiervorschlag des EuGH zitiert, der EG-Vertrag in der Fassung von Maastricht wird als EGV sowie die vorherigen Fassungen als EWGV bezeichnet.

168 BKartA, TB 1995/96 (BT-Drs. 13/7900), S. 117 ff.; vgl. auch Markert, ET 1997, S. 70 ff.; auch in den letzten Jahren hat das Bundeskartellamt den Weg der Liberalisierung weiter beschritten, indem es Unternehmen wie z.B. Bewag zur Durchleitung des Stroms der Konkurrenten zwang, s. FAZ vom 24.6.1999, S. 15.

169 BKartA, WuW 1993, S. 180.

170 Vgl. dazu: Markert, RdE 1995, S. 61.

171 Vgl. die Nachricht in: ET 1995, S. 605.

gungsverfügung wurde mit der Einschränkung des Wettbewerbs, insbesondere im Hinblick auf die Grenznähe zu den Niederlanden, begründet.[172]

Einen Demarkationsvertrag hat das Bundeskartellamt erstmals in dem Verfahren Ruhrgas/Thyssengas durch Beschluss vom 18.04.1994/25.07.1995 für unwirksam erklärt. Begründet hat es dies mit einem Verstoß gegen Art. 85 EGV[173] Im Rahmen der Überprüfung dieser Entscheidung wurde dann auch die Frage aufgeworfen, inwieweit Art. 90 Abs. 2 EGV auf die Energieversorgung anzuwenden sei.[174]

Von Interesse ist des weiteren, dass der durch das GWB begründete Teil der Entscheidung u.a. darauf abstellt, dass die Thyssengas GmbH von einer Versorgungstätigkeit im gesamten Bundesland Berlin ausgeschlossen wird, obwohl nur das Gebiet des früheren West-Berlin zum Versorgungsgebiet der Ruhrgas, dem Vertragspartner des Demarkationsvertrages, gehörte. Diese Beschränkung sei von § 103 Abs. 1 Nr. 1 GWB a.F. nicht freigestellt gewesen und daher unwirksam.[175]

Auch die Abrede, bestimmte Kunden gemeinsam zu beliefern, obwohl sie durch ein Unternehmen allein versorgt werden könnten, unterfiele nicht § 103 Abs. 1 Nr. 1 GWB a.F., weil sie keine Unterlassung einer öffentlichen Versorgung in einem bestimmten Gebiet darstellte.

Beide Verfahren wurden nach Beschwerden der betroffenen Energieversorgungsunternehmen vom Kammergericht gem. Art. 177 EGV dem EuGH zur Vorabentscheidung vorgelegt.[176] Nach Aufhebung der Vereinbarung durch die betroffenen Unternehmen wurde der Vorlagebeschluss vom Kammergericht zurückgenommen.[177]

---

172 BKartA, TB 1995/96, S. 118; BKartA, WuW/E BKartA 2859: Markert, ET 1997, S. 71; das Verfahren wurde nach Inkrafttreten des EnWG 1998 von den Parteien übereinstimmend für erledigt erklärt, BKartA, TB 1997/98, S. 120.

173 BKartA, TB 1995/96, S. 117; BKartA, WuW/E BKartA 2778 sowie WuW/E BKartA 2648; Markert, ET 1997, S. 70.

174 An dieser Stelle könnten auch strukturelle Unterschiede zwischen Strom- und Gasmärkten in Deutschland bedeutsam werden; siehe dazu Seemann, FS Baur, S. 74 f.

175 BKartA, WuW/E BKartA 2778.

176 BKartA, TB 1995/96, S. 117 f.; KG, WuW/E OLG 5694, WuW/E OLG 5795; die Rechtsfragen einer Vereinbarkeit von Konzessionsverträgen und Demarkationsverträgen mit EG-Kartellrecht wird nachfolgend im Abschnitt D.V. diskutiert.

177 BKartA, TB 1997/98, S. 119 f.

d.d. Ergebnis

Die Verwaltungspraxis des Bundeskartellamtes seit Anfang der neunziger Jahre dokumentiert, dass es gewillt war, unabhängig von der Reform des Energierechts in Deutschland, eine Durchsetzung der vorhandenen Wettbewerbselemente des nationalen Ordnungsrahmens sowie die Anwendung des EG-Kartellrechts in der Elektrizitätswirtschaft durchzuführen.

d. Zusammenfassung

Der vorstehende Abschnitt hat gezeigt, dass seit Schaffung des GWB Ende der fünfziger Jahre der Wettbewerbsgedanke immer stärkere Bedeutung im Ordnungssystem der deutschen Elektrizitätswirtschaft erlangt hat. Bereits in der ersten Fassung des deutschen Kartellgesetzes war ein Abschnitt enthalten, der sich vorrangig mit der Wettbewerbsorientierung der Energiewirtschaft auseinandergesetzt hat. Dies bedeutete schon ein erstes Abrücken von dem Grundsatz, dass Wettbewerb für die Elektrizitätswirtschaft „schädlich" ist, wie es bei Erlass des EnWG 1935 noch hieß. Trotzdem lag der Konzeption des GWB 1958 ein, wenn auch eingeschränkter, Ausnahmebereich für die Versorgungswirtschaft unter Einbeziehung der Elektrizitätswirtschaft zugrunde. Diese Regelung war aber auch der Beginn einer Reformdiskussion, die sich über die verschiedenen GWB-Novellen bis zur jüngsten Neufassung des GWBs, mithin die 6. Kartellrechtsnovelle erstreckte. Im Laufe der Entwicklung ist demnach eine immer stärkere Wettbewerbsorientierung, sowohl durch die laufende Novellierung des Abschnitts der Versorgungswirtschaft, §§ 103 f. GWB a.F., sowie durch die wettbewerbsorientierte Gesetzesanwendung durch das Bundeskartellamt festzustellen. Den Höhepunkt erreichte diese Entwicklung Anfang der neunziger Jahre durch die Bemühungen des Bundeskartellamtes, die Art. 85, 86 EGV zur Wettbewerbsöffnung heranzuziehen.

Insgesamt lässt sich feststellen, dass seit Ende der Fünfziger Jahre eine immer stärker werdende Wettbewerbsorientierung des Ordnungsrahmens der Elektrizitätswirtschaft feststellbar ist.

3. Umweltschutz als neues Ziel des Energierechts

a. Die Entstehung des Umweltschutzgedankens im Energierecht

a.a. Einführung

Umweltschutz war weder ein relevanter Gesichtspunkt im Rahmen der ordnungspolitischen Vorstellung des Gesetzgebers bei Verabschiedung des Energiewirtschaftgesetzes 1935 noch in den fünfziger Jahren bei Verabschiedung des deutschen Kartellgesetzes. Dies verwundert zunächst auch nicht, da Umweltschutz ein neues Politikfeld war, das erst angesichts der offenbar gewordenen Umweltprobleme Anfang der siebziger Jahre in das öffentliche Bewusstsein rückte. Mit der Entstehung von Umweltpolitik und Umweltrecht ab diesem Zeitpunkt[178] wurde dann auch schnell der Zusammenhang zwischen Energieversorgung und Umweltschutz, oft kurz auf die Formel „Energie und Umwelt" gebracht, gesehen. Nachfolgend soll nunmehr dargestellt werden, wie der Umweltschutzgedanke immer stärkere Bedeutung im Bereich der Elektrizitätsversorgung bekommen hat, bis er schließlich im Rahmen der Novellierung des EnWG 1998 ausdrücklich zu einem der Ziele der Energieversorgung erhoben wurde.

b.b. Zur Entwicklung und Systematik des "Energieumweltrechts"

Ein spezifisches Energieumweltrecht gab es in Deutschland bis in die letzten Jahre nicht. Vielmehr wurden die für den Energiesektor relevanten Umweltbestimmungen im Zusammenhang mit der allgemeinen Entwicklung des Umweltrechts geschaffen.

Die Bedeutung des Umweltschutzes für das Energierecht ergibt sich demnach zunächst aus der allgemeinpolitischen und gesellschaftlichen Diskussion ab 1970 sowie den energieversorgungsbezogenen Umweltgesetzen, die vorrangig in den achtziger Jahren in schneller Folge verabschiedet wurden.

Allgemein definiert man Umweltrecht als diejenigen Normen, die „dem Schutz, der Sicherung und Gestaltung der natürlichen Lebensgrundlagen der Menschheit dienen".[179] Nach dieser Definition hat es schon vor dem ersten Umweltprogramm der Bundesregierung vom 29.09.1971[180] Umweltpolitik und damit auch Umweltrecht gegeben, doch wurde diese nicht als eine selbständige politische Aufgabe mit entsprechender konkreter Zielrichtung verstanden.[181] Im Ergebnis hat aber auch die extensive Gesetzgebertätigkeit im Bereich des Umweltrechts zu einer besonderen Verankerung des Umweltschutzgedankens beigetragen.[182]
In der Folgezeit hat sich die Rechtswissenschaft um eine Systematisierung der verstreuten und unübersichtlichen Rechtsmaterie bemüht. Ein Umweltgesetz-

178 Vgl. zur Entwicklung: Kloepfer, Umweltrecht, § 2, Rn. 71 ff.

179 Rehbinder, RabelsZ 1976, S. 365; Hoppe/Beckmann, Umweltrecht, S. 4.

180 BT-Drs. 6/2710; vgl. auch den Umweltbericht der BReg. vom 14.07.1976, BT-Drs. 7/5684.

181 Glaeser, Umweltpolitik zwischen Reparatur und Vorbeugung, S. 30 f.; Michelsen, Kompetenzfragen der Umweltpolitik in der Bundesrepublik Deutschland, S. 119, 121 ff.

182 Vgl. Kloepfer, Umweltrecht, § 2, Rn. 74.

buch, in dem der allgemeine und besondere Teil des Umweltrechtes enthalten sein soll, ist seit Anfang der neunziger Jahre im Entwurfstadium.[183]

Auch die immer wieder geforderte Einbeziehung des Umweltrechts in das Wirtschaftsrecht fand nur vereinzelt statt. Ursächlich hierfür war, dass der Gesetzgeber Umweltrecht lange Zeit nur als notwendige Begleiterscheinung der ökonomischen Entwicklung und des wirtschaftlichen Wachstums begriffen hat.[184]
Der vorrangig am Gedanken der Gefahrenabwehr orientierte Gesetzgeber setzte zunächst an den einzelnen bedrohten Umweltressourcen, d.h. der Luft, dem Wasser usw. an. Er schuf medienorientierte Spezialgesetze, wie das BImSchG, die begrenzte Wirkung entfalten, ohne allerdings die betroffenen Rechtsgebiete bzw. Lebenssachverhalte umfassend „ökologisieren" zu wollen.[185]
Diese Entwicklung vollzog sich weitgehend parallel auch im Bereich des Energierechts.
Das Energierecht ist seit Anfang der siebziger Jahre getrennt in einen ordnungspolitischen Teil, geregelt im EnWG und GWB, und einen umweltrechtlichen Teil, geregelt in einer Vielzahl von Spezialgesetzen - alle im Kern in den siebziger und achtziger Jahren entstanden -, die den Sektor direkt oder indirekt betreffen.
Das Ziel Umweltschutz in der Elektrizitätsversorgung entstand demnach historisch nach dem in der ersten Hälfte des Jahrhunderts entstandenen Ordnungsrahmen. Das energiebezogene Umweltrecht entwickelte sich im Rahmen des allgemeinen Umweltrechts, zu dem es weiter zählte und stand – da eine Integration unterblieb – neben dem Ordnungsrahmen. Die Bedeutung des Umweltschutzes für die Elektrizitätsversorgung lässt sich daher nur aus der nachfolgend beschriebenen umwelt- und energiepolitischen Diskussion erklären.

---

183 Siehe hierzu: Kloepfer/Rehbinder/Schmidt-Aßmann, Umweltgesetzbuch – Allgemeiner Teil -; Kloepfer/Kunig/Rehbinder/Schmidt-Aßmann, DVBl. 1991, S. 339 ff.; Umweltbundesamt, Umweltgesetzbuch – Besonderer Teil -; Rehbinder NuR 1997, S. 313 ff.; grundsätzlich zur Notwendigkeit einer Kodifikation Rehbinder, UPR 1995, S. 361 ff.; s.a. Bundesministerium für Umwelt, Naturschutz und Reaktorsicherheit (Hrsg.), Umweltgesetzbuch (UGB-KomE).

184 Vgl. Rehbinder, ZRP 1970, S. 250 f.; aus einer kritischen Betrachtung nach seiner Auffassung zu hoher ökologischer Standards im Umweltrecht argumentiert dagegen Stober, Allgemeines Wirtschaftsverwaltungsrecht, S. 18 f. für eine Integration.

185 Vgl. Bosselmann, KJ 1985, S. 345 ff., KJ 1986, S. 1 ff., der seinen Aufsatz programmatisch „Eigene Rechte für die Natur?, Ansätze einer ökologischen Rechtsauffassung" nennt.

c.c. Energiepolitische Entwicklung

(1) Energie- und Umweltpolitik vor der Wiedervereinigung

Die Energiepolitik in Deutschland wurde zunächst vorrangig von den primären Energieträgern, d.h. dem Gedanken der Versorgungssicherheit geprägt. In den fünfziger Jahren war sie noch von der Dominanz der Kohle gekennzeichnet, während das Mineralöl ab den sechziger Jahren eine entscheidende Stellung im Hinblick auf das rasche ökonomische Wachstum einnahm.[186] Obwohl die Energiepolitik im Rahmen der europäischen Einigung erhebliche Bedeutung hatte - allein zwei Gründungsverträge der heutigen EU sind Energieträgern gewidmet - fehlte es in den fünfziger und sechziger Jahren an einer ausformulierten Energiestrategie der Bundesregierung. Erst im Vorfeld der sich anbahnenden Ölkrise wurde ein erster Versuch zur Formulierung energiepolitischer Ziele unternommen, was bis dahin angesichts des bei allen Energieträgern vorhandenen Überflusses nicht notwendig erschien.[187] Das im Jahre 1973 formulierte (erste) Energieprogramm der Bundesregierung wurde dann auch über den Regierungswechsel 1982 hinaus fortgeschrieben.
Seine Hauptgesichtspunkte lauten:

- Energieversorgung unter international wettbewerbsfähigen Bedingungen;
- Hohe Versorgungssicherheit
- bei möglichst sparsamer Energieverwendung und hoher Umweltverträglichkeit.[188]

Auch dieses erste Energieprogramm war demnach – nicht zuletzt angesichts der Ölkrise – vom Gedanken der Versorgungssicherheit geleitet. Aber mit dem Ziel einer rationellen Verwendung von Energie wurde erstmals auch eine umweltpolitisch relevante Fragestellung bekannt. Im Vordergrund des Programms stand aber die Aufrechterhaltung eines hohen Versorgungsanteils der deutschen Steinkohle, eine Verringerung des Einsatzes von Mineralöl und Erdgas und ein Ausbau der Kernenergie.
Die Folge war daher zunächst eine intensive Förderung der deutschen Kohle, u.a. durch den Kohlepfennig, und die verstärkte Subventionierung des Ausbaus

---

[186] Vgl. Emmerich, JZ 1982, S. 496 f.; Schneider, in: Staatslexikon , Bd. 2, Sp. 260 ff.

[187] Zu der Entwicklung: Rehfeld, Bestimmungsfaktoren der Energiepolitik, S. 84 ff.; grundsätzlich Kitschelt, Politik und Energie.

[188] BT-Drs. 7/1055; 7/2173; 8/1357; 9/983; 9/1861.

der Kernenergie,[189] die allerdings zunehmend umstritten war, vor allem angesichts der unabschätzbaren Risiken und der Entsorgungsproblematik.[190]

Durch die Ölkrise, d.h. seit der offenbar gewordenen Abhängigkeit der deutschen Energieversorgung von den OPEC-Staaten, wurde die Frage der Sicherheit der Energieversorgung in den Mittelpunkt der deutschen Energiepolitik gerückt.[191] Damit war der energiepolitische Rahmen für ein derart rohstoffarmes Land (sieht man einmal von der Kohle ab), wie der Bundesrepublik Deutschland, ziemlich eng gesetzt.

Die deutsche Politik im Energiebereich war in den folgenden Jahren von der Tendenz eines kurzfristigen Reagierens auf „unvorhergesehene" Situationen gekennzeichnet. Beispielhaft ist insoweit die Reaktion der Bundesregierung auf das Vorgehen der EG-Kommission gegen die Kohlesubventionen (sog. Kohlepfennig), wo diese auf eine Klage gegen die EG-Kommission verzichtete mit der Begründung, eine Begrenzung der Kohlesubventionierung würde auch eigenen Überlegungen entsprechen.[192]

Trotz der Wiederholung umweltorientierter programmatischer Zielvorstellungen in den laufend, auch über einen Regierungswechsel hin, fortgeschriebenen Energieprogrammen kam es bis zur Wiedervereinigung zu keinem Versuch der Umsetzung dieser Ansätze im Energierecht. Umweltpolitik und auch Umweltrecht mit Energiebezug gab es natürlich trotzdem, doch handelte es sich dabei um Vorschriften des sich im gleichen Zeitraum stark entwickelnden Umweltrechts, die aufgrund des bereits beschriebenen Zusammenhangs zwischen Energieversorgung und Umweltschutz wirksam wurden. Zu diesem Zeitpunkt kann man keinesfalls von einer Gleichwertigkeit von Umweltschutz und Versorgungssicherheit bzw. Preiswürdigkeit im Bereich der Energiepolitik sprechen, vielmehr hatten die letztgenannten Prinzipien und der sie nach traditionellem Verständnis gewährleistende Ordnungsrahmen uneingeschränkt Vorrang.

---

189 Schneider, in: Staatslexikon, Bd. 2, Sp. 260 ff.

190 Zu dieser Entwicklung aus der reichhaltigen Literatur: Ernst-Vogel, RdE 1997, S.138; Schneider, in: Staatslexikon, Bd. 2, Sp. 260 ff.; Wartenberg, ET 1988, S. 150 f.; Rehfeld, Bestimmungsfaktoren der Energiepolitik, S. 133 ff. Seit der Reaktorkatastrophe von Tschernobyl war absehbar, dass der für die Nutzung der Kernenergie notwendige gesellschaftliche Konsens nicht mehr erzielt werden kann; zu den europarechtlichen Problemen siehe Grunwald, EuR 1986, S. 315 ff.; zur Beendigung der Atomenergienutzung in Deutschland: Rat von Sachverständigen für Umweltfragen, Umweltgutachten 2000, Tz. 1495 ff.

191 Fischer/Häckel, Internationale Energieversorgung, S. 30 f.

192 Grundsätzlich zur Problematik der Kohleverstromung vor der Kohlpfennig-Entscheidung des BVerfG: Schalast, RdE 1991, S. 2 ff.

(2) Das energiepolitische Konzept 1991 und die Position der früheren Regierungsparteien

Diese Situation änderte sich erst nach der deutschen Wiedervereinigung am 3. Oktober 1990. Angesichts der energiepolitischen Schwierigkeiten der deutschen Einigung und im Hinblick auf die sich entwickelnde europäische Energiepolitik legte die Bundesregierung dann ein energiepolitisches Konzept für das Vereinte Deutschland am 11.12.1991 vor.[193]

In diesem Konzept werden als Schwerpunkte der Energiepolitik für die neunziger Jahre nunmehr genannt:

- Integration der neuen Bundesländer
- Kohlepolitik in einem veränderten Umfeld
- Energie, Umwelt und Klimaschutz
- Energieeinsparung, rationelle Energieverwendung, erneuerbare Energien
- Fortentwicklung des Energierechts
- Energiepolitik im EG-Binnenmarkt.

Als Ziel der deutschen Energiepolitik werden demnach Versorgungssicherheit, Wirtschaftlichkeit, Umweltverträglichkeit und Ressourcenschonung besonders betont.[194]
Ausdrücklich heißt es:

> „4. Umweltverträglichkeit ist heute unerlässlicher Bestandteil wirtschafts- und energiepolitischer Zielsetzungen. Das Bewusstsein von Belastungen und Schädigungen der Umwelt und der begrenzten Regenerationsfähigkeit unseres Ökosystems hat zugenommen“.[195]

Einschränkend wird allerdings später hinzugesetzt, dass Umweltschutzmaßnahmen so auszugestalten sind, dass die Wettbewerbsfähigkeit der Wirtschaft und der Lebensstandard der Bevölkerung nicht unvertretbar eingeschränkt werden.[196]
Damit hatte die Bundesregierung, wenn auch unter Einschränkungen, den Umweltschutz als eigenständiges Ziel der Elektrizitätsversorgung anerkannt.

Angesichts der grundlegenden Weichenstellung, die durch die Energiepolitik auch für künftige Generationen erfolgt, ist die Bundesregierung dann Anfang

---

193 BT-Drs. 12/1799.
194 BT-Drs. 12/1799, Tz. 1.
195 BT-Drs. 12/1799, Tz. 4.
196 BT-Drs. 12/1799, Tz. 6.

1993 in die sog. Energiekonsensgespräche mit den anderen im Bundestag vertretenen Parteien eingetreten.[197] Ziel war es, einen parteiübergreifenden Energiekonsens zu erzielen. Diese Gespräche gaben den beteiligten Parteien Gelegenheit, ihre grundlegenden energie- und umweltpolitischen Positionen herauszustellen. Die Bundesregierung und die beteiligten Ministerien, das BMWi und BMU, haben in einem Positionspapier zum energiepolitischen Konsens vom 12.03.1993 ihre Prioritäten wie folgt definiert:

„...
- rationeller und sparsamer Energieeinsatz auf allen Ebenen der Energieversorgung
- verstärkte Nutzung erneuerbarer Energien
- ausgewogene und umweltverträgliche Energieträgermix
- Einbeziehung eines angemessenen Anteils heimischer Energieträger

Dabei ist der internationale Kontext zu berücksichtigen“.[198]

Ausdrücklich heißt es in dem Positionspapier weiter zum Strommarkt, dass bei der anstehenden Novellierung des Energiewirtschaftsgesetzes sowohl energie- als auch wettbewerbspolitische und umweltpolitische Gesichtspunkte zu berücksichtigen seien.[199]

Auch die die Bundesregierung 1993 tragenden Parteien, die CDU/CSU-Fraktion und die FDP-Fraktion teilten diesen Standpunkt weitgehend, wobei beide Fraktionen die Wettbewerbsorientierung stärker akzentuierten.[200]
Damit kann man feststellen, dass im Rahmen der deutschen Energiepolitik seit Anfang der neunziger Jahre zumindest auf der Ebene der Politikformulierung

---

197 Siehe dazu den Bericht von Lamprecht, ET 1995, S. 615.

198 Positionspapier des BMWi und BMU, abgedruckt bei Schiffer, Energiemarkt Bundesrepublik Deutschland, S. 275 ff.

199 Positionspapier des BMWi und BMU, abgedruckt bei Schiffer, Energiemarkt Bundesrepublik Deutschland, S. 281; vgl. auch den Bericht der Bundesregierung zur Zukunftssicherung des Standorts Deutschland vom 03.09.1993, abgedruckt bei Schiffer, Energiemarkt Bundesrepublik Deutschland, S. 285 ff.

200 Vgl. Leitlinien der CDU/CSU Fraktion des Deutschen Bundestages, Energiepolitik für den Standort Deutschland, abgedruckt bei Schiffer, Energiemarkt Bundesrepublik Deutschland, S. 287 ff.; zur Position der FDP vgl. den Auszug aus dem Wahlprogramm zur Bundestagswahl 1994, abgedruckt bei Schiffer, Energiemarkt Bundesrepublik Deutschland, S. 331 ff.

die Bundesregierung und die sie tragenden Parteien den Umweltschutz als gleichwertiges Ziel anerkannt haben.[201]

(3) Die Position von SPD und Bündnis 90/Die Grünen

Dies gilt, teilweise mit stärkerer Betonung des Umweltschutzes, auch für die früheren Oppositionsparteien.
Ausgangspunkt der Position der SPD-Fraktion war der Entwurf eines Energiegesetzes, den sie am 06.11.1991 dem Bundestag vorgelegt hat.[202] Dieser Gesetzentwurf betont, dass die Energieversorgung den ökologischen Erfordernissen angepasst werden muss. Durch den Gesetzentwurf sollte ein Ordnungsrahmen für eine sparsame und umweltverträgliche Energiedienstleistungsstruktur geschaffen werden. In § 1 wird als Ziel des Gesetzes definiert:

> „(1) Die Bereitstellung von Energiedienstleistungen ist eine öffentliche Aufgabe. Sie ist sicher, umweltverträglich, ressourcenschonend, risikoarm, rationell und gesamtwirtschaftlich kostengünstig zu gewährleisten".[203]

Von diesem Ausgangspunkt sollte nach dem Gesetzentwurf eine vollkommen neue, umfassende Reform der Energiewirtschaft mit speziellen Regeln zur Optimierung von Energieeinsparungsmaßnahmen und Energieangebot, eine Stärkung des Querverbundes und die Ausrichtung auf Energiedienstleistungen erfolgen. Dieses Konzept beinhaltete zwar keine Aussage zur Ausgestaltung künftigen Wettbewerbs in der Energiewirtschaft, doch legte es den Schluss nahe, dass angesichts der beabsichtigten umfassenden Regulierung dieses Marktes und der Definition als öffentliche Aufgabe für Wettbewerbselemente wenig Platz bleibt. Ausführungen zu dieser Fragestellung fehlen allerdings sowohl in dem Gesetz selbst, wie auch in seiner Begründung.[204]

Nach dem Energiekonsens im EG-Ministerrat 1996 und der Verabschiedung der Strombinnenmarktrichtlinie hat die Fraktion der SPD im Deutschen Bundestag dann den Entwurf eines Gesetzes über die Elektrizitätswirtschaft vorgelegt.[205]

---

201 Vgl. BT-Drs. 12/1799 S. 23 ff.; Beschluss der Bundesregierung vom 11.12 1991 zur Verminderung der energiebedingten CO_2 Emissionen, BT-Drs. 12/2081, ergänzt durch den Beschluss vom 29.9.1994, BT-Drs. 12/8557; vgl. auch die Aktivitäten im Rahmen der Konferenz der Vereinten Nationen für Umwelt und Entwicklung (UNCED), insbesondere die Klimakonvention, BT-Drs. 12/8557, S. 174 ff.; aus der inzwischen reichhaltigen Literatur zu dieser Entwicklung: Ehrmann, NVwZ 1997, S. 874 ff.; Schröder, AVR 1996, S. 251, 273 ff.

202 BT-Drs. 12/1490.

203 BT-Drs. 12/1490, S. 4.

204 BT-Drs. 12/1490, wo unter Tz. 3, 5 (S. 21) nur ausgeführt wird, dass mehr Wettbewerb in der Energiewirtschaft eine zu einfache Formel sei.

205 BT-Drs. 13/7425.

In diesem Gesetzentwurf wird die Umweltverträglichkeit und die Ressourcenschonung als wichtiges Ziel in § 1 Abs. 2 genannt. Im 2. Abschnitt des Gesetzentwurfes werden die Voraussetzungen für die Einführung von Wettbewerb in der Elektrizitätswirtschaft formuliert. Zunächst wird die Trennung von Erzeugung, Übertragung, Verteilung und Lieferung in der Elektrizitätswirtschaft vorgenommen. Gem. § 5 des Gesetzentwurfes ist der Zugang und die Benutzung von Netzen und den dazugehörenden Nebenanlagen und Hilfsdiensten, Erzeugern, Lieferanten und Kunden diskriminierungsfrei zu den gleichen Vertragsbedingungen einzuräumen. Nach § 5 Abs. 3 Nr. 2 kann der Netzbetreiber den Zugang verweigern, wenn dadurch die Vorrangeinspeisung aus Gründen des Umweltschutzes für Elektrizität, die durch Kraft-Wärmekopplung, erneuerbare Energien und heimische Energieträger erzeugt wird, gefährdet wird.
§ 17 sieht insoweit eine Vorrangeinspeisung aus Gründen des Umweltschutzes für diese Elektrizität vor. Nach der Konzeption dieses Elektrizitätsgesetzes wird demnach der Wettbewerb durch den Netzzugang von privilegierter Elektrizität beschränkt.

Der Entwurf der SPD-Fraktion formuliert damit (erstmals) eine konkrete Vorrangstellung beim Netzzugang für sog. Ökostrom. Er steht insoweit im engen Zusammenhang mit dem Entwurf eines Energiegesetzes von 1991.

Bündnis 90/Die Grünen nahmen Anfang der neunziger Jahre nicht an den Energiekonsensgesprächen teil, weil ihre Position, Ausstieg aus der Kernenergie und Energiewende, in damals unvereinbarem Gegensatz zu der Bundesregierung standen.[206]

(4) Regierungswechsel 1998

Nach der Bundestagswahl im September 1998 und dem folgenden Regierungswechsel kam es dann nicht zu einer Revision der Energiepolitik in dem vorliegend relevanten Rahmen. Bestrebungen etwa, das Energiewirtschaftsgesetz 1998, das noch von der früheren Bundesregierung verabschiedet worden war, umweltrechtlich zu ergänzen, sind derzeit nur in Ansätzen zu erkennen.

Auch die neue rot-grüne Bundesregierung scheint insoweit die Praxis der vorherigen Regierungen zu übernehmen. Sie lässt den „neuen" Ordnungsrahmen unangetastet und versucht lediglich diesen durch begleitende Gesetzgebung, wie etwa das EEG, das KWK-Vorschaltgesetz und die Ökosteuerreform zu ergänzen.

---

206 Vgl. zur Position Bündnis 90/Die Grünen die Dokumente bei Schiffer, Energiemarkt Bundesrepublik Deutschland, S. 335 ff., sowie die kleinen Anfragen des Abgeordneten Dr. Klaus-Dieter Feige, BT-Drs. 12/1672 und 12/1673.

(5) Zusammenfassung

Zusammenfassend lässt sich an dieser Stelle festhalten, dass sowohl die alten wie die neuen Regierungsparteien seit Anfang der neunziger Jahre darüber Einigkeit erzielten, dass Umweltschutz ein wichtiges Ziel der Ordnung des Energie- und Elektrizitätsmarktes ist. Unterschiede gab es aber in der Frage der Akzentuierung, d.h. der Wertigkeit von Umwelt, Versorgungssicherheit und auch Wettbewerb im Verhältnis zueinander.

b. Umweltschützende Gesetze im Energiebereich

a.a. Einführung

Trotz der vorstehend geschilderten seit Anfang der neunziger Jahre feststellbaren Einigkeit der politischen Parteien über die Wertigkeit des Umweltschutzes im Bereich der Energieversorgung kam es – mit Ausnahme eines Ansatzes in der Bundestarifordnung Elektrizität von 1989 - nicht zu einer umfassenden Integration von umwelt- und energiepolitischen Maßnahmen und Normen. Vielmehr wurde die Situation, wie sie seit Anfang der siebziger Jahre bei Entstehung des Umweltschutzgedankens bestand, fortgeführt und eine intensive, auch energieversorgungsbezogene, aber nicht systematische, Umweltgesetzgebung in Gang gesetzt.[207] Demnach kann die Wertigkeit des Umweltschutzgedankens im Energierecht vor Verabschiedung des EnWG 1998 vorrangig aus der Gesamtheit dieser Normen heraus verstanden und bestimmt werden.[208] Nachfolgend werden daher die für die Energieversorgung wichtigsten gesetzlichen Bestimmungen, insbesondere im Hinblick auf ihre Verzahnung von energie- und umweltpolitischen Zielvorstellungen dargestellt.

Im Vordergrund steht dabei zunächst die Gesetzgebung zur Luftreinhaltung, insbesondere das Bundesimmissionsschutzgesetz (BImSchG) und die auf ihn beruhenden Verordnungen, da Energieumwandlungsprozesse bekanntlich mit erheblichen Immissionen bzw. Emissionen verbunden sind. Daran schließt sich eine Darstellung des ordnungsrechtlich ausgerichteten Energiepreisrechts an, das im Gegensatz zum EnWG 1935 schon früh den Umweltschutz als ausdrückliches Abwägungskriterium nennt. So zeigt sich in diesem Bereich, der herkömmlich dem Energierecht zuzurechnen ist, wiederum die Verzahnung der Rechts- und Politikbereiche.

Danach werden die im internationalen Zusammenhang zu sehenden vielfältigen Bemühungen zur Energieeinsparung angerissen und schließlich das bis heute

---

207 Vgl. Tettinger, Recht der Energiewirtschaft, S. 739.

208 Vgl. Kloepfer, Umweltrecht, S. 1073 ff.

umstrittene Stromeinspeisungsgesetz als Mittel der Subventionierung erneuerbarer Energien dargestellt.

b.b. Luftreinhaltung

Im Vordergrund des energiebezogenen Umweltrechts in Deutschland stehen die Maßnahmen gegen die Luftverschmutzung durch Emissionen und Immissionen.[209] Das BImSchG ist eine der frühesten umweltpolitischen Maßnahmen in Deutschland und geht zurück auf einen bereits 1971 im Bundestag eingebrachten Regierungsentwurf.[210] Das Gesetz wurde dann 1974 verabschiedet und bildet heute das bedeutendste Gesetz auf dem Gebiet des Umweltschutzes in Deutschland.[211] Das BImSchG enthält die grundsätzlichen Regelungen zum Schutz vor Luftverunreinigungen, wie sie insbesondere durch Energieumwandlungsprozesse verursacht werden können. Immissionsschutzrechtliche Maßnahmen standen während der achtziger Jahre nicht zuletzt aufgrund der breiten öffentlichen Diskussion über das Waldsterben und den sog. Sauren Regen im Vordergrund der Umweltpolitik der Bundesregierung,[212] da die Vegetationsschäden hauptsächlich auf die Luftverschmutzung mit Schwefeldioxid und Schwefeloxid zurückgeführt wurden. Hintergrund dieser Entwicklung war, wie bereits dargestellt, dass der Öffentlichkeit bewusst wurde, dass die Energieerzeugungs- und -umwandlungsprozesse Hauptursache aller anthropogenen Luftverschmutzungen sind.[213]

Zu nennen sind hierbei zunächst die auf dem BImSchG beruhende Verordnung über Großfeuerungsanlagen[214] sowie die Technische Anleitung zur Reinhaltung der Luft (TA-Luft),[215] die insbesondere den deutschen Kohlekraftwerken hohe Auflagen zur Rauchgasentschwefelung und -entstickung auferlegen.[216]

---

209 Zu dieser Entwicklung siehe Feldhaus, in: Kimminich/von Lersner/Storm, HdUR, Bd.1, Sp. 995 ff.; Sellner, Immissionsschutzrecht, Rn. 1 ff.; Schiffer, ZfE 1988, S. 49 ff.; eine Bestandsaufnahme für das vereinte Deutschland findet sich bei Eisenbarth, UPR 1993, S, 171 ff.

210 Vgl. BT - Drucksache 6/2868.

211 Vgl. Jarass, Bundesimmissionsschutzgesetz, Einl. Rn. 3.

212 Vgl. Michaelis, ET 1986, S. 193.

213 Manche Autoren der achtziger Jahre sprachen sogar davon, dass der Umweltschutz die Diskussion beherrsche, vgl. Hoffmann, ET 1984, S. 447 ff.; Banberg/Hoffmann, ET 1984, S. 57 ff.

214 13. Bundesimmissionsschutzverordnung vom 22.06.1983, BGBl. I, S. 719 f.

215 1. Allgemeine Verwaltungsvorschrift zum Bundesimmissionsschutzgesetz vom 27.02.1986, GMBl. Nr. 7 vom 28.02.1986, S. 95.

216 Grundsätzlich zur Bedeutung der Gesetzgebung zum Schutz der Luft für die Energieversorgungsunternehmen: Börner, Frankreichstrom nach Deutschland? - Art. 90 II EWGV, Teil I, S. 65; Wagner, ET 1987, S. 102.

Die Großfeuerungsanlagenverordnung von 1983 enthält genaue Bestimmungen über Grenzwerte für Staubemissionen, Gase und natürlich Stickoxide und Schwefeldioxid. Die Verordnung erfasst gem. § 1 Abs. 1 i.V.m. § 2 Nr. 7 BImSchG und i.V.m. der 4. BImSchV alle Kraftwerke, Heizkraftwerke und Heizwerke zur Verfeuerung von festen, flüssigen und gasförmigen (d.h. aller fossilen) Brennstoffe. Die Anforderungen werden nach der Anlagengröße gestaffelt, wobei auch Altanlagen erfasst werden, für die allerdings höhere Grenzwerte bei unterschiedlichen Übergangsfristen gelten.[217]

Im Ergebnis hat die Großfeuerungsanlagenverordnung zu einer beachtlichen Reduzierung der SO_2-Emissionen geführt.[218] Auch bei den weiteren von der Verordnung erfassten Schadstoffen sind erhebliche Reduzierungen nachweisbar.[219] Folgerichtig führte die Verordnung, sowohl für bestehende Altanlagen wie auch für jede Neuplanung, zu einer erheblichen finanziellen Belastung der Kraftwerksbetreiber, die auf ca. 20 Mrd. DM geschätzt wurde.[220]

Für den Bereich der Industrie ergänzt die TA-Luft von 1986 die durch die Großfeuerungsanlagenverordnung in Gang gesetzte Schadstoffminderung für die von ihr noch nicht erfassten Anlagen.[221] Diese für die schwerwiegendsten Umweltbelastungen durch Energieumwandlungsprozesse einschlägigen Normen[222] werden ergänzt durch Normen des Abfall-, Wasser-, Chemikalien-, Raumord-

217 Zu den Einzelheiten: Kloepfer, Umweltrecht, S. 419 f.; Tegethoff, ET 1985, S. 176 f.; Schiffer, ZfE 1988, S. 51 f.; Peters, NVwZ 1985, S. 723 ff.; Feldhaus, in: Kimminich/von Lersner/Storm, HdUR, Bd. I, Sp. 995 ff., Stichwort „Immissionsschutzrecht".

218 Zahlen bei: VDEW, Strommarkt Deutschland 1996, S.32 f.; Zur Entwicklung siehe Schiffer, ZfE 1988, S. 52; zur Praxis der Großfeuerungsanlagenverordnung siehe Trenkler, ET 1985, S. 534 ff.; Tegethoff, ET 1985, S. 174; Meyer-Abich, NJW 1976, S. 2365 f.

219 Vgl. Möschel, VIK-Mitt. 1989, S. 87; Wagner, ET 1987, S. 104; Michaelis, ET 1986, S. 193 f.

220 Schiffer, ZfE 1988, S. 52; vgl. auch Börner, Frankreichstrom nach Deutschland? - Art. 90 II EWGV, Teil I, S. 64, der sich auf Hildebrand, ET 1987, S. 157 beruft; siehe des weiteren die Berechnung von Michaelis, ET 1986, S. 194, nach der allein die Umweltschutzmaßnahmen zur Schadstoffbegrenzung 16 % der Gesamtinvestitionskosten eines Steinkohleblocks und 14 % der gesamten Stromerzeugungskosten ausmachen; nach Berechnung der VDEW, Strommarkt Deutschland 1996, S. 34 f., betrug der Anteil der Umweltschutzinvestitionen in der Stromerzeugung 34 %. 80 % dieser Summe soll dabei der Luftreinhaltung zugute gekommen sein. Kritische Stimmen haben sogar die Befürchtung geäußert das Umweltschutzniveau könne den Neubau von modernen, besonders umweltfreundlichen Kraftwerken behindern, so: Trenkler, ET 1978, S.18 f.

221 Siehe dazu: Dienes, ET 1986, S. 971 ff.; Schmölling, in: Kimminich/von Lersner/Storm, HdUR, Bd. II, Sp. 2041 ff.; Schiffer, ZfE 1988, S. 49 ff.; Die TA-Luft ist ergangen aufgrund von § 49 BImSchG, zur rechtssystematischen Einordnung als normkonkretisierende Verwaltungsvorschrift, siehe: Hoppe/Beckmann, Umweltrecht, S. 42 ff.

222 Weitergehende Vorschläge bei: Hartkopf, NuR 1984, S. 130.

nungs- und Strahlenschutzrechts.[223] Schließlich unterliegt auch der Betrieb elektrischer Betriebsmittel zahlreichen umweltrechtlichen Anforderungen nach den einschlägigen Spezialgesetzen.[224]

Ob das deutsche Immissionsschutzrecht durch das Inkrafttreten der EG-Richtlinie über die integrierte Vermeidung und Verminderung der Umweltverschmutzung (IVU-Richtlinie)[225] novelliert werden muss oder sollte, kann vorliegend dahingestellt bleiben. Die Emissionsgrenzwerte werden jedenfalls weiterhin von den Mitgliedstaaten der EU festgesetzt.[226]

c.c. Umweltschutz und Preisrecht

Niedrige Energiepreise führen zu hohem Verbrauch bzw. Verschwendung, ein Phänomen, das vor allem im früheren Ostblock mit seinen staatlich subventionierten Energiepreisen zu beobachten war.[227] Hoher Verbrauch führte durch die bei Energieumwandlungsprozessen anfallenden Emissionen zu negativen Umwelteffekten.

Demnach ist ein wichtiges Element des Umweltschutzes in der Energieversorgung die Gestaltung der Preise.[228] Man könnte daher meinen, höhere Preise sind die einfachste Lösung dieses Problems. „Teure" Energie ist zwar gut für die Umwelt und die Energieeinsparung, aber sie verstößt gegen den Grundsatz der Preiswürdigkeit, der, wie dargelegt, ein prägendes Grundprinzip der Energieversorgung ist.[229]
Die Bundestarifordnung Elektrizität (BTO Elt) von 1989[230] bemühte sich trotz dieser Widersprüche erstmalig um eine Integration zwischen den Zielen einer kostendeckenden Energieerzeugung, einer sicheren und preisgerechten Stromversorgung, der Energieeinsparung und des Umweltschutzes. Dabei behielt sie das Prinzip der gespaltenen Preisgliederung zwischen Tarifabnehmern (für die

223 Für die Einzelheiten: Berkner/Hermann/Le Nestour/Rupp/Schmitz, Elektrizitätswirtschaft 1990, S. 101 ff., 105 f., 106 ff.; Blischke/Hermann/Koch/Rupp, Elektrizitätswirtschaft 1988, S. 18 ff., jeweils auch mit Hinweisen auf die Reformvorhaben im Bereich des Umwelthaftungs- und Immissionsschutzrechts.

224 Rupp, RdE 1990, S. 28 ff.

225 ABl. EG Nr. L vom 10.10.1996, S. 26 ff.; zu den Auswirkungen auf das deutsche Recht vgl.: Steinberg/Klopfer, DVBl. 1997, S. 973 ff.; Dolde, NVwZ 1997, S. 313 ff.

226 Art.18 IVU-Richtlinie; vgl. dazu: Dolde, NVwZ 1997, S. 318; kritisch bzgl. des Anforderungsniveaus der IVU-Richtlinie: Steinberg/Klopfer, DVBl. 1997, S. 973 ff.

227 Vgl. Schalast, ET 1995, S.653.

228 Kloepfer, Umweltrecht, S. 507.

229 Auf die Standortproblematik hoher Energiepreise für die nationalen Energiewirtschaften in der EU und die damit verbundenen möglichen Wettbewerbsverzerrung wird noch eingegangen.

230 VO vom 18.12.1989, BGBl. I, S. 2255.

BTO Elt gilt) und den übrigen Abnehmern, insbesondere den Großkunden aus der Industrie bei. Die Tarifbildungsgrundsätze für die Tarifabnehmer wurden allerdings um Umweltgesichtspunkte erweitert.

Ausdrücklich hieß es in § 1 Allgemeine Grundsätze:

> „Elektrizitätsversorgungsunternehmen mit allgemeiner Anschluss- und Versorgungspflicht nach § 6 des Energiewirtschaftsgesetzes haben für die Versorgung in Niederspannung allgemeine Tarife anzubieten, die den Erfordernissen
>
> - einer möglichst sicheren und preisgünstigen Elektrizitätsversorgung,
> - einer rationellen und sparsamen Verwendung von Elektrizität,
> - der Ressourcenschonung und möglichst geringen Umweltbelastung genügen."

Wie sich aus der Entstehungsgeschichte der BTO Elt 1989 ergibt, sollten mit dieser programmatischen Zielbestimmung der Umweltschutz und die Ressourcenschonung als gleichberechtigte Ziele neben der Preiswürdigkeit und Versorgungssicherheit eingeführt werden.[231] Doch stellt sich die Frage, inwieweit derartig unbestimmte Ziele in der Lage sind, die Tarifstrukturen und Preise in der Praxis zu bestimmen. Der Gesetzgeber verlangte zwar, dass die neuen Zielvorstellungen für die Auslegung der BTO Elt, insbesondere der Preisaufsicht und Tarifgenehmigung gem. § 12 BTO Elt n.F. (= § 12 a BTO Elt a.F.) heranzuziehen seien.[232] Dagegen wurde aber vertreten, dass der Umweltschutz nicht Ziel der Ermächtigungsgrundlage für den Erlass der BTO Elt war (§ 7 EnWG 1935). Daher sei diese Neuregelung von der Ermächtigungsgrundlage auch nicht gedeckt, der Schutz der Umwelt habe nur in den entsprechenden Spezialgesetzen zu erfolgen.[233] Unabhängig davon, welcher Ansicht man zustimmt, ist an dieser Stelle festzustellen, dass der Gesetzgeber mit der BTO Elt 1989 erstmals in einer ordnungspolitischen Bestimmung den Umweltschutz als Ziel der Elektrizitätsversorgung anerkannt hat. Die Umsetzung der Vorschrift blieb allerdings der Praxis vorbehalten, wo sie, soweit ersichtlich, wenig Wirksamkeit entfaltet hat.

d.d. Energieeinsparung

Eine weitere wichtige Säule des Umweltschutzes im deutschen Energierecht ist die Energieeinsparung bzw. Ressourcenschonung, die auf allen Ebenen

---

231 Berkner/Hermann/Schmitz, RdE 1990, S. 3 mit zahlreichen Belegen; Töpfer, FS Fabricius, S. 18.

232 BT-Drs. 493/89 vom 21.09.1989; zur Genehmigungspraxis: Weigt, ET 1996, S. 252; zur Debatte im Rahmen von § 12 a BTO Elt a.F. siehe Oligmüller, ZRP 1983, S. 69 ff.

233 Berkner/Hermann/Schmitz, RdE 1990, S. 4.

der Energieumwandlung von der Gewinnung der Primärenergie bis zur Nutzung durch den Endverbraucher Umweltbelastungen mindern soll.[234] Die Maßnahmen der Energieeinsparung haben energiewirtschaftlich positive Folgen, da der Energieverbrauch gesenkt wird, aber auch umweltpolitische positive Auswirkungen, da die für die mit Energieumwandlungsprozessen notwendig verbundenen Umweltbelastungen verringert werden.[235] Energieeinsparung kann ansetzen bei den Kraftwerken, der Industrie, den Großabnehmern sowie in privaten Haushalten.

Für den industriellen Bereich bestehen die meisten Einzelvorschriften, die teilweise auf europäischen Vorgaben beruhen, wie etwa die Verpflichtung zur Abwärmenutzung.[236] Hervorzuheben ist die TA-Luft, die für genehmigungsbedürftige Anlagen den Grundsatz der Verfahrensoptimierung enthält. Dieser gilt auch für Altanlagen und sollte dadurch einen Modernisierungsschub auslösen.[237] Für den Bereich der Kraftwerke wird des weiteren auf die Wirtschaftslenkung durch Subventionen, wie die Förderung nach § 4a Investitionszulagengesetz 1986[238] für energiesparende Zukunftsinvestitionen zurückgegriffen. In diesem Zusammenhang sind auch freiwillige Umweltschutzmaßnahmen insbesondere der Energieversorgungsunternehmen, v.a. auf kommunaler Ebene teilweise in enger Verzahnung mit der kommunalen Politik erwähnenswert.[239]

Hinzu kommt die Förderung der Energieeinsparung im Bereich der Endverbraucher, die das Gesamtbild abrunden. Zu nennen sind an dieser Stelle insbesondere das Energieeinsparungsgesetz (EnEG)[240] sowie die Wärmeschutzver-

---

234 Glatzel, in: Kimminich/von Lersner/Storm, HdUR, Bd. I, Sp. 493 ff.; Tettinger, Recht der Energiewirtschaft, S. 723 f.; Schiffer, ZfE 1988, S. 49; etwas skeptisch: Grawe, ET 1990, S. 574.

235 Vgl. Tettinger, Recht der Energiewirtschaft, S: 723.

236 Diese Verpflichtung zur Abwärmenutzung enthält noch größere Wirkungspotentiale, vgl. Glatzel, in: Kimminich/von Lersner/Storm, HdUR, Bd. I, Sp. 58; Kloepfer, Umweltrecht, S. 507.

237 Ausführlich zum Problem der Altanlagensanierung: Dienes, ET 1986, S. 973 ff.; vgl. auch Michaelis, ET 1986, S. 189, der die Auffassung vertritt, dass Energieeinsparung niemals Selbstzweck, sondern immer nur Mittel zur Stärkung der Versorgungssicherheit, der Kostensenkung und der Reduzierung von Umweltbelastungen sein kann.

238 In der Fassung vom 28.01.1986, BGBl. I, S. 231.

239 Vgl. zu solchen kommunalen Konzepten aus der reichhaltigen Literatur: Ahrens, Wi-Verw 1987, S. 15 ff; Cronauge, der Gemeindehaushalt 1987, S. 227 ff.; Stumpf, Der Städtetag 1990, S. 171 ff.; kritisch bzgl. verbleibender kommunaler Handlungsspielräume nach einer wettbewerbsorientierten Deregulierung Jung, Der Städtetag 1995, S. 849 ff.

240 VO vom 22.07.1976, BGBl. I., S. 1873; mit 1. ÄndG vom 20.06.1980, BGBl. I, S. 701.

ordnung, die Verordnung über Heizkostenabrechnung und die Heizungsanlagenverordnung.[241]

Entsprechend der föderalistischen Struktur der Bundesrepublik Deutschland ergeben sich auch an der Schnittstelle von Umwelt- und Energierecht gerade im Bereich Energieeinsparung Spielräume für landesgesetzliche Regelungen.[242] Zu nennen ist hier z.B. das hessische Energiespargesetz von 1985,[243] das vor allem energiesparende Investitionen durch Subventionen fördern sollte.[244] Die Handlungsspielräume landespolitischer Energiepolitik in der Bundesrepublik Deutschland sind heute sicher noch nicht ausgeschöpft.[245]

Nicht zuletzt aufgrund dieser vielfältigen Maßnahmen zur Energieeinsparung, verbunden mit einem durch die Ölkrisen ausgelösten drastischen Rückgang des Erdölverbrauchs, gelang erstmals die Entkoppelung des Wirtschaftswachstums vom Energieverbrauch.[246]

---

241 Die Verordnung über einen energiesparenden Wärmeschutz bei Gebäuden vom 24.2.1982, BGBl. I, S. 209 ff.; weiterer Nachweis bei Tettinger, Recht der Energiewirtschaft, S. 723 f., Verordnung über die energiesparenden Anforderungen an heizungstechnische Anlagen und Brauchwasseranlagen vom 24.2.1982 in der Fassung der Bekanntmachung vom 20.1.1989, BGBl. I, S. 120 ff.; Verordnung über die verbrauchsabhängige Abrechnung der Heiz- und Warmwasserkosten vom 23.02.1982 in der Fassung der Bekanntmachung vom 20.01.1989, BGBl. I, S. 115 ff.

242 Zu der Kompetenzverteilung: Tettinger, Recht der Energiewirtschaft, S. 696 f.; Michelsen, Kompetenzfragen der Umweltpolitik in der Bundesrepublik Deutschland, der die Problematik allerdings vor allem unter dem Gesichtspunkt der ökonomisch „vernünftigsten" Entscheidungsebene akzentuiert; Rupp, RdE 1990, S. 27 f.; Hoppe/Beckmann, S. 72 ff.; unter besonderer Berücksichtigung des Umweltschutzes siehe Hoffmann, WiVerw 1983, S. 98 ff.

243 Gesetz über sparsame, rationelle, soziale und umweltverträgliche Energienutzung in Hessen (EnergiesparG) vom 03.07.1985, in: Gesetz und Verordnungsblatt für das Land Hessen, Teil I, vom 10.07.1985; Begründung: ET 1984, S. 912 ff.; zur Frage der Verfassungsmäßigkeit: Börner, ET 1985, S. 350 ff.; Möller, ET 1985, S. 627 ff.

244 Baur, ZfE 1987, S. 234 f.; aus wirtschaftswissenschaftlicher Sicht: Schmitt, ZfE 1985, S. 211.

245 Grundsätzlich zur hessischen Energiepolitik und zur Anwendung des Energiespargesetzes: Hessisches Ministerium für Umwelt und Reaktorsicherheit, 6. Umweltbericht, S. 248 ff.

246 Schiffer, ZfE 1988, S. 49; Michaelis, ET 1986, S. 188 f., der darauf hinweist, dass Italien und Frankreich trotz stärker regulierender Eingriffe in die Elektrizitätsversorgung keine vergleichbaren Erfolge erzielen konnten. Vgl. auch Rehbinder, Sicherung der Energieversorgung und Umweltschutz, S. 125, der schon früh deutlich machte, dass die entscheidende Zukunftsfrage die Reduzierung der Wachstumsfolgen für den Energiebereich ist.

e.e. Stromeinspeisung

Durch das Gesetz vom 07.12.1990 über die Einspeisung von Strom aus erneuerbaren Energien in das öffentliche Netz (StromeinspeisungsG)[247] wird in dieser Form wohl einmalig eine Abnahmeverpflichtung durch Energieversorgungsunternehmen und die Vergütung von Strom aus Wasserkraft, Windkraft, Sonnenenergie, Deponiegas, Klärgas sowie Produkten bzw. biologischen Rest- und Abfallstoffen der Land- und Forstwirtschaft geregelt.[248]

Ohne Rückgriff auf eine kartellrechtlich begründete Einspeiseverpflichtung[249] sind die Energieversorgungsunternehmen verpflichtet, den in ihrem Versorgungsgebiet erzeugten Strom i.S. des Einspeisungsgesetzes abzunehmen. Des weiteren ist in § 3 die Vergütung festgelegt, die mindestens 75 % des durchschnittlichen Erlöses pro Kilowattstunde aus dem Verkauf an Endabnehmer beträgt, für bestimmte Energiequellen sogar 90 %.
Das Stromeinspeisungsgesetz stellt damit einen wichtigen Betrag zur Förderung erneuerbarer Energien in Deutschland dar.[250]
Allerdings ist seine Verfassungsmäßigkeit, insbesondere nach der „Kohlepfennig-Entscheidung“ des Bundesverfassungsgerichts[251] heftig umstritten, da in ihm eine unzulässige Zwangssubventionierung durch die Energieversorgungsunternehmen zugunsten der politisch gewünschten erneuerbaren Energien gesehen wird.[252] Zusammen mit dem EnWG 1998 hat der Bundestag auch eine umfassende Novellierung des StromEG beschlossen, wodurch die Stromabnahmeverpflichtung nach oben begrenzt und unter den Vorbehalt einer unbilligen Härte gestellt wurde.[253]

---

247 BGBl. I 1990, S. 2633.

248 Zu Einzelheiten der Regelung vgl. auch Ludwig/Odenthal, Stichwort „Stromeinspeisungsgesetz“.

249 Siehe dazu: Steinberg/Britz, Der Energieliefer- und erzeugermarkt nach nationalem und europäischem Recht, S. 110 ff.

250 Vgl. Mutschler, RdE 1995, S. 13.

251 BVerfGE 91, 186 ff.

252 Aus der Rechtsprechung siehe LG Karlsruhe, NJW 1997, S. 590 mit zustimmender Anmerkung von Theobald, ET 1996, S. 594 f.; vgl. auch den Vorlagebeschluss zum BVerfG des AG Plön, NJW 1997, S. 591; aus der zahlreichen Literatur: Bürger/Senger, UPR 2000, S. 218 f.; Arndt, RdE 1995, S. 41 ff.; Friauf, ET 1995, S. 597 ff.; Ossenbühl, RdE 1997, S. 46 ff.; dagegen wird vorgetragen, das Gesetz sei eine zulässige Maßnahme staatlicher Lenkung im Umweltbereich, vgl. Scholz, ET 1995, S. 600 ff.; Hucko, RdE 1995, S. 141 f.

253 BT-Drs. 13/9211, S.36, § 4, Härteklausel. Im März 2000 wurde das Stromeinspeisungsgesetz durch das Gesetz zum Vorrang Erneuerbarer Energien, BGBl. I 2000, S. 305 ff. ersetzt; diese Entwicklung wird noch nachstehend kommentiert.

f.f. Zusammenfassung

Zusammenfassend ist insoweit festzustellen, dass trotz einer fehlenden kohärenten Integration von Energie- und Umweltrecht in Deutschland zahlreiche Normen mit Querbezügen zu dem jeweils anderen Rechtsbereich existieren. Die BTO Elektrizität 1989 sah in ihrer Zielbestimmung sogar eine Einbeziehung des Umweltschutzes in die Preisbildung vor. Der Schnittbereich von Energie- und Umweltrecht zeigt sich damit exemplarisch im Energiepreisrecht und im Immissionsschutzrecht. Hinzu kommen flankierende Maßnahmen, die die Kraftwerksbetreiber, Energieversorgungsunternehmen und Verbraucher zur Energieeinsparung anhalten sollen, sowie die Vorrangstellung von erneuerbarer Energie im Rahmen des Stromeinspeisungsgesetzes. Durch diese sektorale Gesetzgebung wird demnach die Anerkennung des Umweltschutzes als wichtiges gesetzgeberisches Ziel im Bereich der Energieversorgung, aber auch der typische Querschnittscharakter beider Politik- und Rechtsgebiete deutlich.

c. Die Berücksichtigung des Umweltschutzgedankens im Verfassungsrecht

a.a. Einführung

Die Bedeutung des Umweltschutzes als Querschnittsaufgabe im deutschen Recht und im Energierecht wurde auch durch die Diskussion um die Erweiterung des Grundgesetzes um ein Umweltgrundrecht bzw. eine Umweltstaatszielbestimmung hervorgehoben.[254] Nach Abschluss dieser langjährigen Debatte wurde durch die Grundgesetzreform von 1994 schließlich mit Art. 20 a GG eine Umweltstaatszielbestimmung in das Grundgesetz aufgenommen. Die Entstehungsgeschichte von Art. 20 a GG zeigt exemplarisch den Prozess, durch den dem Gesetzgeber in den achtziger und neunziger Jahren die Querschnittsfunktion des Umweltschutzes – auch in Bezug zur Energieversorgung – deutlich wurde.

b.b. Der Umweltschutzgedanke im Verfassungsrecht

Das Grundgesetz kannte in seiner ursprünglichen Fassung weder den Rechtsbegriff des Umweltschutzes noch den Schutz der natürlichen Lebensgrundlagen im Sinne des neu aufgenommenen Art. 20 a GG.[255]

---

254 Vgl. dazu den nachfolgenden Abschnitt b sowie bereits früh in der Literatur Rehbinder, ZRP 1970, S. 52; Schmidt, JZ 1995, S. 548 ff., der insbesondere die Berücksichtigung der Diskussion in der Rechtsprechung analysiert.

255 Kunig, in: von Münch/Kunig, Art. 74, Rn. 115; Steinberg, NJW 1996, S. 1985.

Lediglich in allgemeiner Art und Weise und auch nur am Rand knüpfte das GG an den Begriff des „Naturschutzes und der Landschaftspflege“ in der Kompetenzbestimmung des Art. 75 Nr. 3 GG[256] an, dessen ursprüngliche Reichweite jedoch im Zusammenhang mit dem früheren Reichsnaturschutzgesetz und der traditionellen Betrachtung vom Schutz des Landschaftsbildes und der dort auftretenden Tier- und Pflanzenwelt gesehen wurde.[257]
Wenn im Laufe der Zeit zahlreiche Gesetze erlassen wurden, die nach dem heutigen Verständnis der Umweltschutzgesetzgebung zugeordnet werden, so wurde die dafür notwendige Kompetenz des Bundes neben anderen vor allem auf den Zuständigkeitsbereich des Rechts der Wirtschaft in Art. 74 Nr. 11 GG gestützt.[258]

Mit dem 30. Gesetz zur Änderung des Grundgesetzes[259] wurde schließlich in Art. 74 Nr. 24 der Kompetenztitel „die Abfallbeseitigung, die Luftreinhaltung und die Lärmbekämpfung“ eingefügt, der nun dem Bund zwar mehr legislative Möglichkeiten im Bereich des Immissionsschutzes eröffnete, aber schon aufgrund seines Wortlautes nicht im Sinne einer allgemeinen Umweltschutzgesetzgebung verstanden werden kann.[260]

Im Laufe der folgenden Zeit wurde der Versuch unternommen, hinter der in den Art. 73 ff. GG festgelegten Zuständigkeitsverteilung, eine Verfassungswirklichkeit zu sehen, mit der „eine interpretatorische Umdeutung der reinen Kompetenznormen in Staatszielbestimmungen: i.S. eines „positiven Kompetenzverständnisses“ möglich sei.[261]

Diese Position ist jedoch in der Literatur[262] und auch in einem Sondervotum der Richter des Bundesverfassungsgerichts Mahrenholz und Böckenförde[263] zu-

---

256 Der in Art. 74 Nr. 20 GG genannte Pflanzenschutz, genauer: „Schutz der Pflanzen gegen Krankheiten und Schädlinge“, ist als sehr spezieller Teilbereich für eine umfassende Kompetenzgrundlage im Bereich des Umweltschutzes nie in Frage gekommen.

257 Maunz, in: Maunz/Dürig, Art. 75, Rn. 123.

258 Vgl. Kunig, in: von Münch/Kunig, Art. 74, Rn. 115; Maunz, in: Maunz/Dürig, Art. 74, Rn. 249.

259 Gesetz vom 12. 4. 1972, BGBl. I, S. 593.

260 Kunig, in: von Münch/Kunig, Art. 74, Rn. 115, der auch darauf verweist, dass das schon seit langem zur Beratung stehende UGB auf die verschiedenen Einzeltitel gestützt werden müsste; vgl. Maunz, in: Maunz/Dürig, Art. 74, Rn. 249.

261 So Häberle, Jura 1987, S. 582.

262 S. Hermes, Das Grundrecht, S. 134 ff., m.w.N.

263 S. die Ausführungen zum „Zivildienst“-Urteil BVerfGE 69, 1, 58 ff., wonach den Kompetenznormen des Grundgesetzes weder durch den Wortlaut noch durch die systematische Stellung oder die Entstehungsgeschichte einen eigenen normativen Gehalt beigemessen werden könne.

rückgewiesen worden und wurde allgemein als wenig überzeugend angesehen.[264]

Wenn auch die jeweiligen Kompetenzbestimmungen die Begriffe „Schutz“, der „Pflege“ oder der „Bekämpfung“ verwenden, wodurch auf Aufgaben des Staates Bezug genommen wird,[265] so ist doch darauf abzustellen, dass mit den Art. 73 ff. im System des Grundgesetzes lediglich etwas über die bundesstaatliche Zuständigkeitsverteilung und die Billigung staatlicher Aktivitäten ausgesagt werden soll. Eine weitergehende Verpflichtung des Staates, aktiv zu werden, kann daraus aber nicht abgeleitet werden.[266]

Darüber hinaus hat der Gedanke des Umweltschutzes bis in die siebziger Jahre im Rahmen der Verfassung keine Rolle gespielt.

c.c. Die Diskussion um ein Grundrecht auf Umweltschutz, Entwicklung in Literatur und Rechtsprechung

(1) Literatur

Als dann aber die Diskussion über den Umweltschutz allgemein aufkam, stellte sich auch die Frage nach dem Rang, den der Umweltschutz im Gefüge des Grundgesetzes hat oder haben sollte. Dabei wurde insbesondere erörtert, inwieweit sich aus den Grundrechten ein Recht der Umwelt oder ein Recht des Bürgers auf Umweltschutz ableiten lässt.[267]

Hier wurde u.a. auf Art. 2 Abs. 2 GG zurückgegriffen und eine gesunde Umwelt als ein Teil der freien Entfaltung der Persönlichkeit und zusammenhängend mit der körperlichen Unversehrtheit angesehen.[268] Aber auch Art. 14 Abs. 1 GG und das Recht an gesunden Wäldern, die im Eigentum der Bürger stehen, wurde herangezogen.[269]

Dabei kam das Problem auf, dass ein „Recht auf Umweltschutz“ in ein System, das als Abwehrrecht gegen den Staat konzipiert ist, schlecht hineinpasst.[270]

---

264 Vgl. Steinberg, NJW 1996, S. 1985; vgl. auch Hermes, Das Grundrecht, S. 134 ff.

265 Hermes, Das Grundrecht, S. 135.

266 So auch Hermes, Das Grundrecht, S. 135 f.; Steinberg, NJW 1996, S. 1985.

267 Steiger, Mensch und Umwelt, S. 33 ff.; Kloepfer, Zum Grundrecht auf Umweltschutz, S. 1 ff., 27 ff.

268 S. z.B. Lücke, DÖV 1976, S. 290.

269 Kloepfer, Zum Grundrecht auf Umweltschutz, S. 28; vgl. Steinberg, NJW 1996, S. 1986; Karpen, Grundrecht auf Umweltschutz, S. 13.

270 Steinberg, NJW 1996, S. 1986 f.; Stern, NWVBl. 1988, S. 5, stellt insoweit auf die prozessualen Auswirkungen ab, die eine Geltendmachung des Grundrechts zur Folge hätte.

Daneben stellte man auch fest, dass Beeinträchtigungen der Umwelt regelmäßig auch nicht durch den Staat, sondern von privater Seite, durch private Unternehmen erfolgten. Insoweit ergab sich das Problem, welche grundrechtliche Pflicht zum Handeln auf der Seite des Staates bestehen könnte.[271]

In diesem Zusammenhang wurde auch wieder erörtert, inwieweit aus der in den Grundrechten anerkannten objektiven Wertordnung etwas zugunsten des Umweltschutzes entnommen werden könnte.[272] Angeknüpft wurde dabei an die schon früher entwickelte Schutzpflicht des Staates gegenüber bestimmten grundrechtlichen Verbürgungen.[273]

Im Ergebnis aber setzte sich die Überzeugung durch, dass in die bestehende Grundrechtsordnung über die personale Gewährleistung hinaus ein Recht auf gesunde Umwelt oder auf Umweltschutz nicht hineingelesen werden könne.[274]

Zwar erkannte man im Anschluss an die Rechtsprechung des Bundesverfassungsgerichts eine gewisse Pflicht des Staates zum Schutz gegenüber Umweltgefahren und zur Vorsorge[275] gegenüber bestimmten Risiken[276] an, darin sah man jedoch nicht die Möglichkeit, ein allgemeines Grundrecht auf Umwelt bzw. Umweltschutz als solches ableiten zu können.[277]

Unbestritten blieb jedoch die Möglichkeit, die Verletzung grundrechtlicher Schutzpflichten im Rahmen der Grundrechte aus Art. 2 Abs. 2 S. 1 GG und Art. 14 GG geltend zu machen, wenn es um die gegenwärtige Beeinträchtigung der geschützten Rechtsgüter des Beschwerdeführers geht.[278] Nur insoweit spricht man auch jetzt noch von einem Grundrecht auf Schutz der Umwelt.[279]

Im weiteren Verlauf der Entwicklung konzentrierte sich das Interesse in der Literatur dann auch mehr auf die Aufnahme des Umweltschutzes als Staatsziel, in

---

271 Kloepfer, Zum Grundrecht auf Umweltschutz, S. 29; Steinberg, NJW 1996, S. 1986.

272 Steinberg, NJW 1996, S. 1986 f.

273 Sailer, DVBl. 1976, S. 521 ff.; Lücke, DÖV 1976, S. 292 ff.; vgl. allgemein Lorenz, in: Isensee/Kirchhof, § 128, Rn. 54; vgl. Hermes, Das Grundrecht, S. 17 ff. und S. 187 ff.; vgl. auch Sening, NuR 1980, S. 102 ff.

274 Karpen, Grundrecht auf Umweltschutz, S. 17; Benda, UPR 1982, S. 242 f.

275 Murswiek, in: Sachs, Grundgesetz, Art. 2, Rn. 199, zieht im Bereich der Vorsorgeverpflichtung Art. 3 Abs. 1 heran.

276 Vgl. Lorenz, in: HbStR, § 128, Rn. 54.

277 Vgl. Steinberg, NJW 1996, S. 1987 ff.

278 Kloepfer, DVBl. 1988, S. 310.

279 Kunig, in: v. Münch/Kunig, Art. 2, Rn. 71, spricht von einer „segmentären Teilgewährleistung neben anderen Grundrechten"; vgl. Steinberg, NJW 1996, S. 1990.

dem mehrheitlich der geeignetere Ansatz zur verfassungsrechtlichen Berücksichtigung des Umweltschutzes gesehen wurde.[280]

(2) Rechtsprechung

In der Rechtsprechung des Bundesverfassungsgerichts wurde der Gedanke eines Grundrechts auf Umwelt bzw. Umweltschutz als solches nicht aufgegriffen.

Lediglich im Rahmen der geschilderten Herleitung von Schutzpflichten des Staates aus der in den Grundrechten enthaltenen objektiven Wertordnung erörterte das Gericht eine Pflicht des Gesetzgebers, die sich zwar mittelbar auf den Schutz der Umwelt bezieht, in deren Mittelpunkt aber die von Art. 2 und 14 GG sowie anderen Grundrechten umfassten und geschützten Rechtsgüter standen.[281]

In diesem Rahmen sieht das Bundesverfassungsgericht in ständiger Rspr. die Pflicht des Gesetzgebers und aller „staatlichen Organe, sich schützend und fördernd vor die in Art. 2 II GG genannten Rechtsgüter zu stellen und sie insbesondere vor rechtswidrigen Eingriffen von seiten anderer zu bewahren".[282]

Dabei hatte es das Bundesverfassungsgericht in der „Fluglärm"-Entscheidung auch als nicht hinreichend geklärt angesehen, ob sich die „Schutzpflicht ausschließlich auf einen Schutz der körperlichen Unversehrtheit in biologisch-physiologischer Hinsicht beschränkt oder ob sie sich auch auf den geistig seelischen Bereich, also das psychische Wohlbefinden erstreckt oder sogar das soziale Wohlempfinden umfasst."[283]

In nachfolgenden, auf die Materie des Umweltschutzes bezogenen, Entscheidungen hat das Bundesverfassungsgericht diesen Gedanken dann nicht weiterverfolgt, sondern sich in den Ausführungen nur damit befasst, inwieweit der Gesetzgeber jenen Anforderungen gerecht geworden ist, die sich für ihn bei der Wahrnehmung seiner Schutzpflichten, z.B. in der Ausgestaltung von Schutzvorkehrungen, ergeben.[284]

---

280 Vgl. Kunig, in: v. Münch/Kunig, Art. 2, Rn. 71; a. A. Murswiek, ZRP 1988, S. 15 ff.; vgl. Heinz, ZfU 1988, S. 1 ff.

281 S. insbesondere BVerfGE 49, 89, 141 („Kalkar"); BVerfGE 53, 30, 57 („Mülheim-Kärlich").

282 BVerfGE 56, 54, 73 („Fluglärm"), unter Bezugnahme auf die zitierten Entscheidungen „Kalkar" und „Mülheim-Kärlich".

283 BVerfGE 56, 54, 73 f.; vgl. etwa Kloepfer, Zum Grundrecht auf Umweltschutz, 1978, S. 28.

284 BVerfGE 77, 381, 402 f. („Gorleben"), auch wenn das BVerfG dort sagt, die Schutzpflicht greife insbesondere auch auf dem Gebiet des Atomrechts ein; BVerfGE 79, 174, 202 („Verkehrslärm"); im Unterschied dazu hat das BVerfG sich in der zweiten „§ 218"-Entscheidung (88, 203) ausführlich mit der Konkretisierung der aus demsel-

Auch das Bundesverwaltungsgericht hat knapp festgestellt, dass es ein auf die Grundrechte gestütztes Recht auf Umweltschutz bzw. Umwelt nicht gibt und insoweit die Rspr. des Bundesverfassungsgericht übernommen.[285]

Eine Ausnahme stellt die Entscheidung des OVG Berlin vom 2. 5. 1977[286] dar. Dieses hatte unter Bezugnahme auf die Diskussion in der Literatur auf die besondere Lage West-Berlins verwiesen und hier aufgrund der Insellage eine hohe sozialphysische und sozialpsychische Bedeutung des Bürgers für die Erhaltung von Natur und Erholungsflächen angenommen. Der Bürger habe daher ein geschütztes rechtliches Interesse aus Art. 2 I GG i.V.m. § 1 BNatSchG. Lediglich vereinzelt hat diese Entscheidung in der Literatur Zustimmung,[287] aber ansonsten keine weitere Resonanz gefunden.

d.d. Aufnahme des Staatsziels Umweltschutz in Art. 20 a GG

In den achtziger Jahren kam dann die Diskussion über die Aufnahme eines Staatsziels Umweltschutz in das Grundgesetz auf.[288]

Man hatte festgestellt, dass die damalige Situation, was die rechtliche Berücksichtigung des Umweltschutzgedankens angeht, unbefriedigend geblieben war und erhoffte sich von einem entsprechenden Staatsziel, eine neue integrierende Wirkung, wobei die Reichweite dieser Wirkung sehr unterschiedlich eingeschätzt wurde.[289]

---

ben Grundrecht abgeleiteten Schutzpflicht des Gesetzgebers in Bezug auf das ungeborene Leben auseinandergesetzt, s. dazu Steinberg, NJW 1996, S. 1988, der die zum Schutz des ungeborenen Lebens entwickelten Pflichten auflistet und auf den Schutz für Leben und Gesundheit *Lebender* übertragen will; s.a. Schmidt-Preuß, JZ 2000, S. 582 f.; mit diesem Ergebnis setzt sich kritisch auseinander Murswiek, Die Verwaltung, S. 241 ff.

285 BVerwGE 54, 211, 219; BVerwGE 101, 1, 10; und auch schon im Beschluss vom 25. 6. 1975, NJW 1975, S. 2355 f.: „Zwar wird im Schrifttum teilweise aus den Art. 1 und 2 GG ein Grundrecht auf saubere Umwelt abgeleitet (...), das jedoch mehr als Verfassungsauftrag an den Gesetzgeber verstanden wird. Einigkeit besteht aber darin, dass ein solches Grundrecht jedenfalls dem einzelnen keine unmittelbaren einklagbaren Ansprüche auf bestimmte umweltschützende Maßnahmen gibt (...).“; ebenso übernahm auch der BGH die Rechtsprechung des Bundesverfassungsgericht, BGHZ 102, 350, 365 („Staatshaftung für Waldschäden“).

286 NJW 1977, S. 2283 ff.

287 Sening, BayVBl. 1978, S. 205 ff.

288 Stern, NWVBl. 1988, S. 1 ff.; Murswiek, ZRP 1988, S. 14 ff.; Heinz, ZfU 1988, S. 1 ff.; Benda, UPR 1982, S. 244 ff.; von Mutius, WiVerw 1987, S. 51 ff.; Michel, Staatszwecke, Staatsziele und Grundrechtsinterpretation.

289 S. Heinz, ZfU 1988, S. 28 ff.; demgegenüber Michel, NuR 1988, S. 275 ff.

Als nun nach der Wiedervereinigung die Gemeinsame Verfassungskommission von Bundestag und Bundesrat zusammentrat, stand dieser Diskussionspunkt ganz oben auf der Tagesordnung.[290]

Im Verlauf des Verfahrens zeigte sich dann jedoch relativ deutlich, welche unterschiedlichen Interessen mit der Aufnahme bzw. Nichtaufnahme eines Staatsziels Umweltschutz verfolgt wurden.[291] Nach ausführlichen Diskussionen und Verhandlungen einigte man sich aber schließlich auf die folgende Formulierung:

> **„Art. 20 a**
> Der Staat schützt auch in Verantwortung für die künftigen Generationen die natürlichen Lebensgrundlagen im Rahmen der verfassungsmäßigen Ordnung durch die Gesetzgebung und nach Maßgabe von Gesetz und Recht durch die vollziehende Gewalt und Rechtsprechung.“

Zum einen versprach man sich mit dem Verweis auf die verfassungsmäßige Ordnung, dass die Berücksichtigung des Umweltschutzgedankens nicht dazu führen würde, dass z.B. wirtschaftliche Genehmigungsverfahren blockiert würden, da der Umweltschutz in Ausgleich mit anderen Verfassungsrechtsgütern und Verfassungsprinzipien zu bringen sein werde.[292]

Zum anderen aber ging man davon aus, dass zukünftig der Gesetzgeber ebenso wie Rechtsprechung und Verwaltung beim Schutz der natürlichen Lebensgrundlagen mitzuwirken haben und die Berücksichtigung des Staatsziels z.B. bei der Auslegung von unbestimmten Rechtsbegriffen und bei der Ausübung des Ermessens erfordert wird.[293]

Was das Verhältnis der nun in den Verfassungstext integrierten Staatszielbestimmung zu den Grundrechten angeht, so wird zwar grundsätzlich von einer grundrechtserweiternden Wirkung zugunsten der Umwelt ausgegangen,[294] da die öffentliche Gewalt sich in Zukunft nicht mehr so einfach über die Umwelt-

---

290 S. zum Verlauf des Verfahrens die umfassende Darstellung in Kloepfer, Verfassungsänderung statt Verfassungsreform, S. 36 ff., m.w.N. und Henneke, NuR 1995, S. 325 ff.

291 Meyer-Teschendorf, ZRP 1994, S. 73 ff.; Kloepfer, Verfassungsänderung statt Verfassungsreform, S. 37 ff. ; s.a. BT-Drs. 12/6000, S. 65 ff.

292 Vgl. Henneke, NuR 1995, S. 327 f.; vgl. BT-Drs. 12/6000, S. 67 f.

293 BT-Drs. 12/6000, S. 67 f; Schmidt-Preuß, JZ 2000, S. 582, sieht kaum eine Relevanz bei der Ermessensausübung.

294 Steinberg, NJW 1996, S. 1991.

belange wird hinwegsetzen können,[295] die Reichweite dieser Auswirkung wird allgemein jedoch als schwer einschätzbar angesehen.[296]

In der Bewertung der Aufnahme des Staatsziels zeigt sich aber auch wieder, dass der Text in dieser allgemein gehaltenen Form und den mehrfachen Einschränkungen genauso gut auch zu dem Ergebnis führen kann, dass es in erster Linie wieder die Gerichte und die Verwaltung sein werden, die darüber zu entscheiden haben, ob und inwieweit der Umweltschutzgedanke zu berücksichtigen ist, obwohl Art. 20 a primär an den Gesetzgeber adressiert ist.[297]

e.e. Konsequenzen des Art. 20 a GG für den Energiebereich?

Für das Energierecht war die Bedeutung und die Auswirkung der Aufnahme dieses neuen Staatsziels in das Grundgesetz zunächst schwer einzuschätzen. Der Wortlaut unbestimmter Rechtsbegriffe wie z.B. im Rahmen der Missbrauchsaufsicht gemäß § 26 Abs. 4 GWB a.F. die „unbillige Behinderung“, eröffnete die Möglichkeit, auch die natürlichen Lebensgrundlagen in der Verwaltungspraxis des Bundeskartellamts sowie der Rechtsprechung verstärkt zu berücksichtigen. Ob darüber hinaus der Gesetzgeber dem neuen Staatsziel im Energiebereich Geltung verschaffen würde, war jedenfalls vor der Energierechtsreform offen.[298]

Das Grundgesetz eröffnete jedenfalls ab 1994 die Möglichkeit, dem Umweltschutz einen konkreten Rang und im Einzelfall auch den Vorrang gegenüber anderen Werten einzuräumen. Dieser mögliche Vorrang des Umweltschutzes galt auch für die Energiepolitik. Hinzu kommt, dass, falls der Gesetzgeber in Zukunft ökologische Ausnahmetatbestände im Rahmen der Deregulierung der Energieversorgung schaffen würde, Art. 20 a GG zugunsten des Umweltschutzes bei einer Abwägung wirksam werden könnte.

d. Umweltorientierte Auslegung von Normen

a.a. Einführung

Auch bei der Anwendung von Normen, insbesondere dem EnWG 1935 und dem GWB 1958, die offensichtlich nicht auf den Schutz der Umwelt ausgerich-

---

295 Kloepfer, in: Bonner Kommentar, Art. 20 a, Rn. 16.

296 Vgl. Henneke, NuR 1995, S. 331; s.a. Murswiek, Die Verwaltung 2000, S. 266 ff.

297 Bernsdorff, NuR 1997, S. 332; Steinberg, NJW 1996, S. 1991.

298 Steinberg, NJW 1996, S. 1992, sieht es jedenfalls als nicht ausgeschlossen an, dass der Gesetzgeber dem Schutz der Umwelt in einzelnen Regelungen einen relativen Vorrang einräumt.

tet waren, kann das Vordringen des Umweltprinzips bei der Auslegung der Norm durch Gerichte und Literatur deutlich werden.

Im vorherigen Abschnitt wurde gezeigt, wie der Gesetzgeber seit Anfang der siebziger Jahre auf die immer stärker werdende Bedeutung des Umweltschutzes und den sich offenbarenden Prioritätenkonflikt zwischen Energieversorgung und Umweltschutz reagiert hat.[299]

Ergebnis dieser Entwicklung war, dass zwar eine Integration der unterschiedlichen Ziele auf der Ebene der Gesetzgebung nicht stattfand, aber Normen, wie das BImSchG oder die BTO Elt 1989, die herkömmlicherweise dem jeweils anderen Rechts- und Politikbereich zugeordnet werden, Bezüge herstellten, was typisch ist für Querschnittsbereiche. Parallel zu dieser Entwicklung auf der Ebene der Politikformulierung und Gesetzgebung fand ein vergleichbarer Prozess auf der Ebene der Gesetzesanwendung statt.

Im Rahmen des zunehmenden Bewusstseins für die Bezugspunkte der Querschnittsbereiche Energie und Umwelt stellte sich in der Praxis die Frage einer umweltorientierten Auslegung von Bestimmungen des Ordnungsrahmens der Elektrizitätswirtschaft, d.h. insbesondere des EnWG 1935 und des GWB in seiner alten Fassung.

Nachfolgend soll nunmehr untersucht werden, ob demnach auch auf der Ebene der Gesetzesanwendung Umweltschutz als Auslegungskriterium relevant wurde.

b.b. § 4 Abs. 2 EnWG 1935

Ansatzpunkt für eine umweltorientierte Auslegung des deutschen Energierechts war in der juristischen Diskussion zunächst der Tatbestand von § 4 EnWG 1935 die Investitionskontrolle, durch die die staatlichen Aufsichtsgremien ihre ordnungspolitischen Vorstellungen bei der Genehmigung von Neuanlagen durchsetzen konnten.[300] § 4 (Anzeigepflicht) EnWG lautete wie folgt:

> (1) „Der Reichswirtschaftsminister kann den Bau, die Erneuerung, die Erweiterung oder die Stillegung von Energieanlagen der Energieversorgungsunternehmen innerhalb einer Frist von einem Monat nach Eingang der Anzeige beanstanden. Beanstandete Vorhaben innerhalb einer weiteren Frist von zwei Monaten nach der Beanstandung untersagen, wenn **Gründe des Gemeinwohls** es erfordern.
>
> ..."

---

299 Titel eines programmatischen Aufsatzes von Lukes, ZfE, 1978, S. 310; siehe auch grundsätzlich zu der Problematik: Rehbinder, Sicherung der Energieversorgung und Umweltschutz, S. 125.

300 Baur, FS Lukes, S. 253.

Ansatzpunkt für eine umweltorientierte Auslegung dieser Vorschrift konnte dabei der unbestimmte Rechtsbegriff „Gründe des Gemeinwohls" sein.

Seit Anfang der achtziger Jahre gab es Vorschläge, den Umweltschutz als Abwägungsgesichtspunkt im Rahmen von § 4 Abs. 2 EnWG 1935 einzubeziehen.[301] Soweit dies feststellbar ist, orientierte sich die Praxis der Investitionsaufsicht seit diesem Zeitpunkt auch an umweltschützenden Gesichtspunkten, wenn diese den übrigen (nach ihrer Auffassung vorrangigen) Zielen der Energieversorgung nicht widersprachen. Dies ging soweit, dass Vorhaben untersagt werden konnten, die offensichtlich gegen Prinzipien des Umweltschutzes verstießen.[302]
In der Rechtsprechung des BVerwG wurden dann - soweit ersichtlich -, erstmals im Jahre 1988 umweltorientierte Aspekte der Raumplanung im Rahmen von § 4 EnWG 1935 berücksichtigt.[303]

In der Literatur wurde gegen diese Entwicklung vorgetragen, das Energierecht dürfe keine versorgungsfremden Ziele verfolgen, und die bestehenden Instrumentarien seien ausreichend, um etwaige Zielkonflikte in einem vernünftigen Gleichgewicht zu halten.[304] Eine dermaßen extensive Interpretation des EnWG 1935 würde die dirigistischen Elemente im Bereich der Energieversorgung nur verstärken und die unternehmerische Freiheit unnötig beschränken.[305]

Eine europarechtliche Dimension erhielt die Diskussion um eine umweltorientierte Interpretation von § 4 Abs. 2 EnWG 1935 durch die Umweltverträglichkeitsrichtlinie vom Juli 1985 bzw. deren Umsetzung in das deutsche Recht.[306] In diesem Zusammenhang war fraglich, ob über die erforderliche Anpassung des Immissionsschutzrechtes hinaus eine Umweltverträglichkeitsprüfung auch in

---

301 Vgl. den Bericht des Arbeitskreises Energiepolitik, ET 1985, S. 275 = RdE 1985, S. 33; Bonberg/Hofmann, ET 1984, S. 57, 59; Rat von Sachverständigen für Umweltfragen, Energie und Umwelt 1981, Rn. 594-602; Grabosch, DVBl 1989, S. 390, und Hölzer, Der Energiesektor zwischen Marktwirtschaft und öffentlicher Aufgabe, S. 92 ff., mit weiteren Nachweisen über die Debatte.

302 Klinger, WiVerw 1985, S. 161 f.

303 BVerwG, Beschluss vom 09.09.1988, DVBl. 1988, S. 1176; Vgl. auch Klinger, RdE 1985, S. 144; Börner, Das Energiewirtschaftsgesetz - Legislatorische Defizite oder sachgerechtes Gesetzesinstrumentarium?, S. 117; derselbe, ET 1985, S. 356.

304 Grabosch, DVBl. 1989, S. 393; vgl. auch den Beschluss der Wirtschaftsministerkonferenz vom 24.11.1983 zu den Vorstellungen der Umweltministerkonferenz zum Energierecht, ET 1984, S. 173.

305 Kuhnt, ET 1984, S. 173; Baur, FS Lukes, S. 269.

306 Richtlinie des Rates vom 27.06.1985 über die Umweltverträglichkeitsprüfung bei bestimmten öffentlichen und privaten Objekten, ABl. Nr. L 175/40 vom 05.07.1985; siehe dazu: Stewing, ET 1986, S. 648 ff.; Jarass, Auslegung und Umsetzung der EG-Richtlinie zur Umweltverträglichkeitsprüfung; Wendling, ET 1988, S. 291 ff.

das Verfahren nach § 4 EnWG 1935 verbindlich einbezogen werden sollte, was zur ausdrücklichen Nennung des Umweltschutzes in der Norm geführt hätte.[307] Auch wenn der endgültige Gesetzentwurf zur Umsetzung der UVP-Richtlinie auf eine Reform des EnWG verzichtet hat,[308] fasste der Bundestag doch bei dieser Gelegenheit den Beschluss, den Umweltschutz und die Ressourcenschonung in die Ziele des EnWG aufzunehmen.[309]

Im Ergebnis hat die Diskussion um eine umweltorientierte Auslegung von § 4 Abs. 2 EnWG 1935 verdeutlicht, dass auch auf der Ebene der Verwaltungspraxis und –rechtsprechung eine Tendenz zur Anerkennung des Ziels Umweltschutz in der Energieversorgung und im Energierecht feststellbar war. Allerdings wurde dieses Ziel als zweitrangig betrachtet und nur dann, wenn es mit den anderen Zielen nicht im Konflikt stand, in die Abwägungsentscheidung einbezogen. Auch durch diese Entwicklung wurde aber deutlich, dass es einer politischen Entscheidung der sich nunmehr auch in der Verwaltungspraxis zeigenden Prioritätenkonflikts durch den Gesetzgeber bedurfte.[310]

c.c. § 26 GWB a.F.

(1) Die "Gasdurchleitungsentscheidung" des BGH vom 15.11.1994[311]

Im vorstehenden Abschnitt konnte festgestellt werden, dass ein unbestimmter Rechtsbegriff wie das „Gemeinwohl" i.S.d. § 4 EnWG 1935 eine „Einbruchstelle" für eine umweltorientierte Gesetzesinterpretation darstellen konnte. Beispielhaft wurde dies anhand der Investitionskontrolle erläutert. Nachfolgend soll dies auch für das zweite wichtige ordnungspolitische Element der Elektrizitätsversorgung – die Missbrauchskontrolle - untersucht werden.

Wie bereits erläutert, war bei Schaffung des GWB in den fünfziger Jahren für die Versorgungswirtschaft ein Ausnahmebereich in den §§ 103 ff. GWB a.F. vorgesehen worden. Diese Bereichsausnahme schloss zwar die Anwendung des allgemeinen Kartellverbots, insbesondere § 1 GWB, aus, nicht aber die Anwen-

---

307 Vgl. Winter, NuR 1989, S. 197 ff., 199 mit zahlreichen Nachweisen auf die Änderungsvorschläge der Parteien und des Bundesrates.

308 Vgl. Grabosch, DVBl. 1989, S. 392 f., der insbesondere auf die daraus resultierenden Interpretationsmöglichkeiten des EnWG eingeht.

309 BT-Drs. 11/5532.

310 So z.B. Stober, Handbuch, S. 1259; Hermann, DÖV 1985, insb. S. 340, der aus seiner Perspektive eines fehlenden Handlungsbedarfs ausführt, dass es sich bei der Diskussion um die Umweltverträglichkeit der Energieversorgung um eine grundsätzliche, gesellschaftspolitische Auseinandersetzung handelt, die nicht juristisch gelöst werden kann. Diesen Standpunkt könnte man auch auf die europäische Diskussion eines Binnenmarktes für Energie übertragen.

311 BGHZ 128, S. 17 ff. = WuW/E BGH 2953 ff. = RdE 1995, S.123 ff.

dung der Spezialvorschriften der Missbrauchsaufsicht. Von Relevanz für die Elektrizitätswirtschaft war insbesondere § 26 Abs. 4 GWB a.F. zu, wonach Unternehmen mit gegenüber kleinen und mittleren Wettbewerbern überlegener Marktmacht, diese nicht dazu ausnützen dürfen, ihre Konkurrenten unmittelbar oder mittelbar unbillig zu behindern. Entscheidende Bedeutung kommt bei dem Tatbestand dieser Norm dem unbestimmten Rechtsbegriff der „unbilligen Behinderung" zu. Dieser ist, insoweit ähnlich wie der Begriff des Gemeinwohls, offen für eine zeitgeistbestimmte Interpretation. Die weite und unbestimmte Gesetzesfassung lässt erheblichen Spielraum für eine Auslegung, und daher zählte diese Norm auch zu den seit ihrer Schaffung umstrittenen Bestimmungen im GWB.[312]

(2) Sachverhalt

Im Rahmen der bereits früher dargelegten Strategie des Bundeskartellamtes einer Marktöffnung des deutschen Elektrizitätsmarktes durch die verstärkte Anwendung wettbewerbsorientierter Bestimmungen[313] bot sich Anfang der neunziger Jahre geradezu an, die Bedeutung der Norm für die Versorgungswirtschaft zu prüfen.

Das Bundeskartellamt untersagte daher mit Beschluss vom 29. Juni 1992[314] erstmals einem Energieversorgungsunternehmen, dem Gasversorger VNG, das als überregionales Ferngasunternehmen in den neuen Bundesländern eine Vielzahl regionaler und lokaler Gasversorgungsunternehmen sowie zahlreiche Industriebetriebe mit Importerdgas beliefert, sich gegenüber anderen Gasversorgungs- oder Gasverbrauchsunternehmen zu weigern, mit diesen Unternehmen auf dessen Anforderung hin in Verhandlungen über den Abschluss von der Versorgung von Abnehmern im Versorgungsgebiet der Betroffenen dienenden Verträge einzutreten. Ziel der Konkurrenten war es gewesen, die Einspeisung von Erdgas in das Versorgungsnetz von VNG und eine damit verbundene entsprechende Gasentnahme (Durchleitung) von Großentnehmern durchzusetzen. VNG weigerte sich, in Verhandlungen über eine Durchleitung einzutreten. Das Bundeskartellamt verpflichtete nunmehr VNG wegen Verstoßes gegen § 26 Abs. 4 GWB 1990 den Interessenten, entweder als Voraussetzung für den Abschluss eines Durchleitungsvertrages die Bedingungen hierfür zu benennen oder sub-

---

312 Vgl. Schultz, in: Langen/Bunte, Kartellrecht, § 26, Rn.234 f.

313 Zu dieser Strategie: BKartA, TB 1995/96, (BT.-Drs. 13/7900), S. 117 f.; vgl. auch Markert, BB 1994, S. 1645.

314 BKartA, RdE 1992, S. 197.

stantiiert darzulegen, warum die vorhandene Leistungskapazität für die geforderte Durchleitung nicht ausreicht.[315]

Diesen Beschluss des Bundeskartellamtes hat das Kammergericht auf die Beschwerde der VNG hin durch Beschluss vom 09.06.1993 aufgehoben.[316] Gegen diese Entscheidung hat sich das Bundeskartellamt mit einer Rechtsbeschwerde an den Bundesgerichtshof gewandt, diese jedoch auf die konkrete Durchleitungsverweigerung und den konkret genannten Durchleitungsvertrag beschränkt. Der BGH hatte so die Gelegenheit, zum ersten Mal umfassend zur Frage der Durchleitung von Energie durch ein fremdes Leitungsnetz nach dem geltenden deutschen Energiekartellrecht Stellung zu nehmen.

(3) Die Entscheidung

Der BGH hat zunächst festgestellt, dass das Bundeskartellamt im Rahmen der Missbrauchsaufsicht über Versorgungsunternehmen nach § 103 Abs. 5 GWB 1990 und § 22 Abs. 5 i.V.m. § 103 Abs. 7 GWB 1990 befugt ist, Energieversorgungsunternehmen aufzugeben, einen Durchleitungsvertrag zu angemessenen Bedingungen abzuschließen, wenn die Weigerung eine unbillige Behinderung im Sinne der Vorschrift darstellt. Der Inhalt des Vertrages darf aber ansonsten durch die Behörde im einzelnen nicht vorgegeben werden.[317]

Danach hat der BGH zur Frage des für die Anwendung des § 22 Abs. 4 GWB 1990 maßgeblichen Marktes für Durchleitungen Stellung genommen. Hier hat der Senat zunächst der Argumentation widersprochen, es gebe keinen räumlichen Markt für Durchleitungen, da bisher noch keine Durchleitungen nachgefragt wurden.[318] Vielmehr ist der BGH davon ausgegangen, dass schon nach dem Willen des Gesetzgebers, aufgrund der Regelung in § 103 Abs. 5 Satz 2 Nr. 4 GWB 1990 von einem Markt für Durchleitungen auszugehen ist. Ein solcher Markt besteht jedenfalls dann, wenn ansonsten ein Missbrauch der Ausnahmeregelung des GWB durch die leitungsgebundene Energiewirtschaft vorliegt.[319]

Im folgenden differenziert der BGH in seiner Entscheidung nicht danach, ob die marktbeherrschende Stellung des betroffenen Versorgungsunternehmens aufgrund von Verträgen im Sinne des § 103 Abs. 1 GWB 1990 vorliegt, oder aber

---

315 BKartA, RdE 1992, S. 197; die Einzelheiten der Entscheidung ergeben sich insbesondere aus dem Tatbestand des Beschlusses vom 15.11.1994, BGHZ 128, 17 ff., und brauchen hier nicht weiter referiert zu werden.

316 KG Berlin, WuW/E OLG 5165.

317 BGHZ 128, 24 ff.

318 Vgl. BGHZ 128, 27 ff., siehe dazu auch Markert, ET 1995, S. 401.

319 BGHZ 128, 27 ff.

diese Situation auf tatsächlichen Umständen beruht.[320] Er ging vielmehr davon aus, dass die Missbrauchsaufsicht unabhängig davon, worauf die Marktbeherrschung eines Unternehmens zurückzuführen ist, Anwendung findet.[321] Weiterhin stellt der BGH klar, dass nach der Streichung der Regelvermutung in § 103 Abs. 5 S. 2 Nr. 4 1990 durch die fünfte GWB-Novelle auch wettbewerbsbegründende Durchleitungen zulässig sind.[322]

Daraus folgt auf der anderen Seite jedoch nicht, dass eine allgemeine Pflicht zur Duldung von Durchleitungen besteht und dass eine Durchleitungsverweigerung durch besondere Umstände, z.B. energiewirtschaftliche Nachteile, gerechtfertigt werden muss.[323]

Die Frage sei vielmehr durch eine allgemeine Interessenabwägung zu lösen, bei der u.a. folgende Gesichtspunkte einzubeziehen sind:[324]

- das durch Art. 14 GG geschützte Eigentumsrecht des betroffenen Unternehmens, welches ein ihm gehörendes Leitungsnetz für fremde Zwecke einsetzen soll;
- die Marktmacht des Unternehmens;
- der unternehmerische Freiraum (Art. 12 GG) des betroffenen Unternehmens;
- die auf die Freiheit des Wettbewerbs gerichtete Zielsetzung des GWB;
- die durch § 22 Abs. 4 i.V.m. § 103 Abs. 5 S. 2 Nr. 4, Abs. 7 GWB 1990 geschützten Interessen energiewirtschaftlicher Art.

Bei Abwägung all dieser Umstände kam der BGH zu dem Ergebnis, dass vorliegend keine **unbillige Behinderung** im Sinne des Gesetzes vorliegt. Tragender Gesichtspunkt des BGH für die Zurückweisung der Rechtsbeschwerde war aber der Umstand, dass VNG nach Erlass der Entscheidung des Bundeskartell-

---

320 So aber kritisch Langer, ET 1995, S. 395, 397, der mit dieser Unterscheidung die fehlende Notwendigkeit der Definition eines Marktes für Durchleitung erklären will.
321 BGHZ 128, 33 ff.
322 BGHZ 128, 33 ff.
323 BGHZ 128, 33 ff.; siehe dazu auch Markert, ET 1995, S. 401.
324 BGHZ 128, 36 ff.

amtes seine Versorgungsbedingungen den Bedingungen des Anspruchstellers angeglichen hat.[325]

(4) Umweltschutz im Rahmen der Missbrauchsaufsicht

Von Bedeutung im vorliegenden Zusammenhang ist, dass der BGH bei der Interessenabwägung auch umweltorientierte Erwägungen einbezogen hat.

In seiner abschließenden Feststellung[326] zur Zulässigkeit der Durchleitungsverweigerung hat er wie folgt ausgeführt:

> „Auch im übrigen kann mit einer Durchleitung zugunsten von WIEH kein energiewirtschaftlicher Gewinn erzielt werden. Bei einer Durchleitung verliert VNG lediglich seine Händlerfunktion bei der Weiterleitung des von WIEH gelieferten Erdgases; der Gasfluss bleibt weiter unverändert. **Eine rationellere Energienutzung wird nicht erreicht.“**

Demnach öffnet sich der BGH der Möglichkeit, Gesichtspunkte der rationellen Energienutzung und damit des Umweltschutzes im Rahmen der Interessenabwägung gem. § 26 Abs. 4 GWB 1990 zu berücksichtigen. Dieses obiter dictum des BGH zeigte damit zunächst Ansatzpunkte für eine ökologische Rechtfertigung von Wettbewerbsbehinderungen auf.[327]
Besonders fällt auch auf, dass die Einbeziehung dieses Gedankens zur Begründung der Entscheidung nicht notwendig war. Dies folgt schon aus Einleitung "auch im übrigen" zu diesem Abschnitt der Entscheidung. Möglicherweise wollte der Senat die Gelegenheit nutzen, so auf mögliche künftige Konfliktfelder hinzuweisen.

Die BGH-Entscheidung zeigt damit Möglichkeiten und Grenzen der Durchleitung von Strom und Gas sowie der Einbeziehung des Umweltschutzes in diesen Abwägungsvorgang nach dem deutschen Kartellrecht vor der Novellierung 1998. Der BGH hat im Ergebnis eine allgemeine Durchleitungspflicht verneint. Eine Durchleitung zu Wettbewerbszwecken war damit auf echte Ausnahmesituationen beschränkt.[328] Da der BGH den Rahmen sehr eng gesteckt hatte, obwohl er, wie von der industriellen Kraftwirtschaft gefordert, auch energie- und umweltpolitische Erwägungen angestellt hatte,[329] war weiter deutlich geworden,

---

325 BGHZ 128, 36 ff.; dieser Gesichtspunkt war auch schon bei der Entscheidung des Kammergerichts von tragender Bedeutung, vgl. KG, RdE 1994, 20 ff.

326 BGHZ 128, 39 ff.

327 Vgl. Vykydal, Der kartellrechtliche Kontrahierungszwang, S. 261 f.

328 Vgl. Markert, ET 1995, S. 401.

329 Vgl. Ebel, Durchleitung, VIK-Mitteilungen 1992, S. 30, 32 f.

dass die Durchleitungsproblematik in Deutschland nicht auf der Ebene des geltenden Rechts gelöst werden konnte.[330]

Für den Gegenstand der vorliegenden Untersuchung ist jedoch relevant, dass der BGH zumindest im Rahmen eines obiter dictum den Gesichtspunkt der rationellen Energieversorgung, der traditionell dem Umweltschutz zugeordnet wird, als denkbares Kriterium für eine Auslegung des § 26 GWB a.F. im Rahmen des unbestimmten Rechtsbegriffs der „Billigkeit" herangezogen hat.

d.d. Zusammenfassung

Zusammenfassend ist festzuhalten, dass trotz fehlender ausdrücklicher Nennung des Umweltschutzes als Ziel im Ordnungsrahmen der Elektrizitätswirtschaft Tendenzen in Rechtsprechung und Lehre spätestens seit Anfang der neunziger Jahre feststellbar sind, bei der Auslegung unbestimmter Rechtsbegriffe im EnWG 1935 wie auch im GWB a.F. Umweltschutz Gesichtspunkte als Abwägungskriterium heranzuziehen. Damit war im Vorfeld der Novellierung des EnWG deutlich geworden, dass in der Politik, in der fachwissenschaftlichen Diskussion und in der Rechtsprechung ein Ziel- und Prioritätenkonflikt bei der Entscheidung von Einzelfällen und diskutiert wurde.

e. Ergebnis

Der vorstehende Abschnitt hat dokumentiert, dass zunächst der Ordnungsrahmen der Elektrizitätswirtschaft durch die Begriffe Versorgungssicherheit und Preiswürdigkeit gekennzeichnet war. Später sind dann als neue Ziele Wettbewerb in verschiedenen Schritten bis zu der 6. GWB-Novelle 1998 sowie Umweltschutz im Rahmen der Entwicklung des Umweltgedankens in den siebziger Jahren sowie der darauf beruhenden medienspezifischen Umweltgesetzgebung hinzugetreten. All diese Prinzipien beanspruchen Anwendung auf den gleichen Sachverhalt und stehen strukturell zueinander im Widerspruch.

Ziel des Umweltschutzes ist es, vor allem durch Vorsorgemaßnahmen, Umweltbeeinträchtigungen zu verhindern und gemäß dem Verursacherprinzip, soweit solche eintreten, sie auszugleichen. Das Wettbewerbsprinzip hat nach der Vorstellung seiner Vertreter vor allem das Ziel, für die Großabnehmer, d.h. insbesondere die industrielle Kraftwirtschaft, günstigere Preise im internationalen Vergleich durchzusetzen, während das Prinzip der Preiswürdigkeit für alle Endabnehmer, d.h. auch für Privathaushalte gilt. Schließlich soll auch die Versorgungssicherheit gewährleistet sein, wofür traditionell ein System geschlossener Versorgungsgebiete geschaffen wurde. Aufgabe des Gesetzgebers war es dem-

330 Vgl. Langer, ET 1995, S. 400; Markert, ET 1995, S. 401; so aber auch schon die Befürchtung von Ebel, Grundsatzbeschluss, VIK-Mitt. 1992, S. 113.

nach im Vorfeld des EnWG 1998, diese Ziele zu bewerten und die entstandenen Zielkonflikte, wenn möglich rechtlich verbindlich, zu lösen.[331]

II. Die unzureichende Berücksichtigung des Wertwiderspruches im EnWG 1998

1. Die Aufgaben des Gesetzgebers im Bereich des Energierechts

a. Einführung

Gesetzgebung bedeutet im Rahmen der Gewaltenteilung das Schaffen von allgemein verbindlichen Rechtsnormen in dem vom Grundgesetz dafür zur Verfügung gestellten Gesetzgebungsverfahren.[332] Aufgabe der Gesetzgebung in einem Rechtsstaat ist vorrangig, die von der Verfassung vorgegebenen Ziele, wie sie insbesondere durch den Grundrechtskatalog und die Staatsziele bestimmt werden, durch eine entsprechende Rechtsetzung zu verwirklichen.[333] In diesem Rahmen können die Schaffung von Wettbewerb oder auch der Umweltschutz legitime Ziele der Gesetzgebung sein.[334] Beide Ziele wollte der Gesetzgeber mit der Reform des deutschen Energierechts, wie es sich aus der Zweckbestimmung des § 1 EnWG 1998 sowie der Vorgeschichte der Novellierung ergibt, verwirklichen.[335]

Fraglich ist aber, wann man von einer gelungenen bzw. gescheiterten Gesetzgebung sprechen kann. Messen lassen muss sich ein Gesetz zunächst daran, ob es die Ziele des Gesetzgebers verwirklicht, die es nach seinem erklärten Willen erreichen oder fördern will. Im Rahmen der vorliegenden Untersuchung wird insoweit problematisiert, ob der nationale und der europäische Gesetzgeber im Rahmen der Neuformulierung des Ordnungsrahmens der Elektrizitätswirtschaft den von ihnen selbst gesetzten Ansprüchen gerecht wurden. Dazu werden nachfolgend die Besonderheiten der Gesetzgebung in den Bereichen Energieversorgung, Wettbewerbsordnung und Umweltschutz herausgearbeitet.

b. Energiegesetzgebung

An den Gesetzgeber und insbesondere an eine „Reformgesetzgebung" werden zahlreiche Forderungen von den betroffenen Wirtschafts- und Bevölkerungsgruppen herangetragen. Dabei ist gerade die Energiepolitik und die sie umset-

---

331 Vgl. zu dieser Problematik: Büdenbender, Schwerpunkte, Rn. 69 ff.

332 Vgl. zu dem Begriff des Gesetzes Schneider, Gesetzgebung, Rn. 32 ff.; vgl. Ossenbühl, in: Isensee/Kirchhof, § 61, Rn. 19 ff.

333 Ossenbühl, in: Isensee/Kirchhof, § 61, Rn. 19 ff.; vgl. Hesse, Grundzüge, Rn. 506.

334 Vgl. dazu Kloepfer, Umweltrecht § 1, Rn. 24.

335 Vgl. zu den Zielen der Energierechtsreform: Büdenbender, Schwerpunkte, Rn. 69 ff.

zende Energiegesetzgebung besonders stark durch die Einflussnahme gesellschaftlicher und wirtschaftlicher Interessengruppen geprägt.[336] Das zeigt die öffentliche Diskussion im Vorfeld der zwei Energiegesetze des 20. Jahrhunderts.[337] Die wichtigsten Interessen in der Energiegesetzgebung sind auf der einen Seite die Elektrizitätswirtschaft (VDEW) und auf der anderen Seite die Verbraucher, die wiederum in (industrielle) Großabnehmer (organisiert in VIK und BDI) und Kleinabnehmer (Privathaushalte) zu unterteilen sind.

Zunächst hatten diese Gruppen hinsichtlich einer Energierechtsreform offensichtlich unterschiedliche Interessen. Die Elektrizitätswirtschaft war vorrangig an einer Beibehaltung des früheren Systems geschlossener Versorgungssysteme interessiert, weil dieses - unter Ausschluss von Wettbewerb - sichere Gewinnpotentiale eröffnete. Verbraucher, seien es Groß- oder Kleinverbraucher, sind dagegen an niedrigeren Preisen bei hoher Versorgungssicherheit interessiert. Diese Ziele scheinen aber nur durch „mehr Wettbewerb" durchsetzbar. Schließlich besteht auch ein Interesse aller Staatsbürger an einer intakten Umwelt. Letztendlich steht damit die Gesetzgebung im Bereich Energierecht mit seinen starken Bezügen zum Umweltrecht und zum Kartellrecht vor der für einen Querschnittsbereich typischen Problematik. Die zu lösende Aufgabe ist es, zu einem Ausgleich zwischen den betroffenen Interessen zu kommen.[338] Ein gelungenes Gesetz ist mithin ein Gesetz, das die spezifischen Interessen in dem jeweiligen Gebiet der Gesetzgebung zur Umsetzung eines solchen Ausgleichs berücksichtigt.

Stier[339] hat in seiner Untersuchung der Interessenkonflikte in der Elektrizitätsversorgung in der ersten Jahrhunderthälfte die Aufgaben der Politik und Gesetzgebung für den Sektor wie folgt definiert:

> „Politik wird dabei im weiten Sinn zunächst verstanden als gestaltendes, rationales und zielbezogenes Handeln der jeweiligen Beteiligten mit dem Anspruch auf Durchsetzung, aber auch mit der Bereitschaft zum vernünftigen Ausgleich von Interessen, als Prozess der Entscheidungsfindung durch Austragen von Interessenkonflikten und durch kollektive Definition von verbindlichen Leitlinien."

Heute liegen aufgrund der Bemühungen der EU-Kommission in einem liberalisierten Elektrizitätsmarkt in den Mitgliedsstaaten der Union zahlreiche neue

336 Vgl. dazu grundsätzlich Ossenbühl, in: Isensee/Kirchhof, § 61, Rn. 22 f.; Hill, DÖV 1988, S. 667.

337 Vgl. Stier, Staat und Strom, zur Diskussion in der ersten Jahrhunderthälfte und Büdenbender, Schwerpunkte, s. Rn. 7 ff. zur Entstehung des EnWG 1998.

338 Vgl. Kloepfer, Umweltrecht, Rn. 25 f.

339 Stier, Staat und Strom, S. 33.

Energiegesetze vor, die an diesem Anspruch gemessen werden können.[340] Darüber hinaus hat es in Konsequenz der historisch wohl einmaligen Wende 1989/1990 einen weiteren ganz erheblichen Schub der Energierechtsreform in den Reformstaaten Mittel- und Osteuropas gegeben. Mithin gibt es heute eine Vielzahl von neuen Energiegesetzen, die sich in der Praxis beweisen müssen.[341] Im Rahmen dieses Energierechtsreformprozesses in einer Vielzahl von Staaten hat sich dabei herausgestellt, dass für eine gelungene Reform die Umsetzbarkeit des Rechts eine der wichtigsten Voraussetzungen ist.[342] Dies bedeutet, dass es gerade in von Zielkonflikten gekennzeichneten Rechtsgebieten wie der Energie- bzw. Elektrizitätsversorgung vorrangig Aufgabe des Gesetzgebers ist, im Interesse des Rechtsstaats klare Festlegungen hinsichtlich der widerstreitenden Interessen zu treffen.[343] Abstrakt formuliert bedeutet dies, dass eine saubere Gesetzgebung sowohl „adressatengerecht“ wie auch anwendungsgeeignet sein sollte.[344]

c. Gesetzgebung im Querschnittsbereich Umweltschutz

Die Reform des Energiewirtschaftsrechts in Deutschland war auch deshalb so umstritten, weil bereits seit Anfang der siebziger Jahre die Problematik der Umweltbelastung durch Energieumwandlungsprozesse erkannt wurde. Parallel zu der Entwicklung des neuen Rechtsgebiets Umweltrecht wurde daher im Rahmen dieser Diskussion bereits der Prioritätenkonflikt zwischen Energieversorgung und Umweltschutz problematisiert.[345] Mithin stellte sich im Rahmen der Energiewirtschaftsrechtsreform zunächst die Frage, ob diese auch eine „gelungene“ Umweltschutzgesetzgebung als notwendige Bedingung zur Durchsetzung von Umweltschutzzielen darstellt.[346]

Eine gelungene Umweltschutzgesetzgebung ist i.d.R. selbst dann nicht konfliktfrei durchsetzbar, wenn Umweltschutz das alleinige Ziel ist. In einer freien

---

340 Übersicht bei: Lauriol, Electricity, Liberalization in the European Union, Law & Commentary.

341 Vgl. zu dieser Entwicklung: Schalast, ROW 1993, S. 155 f.; derselbe, ET 1995, S. 10 ff.; derselbe, ET 1997, S. 29 ff.; derselbe, ET 1999, S. 254 ff.

342 Vgl. Schalast, ET 1997, S. 33.

343 So die Kritik von Kühne, insbes. an § 6 EnWG 1998, RdE 2000, S. 6 f.; vgl. dazu auch Büdenbender, Schwerpunkte, Rn. 106, der im Ergebnis aber davon ausgeht, dass es dem Gesetzgeber es im Rahmen des EnWG 1998 gelungen ist, diese Interessenkonflikte zu lösen, indem er einen Vorrang des Wettbewerbsprinzips formuliert.

344 Vgl. Hirte, ZG 1993, S. 2.

345 Vgl. Rehbinder, Sicherung der Energieversorgung und Umweltschutz, S. 118 f. Heute ist der Zusammenhang zwischen Klimaveränderung und Energieversorgung allgemein anerkannt; vgl. dazu aus der reichhaltigen Literatur Klinger, WiVerw 1985, S. 157 ff.; Beck, Atomwirtschaft 1985, S. 95 ff.; Werbeck, ZögU 1995, S. 42 ff.

346 Vgl. Kloepfer, Umweltrecht § 1, Rn. 24 am Ende.

Marktwirtschaft werden regelmäßig die mit Umweltschutzmaßnahmen verbundenen Kosten und Belastungen für Wirtschaft und Bevölkerung nicht zuletzt im internationalen Vergleich zu einem Wettbewerbsfaktor. Nationale Umweltpolitik ist insoweit inzwischen zu einem wichtigen Standortfaktor geworden. Noch schwieriger wird diese Interessenabwägung für den Gesetzgeber, wenn weitere wichtige Ziele wie Preiswürdigkeit/Versorgungssicherheit und Umweltschutz in einem Wert- und Prioritätenkonflikt stehen.[347] Dabei bedarf der Umweltschutz, dessen Normen bekanntlich strukturell an einem Defizit an Bestimmtheit leiden, konkreter Vorgaben für den Einzelfall, wenn er als Wert gesellschaftlich und rechtlich Geltung erhalten soll.[348]

Aufgabe des Gesetzgebers angesichts eines solchen Prioritätenkonflikts ist es demnach, konkrete Vorgaben für die Wertigkeit der einzelnen Ziele aufzuzeigen.[349] Dies bedeutet, dass sowohl Energie- wie auch Umweltgesetzgebung als Querschnittsbereiche vor der gleichen Herausforderung stehen und eine verbindliche Festlegung verlangen. Nur durch solch eine „vorsorgende" Gesetzgebung[350] kann verhindert werden, dass der ansonsten nicht gelöste Wert- und Prioritätenkonflikt nach der Reform im Rahmen der Rechtsanwendung durch die Verwaltung, die Gerichte und die Marktteilnehmer fortwirkt.

d. Kartellrechtsgesetzgebung

Auch für das Wettbewerbsrecht hat die Nichtlösung von Wertkonflikten mit wettbewerbsfremden Zielen wie dem Umweltschutz problematische Folgen. Der kartellrechtliche Abwägungsvorgang im Rahmen unbestimmter Tatbestände wie in der deutschen Missbrauchsaufsicht üblich ist, kann in diesem Fall zu einer politisch, vorliegend entweder umwelt- oder wettbewerbspolitisch motivierten Entscheidung im Einzelfall führen.[351] Der Gesetzgeber, der einen Prioritäten- und Wertkonflikt im Verhältnis von Wettbewerb und Umwelt nicht löst, wird damit vermutlich eine (auch) dem Ziel des Wettbewerbsprinzips widersprechende Politisierung des Kartellrechts provozieren. Diese Tendenz zeigte sich bereits in Ansätzen bei der vorstehend geschilderten Berücksichtigung des

347 Vgl. dazu Grawe, RdE 1993, S. 85 ff.; Hermann, DÖV 1985, S. 337 ff.; Hoffmann, ET 1984, S. 447 ff.; Möschel, JZ 1989, S. 713 ff.; Hansmeyer, ZfU 1981, S. 119 ff.; Vogl ET 1983, S. 837 ff.; Vgl. auch aus europäischer Sicht Pernice, RdE 1993, S. 45 ff.

348 Vgl. dazu, Steinberg, ZUR 1999, S. 126; vgl. Hoffmann-Riem, Gewerbearchiv 1996, S. 1 f.; Storm, LKV 1991, S. 54 sowie Rehbinder, NuR 1997, S. 317, insbesondere im Hinblick auf die Diskussion über die Möglichkeit der Festlegung konkreter Umweltziele.

349 Vgl. insoweit kritisch Ress, Umweltrecht und Umweltpolitik, S. 9; grundsätzlich zu der Problematik auch Reich, Europäisches Verbraucherschutzrecht, u.a. S. 5.

350 So die Formulierung bei Rehbinder, Sicherung der Energieversorgung und Umweltschutz, S. 126 f.

351 Vgl. zu dieser problematischeren Tendenz Dreher, Die 6. GWB-Novelle, S. 117.

Umweltschutzes im Rahmen des früheren Ordnungsrahmens der Energieversorgung.

e. Die Wirkung ungelöster Wert- und Prioritätenkonflikte

Die Gesetzgebung in den Querschnittsbereichen Energieversorgung, Wettbewerbsordnung und Umweltschutz ist durch Wert- und Vorrangkonflikte konkurrierender Interessen und Ziele gekennzeichnet. Aufgabe der Gesetzgebung in diesem Politikbereich ist es daher, Konflikte, die im Gesetzgebungsverfahren sichtbar werden, zu entscheiden.[352]

Was kann aber die Konsequenz ungelöster Zielkonflikte in der Energieversorgung sein? Da es sich um einen Prioritätenkonflikt zwischen Zielen handelt, die auch durch Gesetz und Verfassung anerkannt sind, muss dies unweigerlich zu einer Verlagerung des Konfliktes führen.[353] Eine Verlagerung des Zielkonfliktes auf die Ebene der Rechtsverwirklichung führt aber sowohl im Bereich der Verwaltungspraxis wie in der Rechtsprechung zwangsläufig zu Rechtsunsicherheit, nicht zuletzt angesichts der heraus gehobenen Bedeutung der konkurrierenden Werte.[354]

Ein Interessenausgleich ist aber nicht denkbar durch eine Verlagerung des Konflikts auf die Ebene der Rechtsanwendung, sondern nur durch die Entscheidung über die Wertigkeit der konkurrierenden Ziele im Anwendungskonflikt. Dabei kann bei den Werten Umweltschutz und Wettbewerb die Verfassung wichtige Anleitungen geben, aber auch Forderungen stellen.[355] Letztendlich wäre es ein erheblicher Mangel einer Reformgesetzgebung, den im Energiebereich entstandenen Wertkonflikt weiter hinzunehmen bzw. möglicherweise sogar zu verstärken.[356]

Ein ungelöster und weiter wirksamer Wertkonflikt führt zwangsläufig zu Rechtsanwendungsproblemen und Rechtsunsicherheit, da in einem solchen Fall

---

352 Vgl. Hesse, Grundzüge, Rn. 506; Katz, Staatsrecht, Rn. 422; Scheuner, DÖV 1969, S. 590.

353 Vgl. Kühne, RdE 2000, S. 6.

354 Siehe Kühne, RdE 2000, S. 6 f.; vgl. Ress, Umweltschutz und Umweltpolitik, S. 9; Schalast ROW 1997, S. 256 f.; vgl. auch Steinberg, NJW 1996, S. 1994.

355 Vgl. Steinberg, Der ökologische Verfassungsstaat, S. 145 f. für den Bereich des Umweltschutzes.

356 Vgl. insoweit die Ausführungen der unabhängigen Sachverständigenkommission zum Umweltgesetzbuch, in: Bundesministerium für Umwelt, Naturschutz und Reaktorsicherheit, UGB-KomE, S. 1220; zur Begründung der Notwendigkeit der Einbeziehung von Umweltschutzbelangen in die Reform des Energiewirtschaftsgesetzes.

der Gesetzgeber gerade nicht „Orientierungsgewissheit", „Vorhersehbarkeit" und „Vertrauen" für den Adressaten der Norm gewährleistet.[357]
Für die Elektrizitätswirtschaft hat Rechtsunsicherheit aber ganz besonders gravierende Folgen, da die Elektrizitätsversorgung durch kapitalintensive Investitionen gekennzeichnet ist und es kaum zu erwarten sein dürfte, dass bei Fehlen von Rechtssicherheit notwendige Zukunftsentscheidungen getroffen werden.[358]

2. Die Entstehung des EnWG 1998

a. Der Ausgangspunkt der Reformdiskussion: Die Argumente der Interessenvertreter

Das System des staatlich regulierten und weitgehend ausgeschlossenen Wettbewerbs auf dem deutschen Strommarkt hat, wie bereits mehrfach angesprochen, seit 1958 immer wieder Kritik hervorgerufen und Reformpläne provoziert.

Die Reformdiskussion war viele Jahre lang vor allem durch gegensätzliche wirtschaftliche Interessen gekennzeichnet. Auf der einen Seite stand das Interesse der bestehenden Energieversorgungsunternehmen an der Aufrechterhaltung ihrer Monopolstellung und auf der anderen Seite das Interesse der industriellen Großabnehmer an niedrigeren Tarifen, nicht zuletzt im Vergleich mit den Mitgliedsstaaten der Europäischen Union insbesondere mit dem Nachbarland Frankreich. Die Politik hat in der Folge die Argumente der Interessenvertreter aufgegriffen und fortgeführt. Nachfolgend werden daher zunächst die vorrangig wirtschaftlich orientierten Argumente der Interessenvertreter dargestellt.

Stärkster Gegner eines (nationalen und europäischen) Wettbewerbs um Endverbraucher und damit Verteidiger des bestehenden Systems war die Vereinigung deutscher Elektrizitätswerke (VDEW), die Interessenvertretung der bestehenden Energieversorgungsunternehmen. Da – wie bereits geschildert – bei den Befürwortern einer Deregulierung der Elektrizitätsmärkte vor allem die Nutzung des Netzwerks, d.h. die Nutzung des Eigentums Dritter im Vordergrund stand, bemühte sich VDEW, nachzuweisen, dass Durchleitungen tatsächlich nicht möglich und wirtschaftlich nicht verantwortbar sind.
Die damaligen Argumente können wie folgt zusammengefasst werden:[359]

---

357 Vgl. Karpen, Gesetzgebungs-, Verwaltungs- und Rechtsprechungslehre, S. 29; s.a. Isensee, ZRP 1985, S. 140.

358 Vgl. dazu Schalast, ET 1997, S. 29 ff.

359 Zusammenstellung bei: VDEW, Der Europäische Strommarkt, S. 5 f.; siehe auch: Europäisches Parlament, Dok. A2-158/89 (Bericht Linkohr; nicht veröffentlicht); Europäisches Parlament, Reihe: Energie und Forschung Nr. 8, S. 30 f.; Hermann, RdE 1988, S. 110 f.; Deregulierungskommission, Tz. 274.

- Durchleitung ist in der Stromversorgung nicht möglich, sie ist technisch-physikalisch eine Fiktion.

- Die Kalkulation von Durchleitungsgebühren ist mit einem unvertretbaren Mess- und Rechenaufwand verbunden.

- Einspeisungen sind unsicher, deshalb muss das durchleitende Energieversorgungsunternehmen zusätzliche Dienstleistungen erbringen.

- Durchleitungen können die Netze Dritter beeinträchtigen und zu Leitungsüberlastungen führen (Kapazitätsfrage).

- Stromdurchleitung steht im Gegensatz zum Grundsatz der Versorgungssicherheit und zum Anschluss- und Lieferzwang.

- Stromdurchleitungen an Großabnehmer gehen zu Lasten der normalen Tarifverbraucher (sog. Rosinenpicken).

- Geschlossene Versorgungsgebiete führen zu Kostenvorteilen (Größe, Verbund, langfristige Planung).

- Die Kapitalintensität der Stromversorgung verlangt eine entsprechend langfristige Planungssicherheit.

- Solange den deutschen Energieversorgern Sonderlasten auferlegt werden, kann Wettbewerb um Endverbraucher zu Verzerrungen führen (früher Kohlepfennig und Jahrhundertvertrag, jetzt u.a. Ökosteuer).

- Die hohen deutschen Umweltauflagen verfälschen den Wettbewerb mit Konkurrenten aus anderen EU-Mitgliedsstaaten.

Diese Argumente haben bis zur Reform des EnWG 1935 und auch darüber hinaus die Diskussion über den Ordnungsrahmen der Elektrizitätswirtschaft in Deutschland bestimmt.

Gegenargumente wurden vor allem von der wichtigsten Befürworterin einer Öffnung des deutschen Elektrizitätsmarktes, der Vereinigung industrieller Kraftwirtschaft (VIK) vorgetragen. Als Interessenvereinigung der energieintensiven Industrie hatte sie vor allem deren Vorteil, d.h. niedrigere Preise für Großabnehmer, im Auge. Ihre Hauptargumente für eine Deregulierung lauteten dabei wie folgt:

- Die deutsche Industrie zahlt deutlich höhere Strompreise als ihre Konkurrenten in anderen EG-Staaten (nach VIK-Daten 30-60 %, in Extremfällen bis zu 100 % mehr als in anderen EG-Partnerländern).[360]

- Die Industrie muss in die Lage versetzt werden, ihren Strom dort zu kaufen, wo er "wettbewerbsgerecht" angeboten wird.[361]

Ziel einer Deregulierung aus Sicht der Großabnehmer war demnach die Durchsetzung von Preisermäßigungen. Dabei wird man einwenden können, dass Preiswürdigkeit bereits ein Ziel des EnWG 1935 war. Aber in der Praxis führte die Preisaufsicht eben nicht zu, aus der Sicht der VIK, konkurrenzfähigen Preisen in Deutschland, was durch immer wieder angestrengte Energiepreisvergleiche dokumentiert wurde. Die Debatte zwischen den Interessenverbänden war danach im Kern eine Preisdiskussion und die Reformbefürworter konnten sich eine Preisreduktion nur durch eine Verstärkung der Wettbewerbselemente bzw. eine vollständige Wettbewerbsöffnung vorstellen.

Dagegen wurden Umweltgesichtspunkte von den Protagonisten dieser Diskussion kaum oder gar nicht berücksichtigt. Umweltschutz wurde, wenn überhaupt, nur als Hilfsargument gegen einen grenzüberschreitenden Wettbewerb angeführt unter Hinweis darauf, dass Anbieter aus Staaten mit vermeintlich niedrigerem Umweltniveau und damit niedrigeren Umweltschutzkosten Wettbewerbsvorteile hätten. Umweltschutz wurde aus diesem Blickwinkel ebenfalls zu einem Kostenfaktor, einer Preisfrage, reduziert.

b. Exkurs: Das Problem der Umweltschutzkosten

a.a. Ausgangspunkt: Unterschiedliche Strompreise in Europa

Ein wichtiger Anstoß für die Deregulierung des deutschen Strommarktes war - wie geschildert - der Umstand, dass die deutsche Industrie die in der Europäischen Gemeinschaft existierenden Strompreisunterschiede für preiswerte Importe nutzen wollte.[362] Nach einem von der VDEW angestrengten Strompreisver-

---

360 Daten bei Budde, VIK-Mitteilungen 1988, S. 29 ff.; vgl. auch Deregulierungskommission, Tz. 2, 298 f.; nach der EG-Richtlinie 90/377 von 17.07.1990, ABl. Nr. L 185/16 vom 17.07.1990, wird ein gemeinschaftliches Verfahren zur Gewährleistung der Transparenz der von industriellen Endverbrauchern zu zahlenden Gas- und Strompreise eingeführt. Erstmals Ende 1991 und dann halbjährlich wird das Statistische Amt der AG eine Übersicht über die zu zahlenden Preise erarbeiten, ermittelt aufgrund der entsprechenden Angaben aus den Mitgliedstaaten.

361 Graf, VIK-Mitteilungen 1988, S. 142 ff.; vgl. auch Lippert, Offener europäischer Strommarkt 1992?, S. 21 ff.

362 Grundsätzlich zur Problematik des Strompreises für die Reformdiskussion: Zinow, Rechtsprobleme der grenzüberschreitenden Durchleitung von Strom, S. 20 ff.

gleich für die Industrie in der EG nach Durchschnittswerten von 1993 lag die Bundesrepublik Deutschland zwar im "Mittelfeld", doch lagen die Strompreise in den Anrainerstaaten Frankreich und den Niederlanden erheblich niedriger für industrielle Großabnehmer.[363]

Nicht zuletzt wegen dieses Preisunterschieds wurde die Diskussion über den Binnenmarkt für Strom auch unter dem Schlagwort "billiger Atomstrom nach Deutschland" geführt.[364] Auch die deutsche Versorgungswirtschaft betrachtete den Preisabstand zu Frankreich, Dänemark und den Niederlanden als problematisch. Als Ursache gab sie vorrangig an, dass sie Sonderlasten zum Schutz der heimischen Steinkohle und wegen der hohen deutschen Umweltstandards tragen muss.[365]

Die starke Regulierung des Umweltenergierechts in Deutschland führt zu erheblichen Betriebskosten der Energieversorgungsunternehmen, um diesen gesetzlichen Anforderungen zu genügen.[366] Hinzu kommt die unterschiedliche Belastung von Energieversorgungsunternehmen für Einspeisungen nach dem Stromeinspeisungsgesetz bzw. nunmehr dem EEG.[367]

Nachdem durch die Entscheidung des Bundesverfassungsgerichts vom 11.10.1994 der sog. Kohlepfennig als verfassungswidrig erklärt wurde[368] und mit einer Wiedereinführung nicht zu rechnen ist, konzentrierte sich die Diskussion über nationale Sonderlasten auf die unterschiedlichen Umweltschutzbelastungen in der Europäischen Gemeinschaft.[369]

Zu unterscheiden ist hinsichtlich der Kostenbelastung zwischen Umweltschutzkosten aufgrund staatlicher Regulierung, die alle Energieversorgungsunternehmen treffen und freiwilligen Kosten, die Energieversorgungsunternehmen im

---

363 VDEW, Die öffentliche Elektrizitätsversorgung 1993, S. 11; vgl. zur Entwicklung der Strompreise in der EU: VDEW, Strommarkt Deutschland 1996, S. 14.

364 So das provokante Thema des Energierechtsgesprächs am 12./13.5.1987 in Berlin und der Titel eines Sammelbandes mit den Beiträgen der Veranstaltung herausgegeben von W. Harms.

365 Beispielhaft VDEW, Die öffentliche Elektrizitätsversorgung 1993, S. 12.

366 Übersicht bei VDEW, Strommarkt Deutschland 1996, S. 34 f.; vgl. zu dieser Frage auch: Emmerich, Ausnahmebereich, S. 66, Buderath, ET 1989, S. 138.

367 Vgl. VDEW, Strommarkt Deutschland 1996, S. 16.

368 BVerfGE 91, 186 ff.; grundsätzlich zu der Problematik "Kohlepfennig", Schalast, RdE 1991, S. 2 ff.

369 Zur Problematik der Berechnung von Strompreisen in den Mitgliedstaaten der Europäischen Gemeinschaft: Lang, ET 1992, S. 693 ff; derselbe, ET 1991, S. 672 ff. Bei der Beurteilung der Strompreise muss zunächst der unterschiedliche Einsatz der Primärenergieträger beachtet werden. Hier gibt es zwischen den EG-Mitgliedstaaten erhebliche Unterschiede, z.B. hinsichtlich der Nutzung der Kernkraft. Siehe dazu: Bundesministerium für Wirtschaft, Energieversorgung in der Europäischen Gemeinschaft, S. 76.

Interesse z.B. der Förderung der Kraft-Wärmekopplung oder erneuerbarer Energien übernehmen.[370]

Zunächst ist daher zu prüfen, inwieweit Umweltschutzkosten, die Energieversorgungsunternehmen auferlegt werden, in den Mitgliedstaaten der EG quantifiziert werden können. Im Vordergrund steht dabei die Elektrizitätserzeugung. Die folgenden Überlegungen können aber auch auf die weiteren Funktionsstufen übertragen werden.

b.b. Nationale Umweltpolitik als Kostenfaktor

Da soweit ersichtlich, weder im internationalen, noch im europäischen Maßstab bisher die Grundlage für eine einheitliche Umwälzung der (externen) Kosten der Stromerzeugung auf die jeweiligen Energieversorgungsunternehmen[371] oder auch die Allgemeinheit gefunden wurde,[372] begegnen wir einer Vielfalt nationaler Lösungen mit verschiedenen Instrumentarien, deren jeweilige Kostenwirksamkeit auch von der Verwaltungswirklichkeit, d.h. dem Vollzug der existierenden Normen bestimmt wird.[373] Bei der politischen Entscheidung, wie umfassend Umweltbelastungen den Unternehmen aufgeladen werden, spielen offensichtlich auch Gesichtspunkte des Wettbewerbs eine Rolle.[374]
Der jeweilige EU-Mitgliedstaat legt dabei gemäß den Prioritäten seiner Umweltschutzpolitik den Stromerzeugungsunternehmen durch Abgaben, ordnungspolitische Vorgaben oder auch Haftungsbestimmungen Kosten auf.[375] Auf der anderen Seite sind zahlreiche - auch ideologisch motivierte - Subventionen und Subventionsformen für die Energiewirtschaft bekannt.[376] Die Kostenbelastung für die nationalen Energiewirtschaften weicht daher im Einzelfall erheblich voneinander ab.[377]

---

370 Vgl. zu anderen Möglichkeiten der Umweltsubventionierung durch Energieversorgungsunternehmen mit entsprechender Kostenumwälzung auf die Verbraucher: Kübler, ET 1995, S. 493.

371 Zu den Begriffen „externe“ und „interne“ Kosten in der Energieversorgung, Kübler, ET 1995, 492.

372 Zur Problematik einer umweltökonomischen Gesamtrechnung siehe die Antwort der Bundesregierung auf die Große Anfrage der Fraktion der SPD, BT-Drs. 13/4435.

373 Vgl. zu diesem Grundproblem der Umweltrechtsvergleichung: Kloepfer, Umweltrecht, § 6 Rn. 95; Ress, in: Kimminich/von Lersner/Storm, HdUR, Bd. 2, Sp. 2391; Rehbinder, RabelsZ 1976, S. 404 ff.; Steinberg, AöR 1995, S. 592 f.

374 Vgl. Kloepfer, Umweltrecht, § 6 Rn. 4, der zu Recht darauf hinweist, dass die Vernachlässigung kostenintensiver Umweltschutzauflagen zu erheblichen Wettbewerbsvorteilen der jeweiligen Industrie führen kann; siehe auch Oligmüller, VIK-Mitteilungen 1993, S. 6. Zur politischen Abwägung siehe Kübler, ET 1995, S. 494 ff.

375 Vgl. Masuhr, ET 1995, S. 487 ff.

376 Siehe z.B. Landtag Baden-Württemberg, Drs. 10/1765, S. 7 f.

377 Vgl. Sprenger, Kostenbelastung, S. 168, 173 ff., S. 490; Schulz, VIK-Mitteilungen 1993, S. 113.

Hervorzuheben ist bei den Umweltkosten für Energieversorgungsunternehmen der Bereich der Luftreinhaltung (Rauchgasentschwefelung und Stickoxydminderung), die gerade in Stein- und Braunkohlekraftwerken zu einer nachweislichen Verteuerung der kWh führen.[378]

Möglich erscheint eine Vergleichung auf den ersten Blick im Bereich von Grenzwerten im Emissionsschutzrecht und bei technischen Normen.[379] Doch auch hier kann sich die Struktur des administrativen Kontrollsystems in der Praxis erheblich auswirken.[380] Hinzu kommt, dass die jeweiligen Messmethoden innerhalb der Mitgliedstaaten der europäischen Gemeinschaft bisher nicht vereinheitlicht wurden.[381]

Die EG-Kommission hat im Rahmen ihrer Vorstudien zur Verwirklichung des Binnenmarktes für Energie die Energiepolitiken der Mitgliedstaaten überprüft und den Einfluss der Umweltschutzgesetzgebung bewertet.[382] Eine konkrete Bewertung der finanziellen Belastung der Energieversorgungsunternehmen erfolgte jedoch bei dieser Gelegenheit nicht. Auch die Internationale Energieagentur versucht im Rahmen ihrer Untersuchungen der Energiewirtschaft ihrer Mitgliedstaaten, die Umweltmaßnahmen vergleichend darzustellen.[383] Dabei kommt sie zu dem Ergebnis, dass z.B. die deutsche Energiewirtschaft durch einen starken Einfluss von Umweltschutzmaßnahmen gekennzeichnet ist.[384] Ein konkreter Ländervergleich anhand nachvollziehbarer Kriterien und eine Bewertung der Kosten der Umweltmaßnahmen erfolgt jedoch nicht. Strukturell erscheint ein Ländervergleich von Umweltmaßnahmen in spezifischen Industriesektoren auch fragwürdig, da einheitliche Vergleichsmaßstäbe fehlen, eine unterschiedliche Ausgangssituation der Umwelt die Regel ist und Rahmenbedingungen, wie Bevölkerungsdichte oder industrielle Entwicklung kaum berücksichtigt werden können.[385] Im Hinblick darauf ist es notwendig, Kriterien für Ländervergleiche zu entwickeln.[386] Erst im Anschluss daran können solche Untersuchungen wohl konkrete Anhaltspunkte für die Ermittlung der Kostenbelastung von

378 Siehe dazu: Lang, ET 1992, S. 693.

379 Krämer, ZUR 1997, S. 308.

380 Vgl. Rehbinder, RabelsZ 1976, S. 389 ff.

381 Vgl. Schulz, VIK-Mitteilungen 1993, S. 111.

382 Vgl. KOM (88) 174 endg., Überprüfung der Energiepolitiken der Mitgliedstaaten; siehe auch die Arbeiten der Forschungsstelle Umweltrecht der Universität Frankfurt, Bothe/Gündling, Neuere Tendenzen des Umweltrechts im internationalen Vergleich.

383 Vgl. die Darstellung von Deutschland in International Energy Agency, Energy policies of IEA countries, S. 153 ff.; dies., The role of IEA governments in energy, S. 151, 162 f.

384 Vgl. International Energy Agency, The role of IEA governments in energy, S. 162.

385 Grundsätzlich zu dieser Problematik, Rose-Ackermann, Umweltrecht und -politik in den Vereinigten Staaten und der Bundesrepublik Deutschland.

386 Vgl. dazu: Krämer, ZUR 1997, S. 308; Steinberg, AöR 1995, S. 592 f.

tung von Energieversorgungsunternehmen durch die nationale Umweltgesetzgebung geben.[387]

c. Reformvorschläge

a.a. Abschaffung der kartellrechtlichen Ausnahmebereiche für die Energiewirtschaft

Die von den entsprechenden Interessenverbänden, insbesondere der VIK formulierten Forderungen nach einer Deregulierung des Elektrizitätsmarktes, wurden in der politischen und juristischen Diskussion in Deutschland rasch aufgegriffen. In Anlehnung an die Binnenmarktkonzeption der EU, die spätestens seit Ende der achtziger Jahre auch den Energiemarkt einbezog,[388] legte die von der Bundesregierung eingesetzte Deregulierungskommission im März 1991 dem Bundeswirtschaftsministerium einen Bericht vor, der in seinem 4. Kapitel Möglichkeiten einer wettbewerblichen Öffnung des Stromsektors vorschlägt.[389] Die Deregulierungskommission kam in ihrem Bericht nach einer eingehenden Untersuchung der Ursachen für die Ausnahmebereiche im deutschen Kartellrecht zu dem Ergebnis, dass deren Aufrechterhaltung nicht mehr notwendig und ordnungspolitisch problematisch sei. Die sich aus dieser Feststellung ergebende Konsequenz ist die unverzügliche Abschaffung der Ausnahmebereiche des GWB.

Wörtlich heißt es in dem Gutachten dazu:

> „Vorschlag 43:
> Wettbewerbsbeschränkende Vereinbarungen zwischen den Versorgungsunternehmen in Form von Demarkationsverträgen und Verbundverträgen sowie die Ausschließlichkeitsklausel in Konzessionsverträgen zwischen den Versorgungsunternehmen und den Gemeinden werden verboten. Die einschlägigen §§ 103 Abs. 1 und 103 a des Gesetzes gegen Wettbewerbsbeschränkungen werden gestrichen".[390]

Durch die Streichung sollte die Möglichkeit eröffnet werden, dass Wettbewerb sowohl auf der Elektrizitätserzeugungsebene wie auch auf der Ebene der Verteilung über die Hoch- und Mittelspannungsnetze entsteht.[391]

---

387 Vgl. Wasmeier, Umweltabgaben und Europarecht, S. 138 ff.

388 Vgl. dazu die vom Verfasser im Auftrag der Generaldirektion Wissenschaft des Europäischen Parlamentes 1989 verfasste Studie, Die deutsche Elektrizitätswirtschaft und der EG-Binnenmarkt für Energie, Europäisches Parlament, Sammlung Wissenschaft und Forschung, Reihe Energie und Forschung 8.

389 Vgl. Deregulierungskommission, Vorwort.

390 Deregulierungskommission, Tz. 352.

391 Vgl. die Begründung der Deregulierungskommission, Tz. 353 ff.

Hervorzuheben ist bei dem Vorschlag der Deregulierungskommission, dass auf Zwischenlösungen und Übergangsregelungen für die bestehenden Demarkations- und Konzessionsverträge vollständig verzichtet wird. Auch eine beschränkte Zulässigkeit von wettbewerbsbeschränkenden Vereinbarungen z.B. im grenzfernen Raum usw., wie er Anfang der neunziger Jahre diskutiert wurde, wurde nicht aufgegriffen. Der Wettbewerb sollte national und auch grenzüberschreitend nicht mehr durch Kartellabsprachen beschränkt werden. Das historisch gewachsene System der geschlossenen Versorgungsgebiete sollte aufgehoben werden.

b.b. Durchleitungsverpflichtung

Allein durch eine Abschaffung der Ausnahmebereiche ist es aber nicht möglich, Wettbewerb in der leitungsgebundenen Elektrizitätswirtschaft zu schaffen. Vielmehr ist darüber hinaus notwendig, dass die Energieversorgungsunternehmen, denen es gelungen ist, in ihren geschlossenen Versorgungsgebieten ihnen gehörende Leitungsnetze aufzubauen, gezwungen werden, diese auch Konkurrenten zur Verfügung zu stellen. Ohne eine solche Mitnutzung der Leitungen ist eine Stromlieferung an Abnehmer in diese Versorgungsgebiete aber nicht möglich. Wie bereits erläutert, ist der Bau von Parallelleitungen heute praktisch unmöglich. Die Bedeutung einer Durchleitungsverpflichtung für eine Wettbewerbsöffnung des Strommarktes war dabei vom Gesetzgeber bereits früh erkannt worden, was nicht zuletzt § 103 GWB a.F. zeigt. Allerdings war diese Norm - wie bereits vorstehend dargelegt – in der Praxis kaum von Bedeutung.

Die Einführung einer gesetzlichen Durchleitungsverpflichtung ist dabei grundsätzlich neben oder gemeinsam mit der Abschaffung der Ausnahmebereiche denkbar.[392]
Dadurch wird ein Anspruch der Mitbenutzung des bestehenden Leitungsnetzes[393] durch neue Anbieter, im Ergebnis also, die Verpflichtung der bisherigen Eigentümer zur Zulassung der Durchleitung durch seine Konkurrenten (in Englisch: common carrier oder Third Party Access, TPA) begründet.[394] Auch die Deregulierungskommission griff in ihrem Gutachten vom März 1991 das auf und formulierte im Vorschlag 44 wie folgt:

---

392 Schalast, BuW 2000, S. 275; zu dem insoweit vergleichbaren Telekommunikationsmarkt; Schneider, ZUR 1999, S. 181 f.

393 Vgl. Christians, VIK-Mitteilungen 1988, S. 138, 139; Direktleitungen wären dagegen, wenn überhaupt, nur für einige wenige große und entsprechend lukrative Stromabnehmer sinnvoll. Sie würden darüber hinaus zu einer Marktverzerrung zu Lasten kleinerer, stromintensiver Betriebe - vor allem in den grenzfernen Regionen - führen. Ferner würde sich bei der Verlegung solcher Direktleitungen das bereits dargestellte wegerechtliche Problem nach dem deutschen Straßenrecht stellen.

394 Deregulierungskommission, Vorschlag 44, Tz. 355; Gröner/Smeets, Regulierung der leitungsgebundenen Energiewirtschaft, S.117 ff.

„Die Betreiber von Stromnetzen unterliegen einer allgemeinen Pflicht zur Durchleitung von Strom. Die Unterhaltung von Hochspannungsnetzen wird künftig als eigenständige Dienstleistung betrieben, die auch die Garantie der Netzstabilität umfasst."[395]

Problematisch erschien den Kritikern an diesem Vorschlag zunächst, dass er einen weitreichenden Eingriff in die grundrechtlich geschützte Eigentümerposition (Art. 14 GG) der Leitungsinhaber darstellt, die ihre Betriebsmittel einem Konkurrenten zur Verfügung stellen sollen, damit dieser ihnen Kunden abwerben kann.[396] Auch wurde vorgetragen, dass es widersprüchlich sei, Wettbewerb durch eine staatliche Zugangsregulierung, d.h. eine Reregulierung zu erzwingen. Ein solcher Zugriff auf Privateigentum mit Hilfe von staatlichem Zwang kann nach dieser Ansicht nur legitim und verfassungsgemäß im Sinne von Art. 12 GG und vor allem Art. 14 GG sein, wenn er aufgrund überragender Interessen der Allgemeinheit erforderlich ist.[397]

Schließlich wurde die Frage diskutiert, wie Versorgungssicherheit angesichts der Durchbrechung der geschlossenen Versorgungsgebiete in Zukunft noch gewährleistet werden kann. Die Befürworter einer Durchleitungsverpflichtung wollten Versorgungssicherheit daher in Zukunft in Erweiterung des schon heute bestehenden Austausch- und Verbundsystems UCPTE durch zentrale Zuschaltung von Reservekapazität garantieren.[398] Ein Wettbewerb mittels Durchleitungen würde des weiteren zwangsläufig dazu führen, dass die Energieversorgungsunternehmen mehr Strom anbieten, um ihre Marktposition zu halten bzw. ausbauen zu können, was zu einer entsprechenden Erhöhung der Reservemengen führt.[399]

Zusammenfassend ist festzustellen, dass die Durchleitungsverpflichtung trotz aller Kritikpunkte angesichts des Eigentums an den Leitungsnetzen die konsequente Ergänzung einer Abschaffung der geschlossenen Versorgungsgebiete ist. Nur durch eine Mitbenutzung dieses Leitungsnetzes ist Wettbewerb im Elektrizitätsmarkt denkbar. Die Notwendigkeit eines solchen Anspruchs auf Mitnutzung zeigt sich auch in vergleichbaren Märkten, wie etwa dem ebenfalls leitungsgebundenen Telekommunikationsmarkt. Daneben kennt die Rechtsordnung aber auch in anderen Bereichen wie dem Patentrecht strukturell vergleichbare Mitnutzungsrechte von Ausschließlichkeitsrechten (vgl. § 5 PatentG).

---

395 Deregulierungskommission, Tz. 355.

396 Vgl. Papier, DB 1997, S. 1213 ff. mit zahlreichen Nachweisen; siehe bereits früh: Schweitzer, Der grenzüberschreitende Stromverbund, S. 180.

397 Ausführlich dazu: Arndt, RIW 1989, Beilage 7 zu Heft 10, S. 23 ff. m.w.N.; sowie grundsätzlich die Studie von Scholz/Langer, Europäischer Binnenmarkt und Energiepolitik.

398 Deregulierungskommission, Tz. 289.

399 Gröner/Smeets, Regulierung der leitungsgebundenen Energiewirtschaft, S. 178; anderer Ansicht wohl Christians, VIK-Mitt. 1988, S. 139.

c.c. Trennung von Netz und Erzeugung

Neben der vorstehend dargestellten Durchleitungsverpflichtung wurde vorgeschlagen, die Unterhaltung des Hochspannungsnetzes von der Stromerzeugung (Beschaffung) und den Verkauf an Endverbraucher zu trennen.[400] Dieser Ansatz geht auf englische Vorbilder zurück[401] und wird derzeit in zahlreichen EU-Mitgliedstaaten aber auch den Reformstaaten Osteuropas stark diskutiert.[402] Ziel ist es, eine selbständige Netzgesellschaft zu schaffen, die dann allen Anbietern gleichberechtigten Zugang gewährleisten kann. Dieses Modell kann im einzelnen (Monopol AG oder Pool Modell) höchst unterschiedlich ausgestaltet werden. Denkbar ist auch eine Trennung der Bereiche Verteilung (Netz) und Erzeugung (Beschaffung) im Rahmen weiterbestehender vertikal integrierter Energieversorgungsunternehmen z.B. durch Schaffung entsprechender Profit-Center.[403] Die Deregulierungskommission hat diesen Gesichtspunkt in ihren Vorschlag 44 aufgenommen, wo sie die Unterhaltung von Hochspannungsleitungen als eigenständige Dienstleistung definiert.[404] Der Vorteil einer Trennung (organisatorisch oder auch rechtlich) von Stromerzeugung und Stromtransport wird insbesondere darin gesehen, dass eine gesamtwirtschaftlich nicht notwendige Machtkonzentration bei den Verbundunternehmen beendet wird.[405]

d.d. Privatisierung

Schließlich kommt auch als Möglichkeit zur Wettbewerbsöffnung der öffentlichen Elektrizitätsversorgung eine Privatisierung in Betracht. Immer noch ist die Elektrizitätswirtschaft durch einen starken Staatsanteil gekennzeichnet. In der Regel geht man davon aus, dass durch einen größeren privaten Kapitalanteil in einem Wirtschaftsbereich auch die Wettbewerbsintensität gefördert wird.[406] In einem Ordnungssystem wie es in Deutschland vor dem EnWG 1998 bestand,

---

400 Vgl. Deregulierungskommission, Tz. 355, Vorschlag 44.

401 Grundlage der Reform in England, Wales und Schottland war das Privatisierungskonzept der Regierung Thatcher, teilweise publiziert in deutscher Übersetzung in RdE 1988, S. 56 ff.; vgl. hierzu: Hermann, ET 1988, S. 886 ff.; zu der Reform siehe auch Klopfer, VIK-Mitt. 1993, S. 89 ff.; Eiß/Pick/Schulz, ZfE 1989, S. 164 f.; vgl. auch die Situation in den Niederlanden, Deriks, RdE 1988, S. 66, 74.

402 Vgl. Schalast, ET 1995, S. 653, 655 f.; derselbe, ROW 1993, S. 155 ff.

403 Vgl. insgesamt zu dem Konzept VIK, VIK-Mitteilungen 1994, S. 20.

404 Deregulierungskommission, Tz. 333.

405 Vgl. Deregulierungskommission, Tz. 359.

406 Vgl. Schalast, ROW 1997, S. 254 mit vergleichender Darstellung insbesondere zu der Situation in den Reformstaaten Mittel- und Osteuropas. Allgemein geht man davon aus, dass private Unternehmen, die auf Gewinnmaximierung orientiert sind, effizienter und kostengünstiger arbeiten, vgl. etwa Gröner/Smeets, Regulierung der leitungsgebundenen Energiewirtschaft, S. 182; kritisch zu dieser allgemeinen Annahme: Lewington/Weisheimer, ET 1995, S. 596.

führt aber allein eine Privatisierung nicht zu einer Steigerung der Wettbewerbsintensität. Insoweit war die ansonsten im Bereich der öffentlichen Wirtschaft wichtige Privatisierungsdebatte für die Elektrizitätswirtschaft nur von nachrangiger Bedeutung.

e.e. Zusammenfassung

In der Deregulierungsdiskussion in Deutschland wurden seit den achtziger Jahren verschiedene Modelle diskutiert, die auf Vorbilder in Reformstaaten wie Großbritannien aber auch den USA zurückgehen.[407]

Im Mittelpunkt der Diskussion stand dabei zum einen die Forderung nach der vollständigen Abschaffung der Ausnahmebereiche für die Elektrizitätswirtschaft im GWB sowie die Einfügung einer Durchleitungsverpflichtung.

d. Umweltschutz im Rahmen der Diskussion über mehr Wettbewerb auf den Energiemärkten

a.a. Umweltgutachten 1996

Parallel zu der Diskussion über den künftigen Wettbewerb in der Stromwirtschaft wurde vereinzelt die Frage aufgeworfen, ob die Regulierung umweltpolitisch wünschenswerte Entwicklungen behindert oder verlangsamt.[408] Diese Problematik wurde – soweit ersichtlich - erstmals 1996 vom Rat von Sachverständigen für Umweltfragen in seinem Umweltgutachten aufgegriffen. Im Rahmen seines Vorschlags zur Einführung einer CO_2-Abgabe war der Sachverständigenrat der Meinung, dass die Liberalisierung des Energiemarktes in Zusammenhang mit einer solchen Abgabe zu positiven ökologischen Effekten führen könnte.[409] Durch den Vorschlag wurde aber auch deutlich, dass eine Deregulierung des Energiemarktes ohne flankierende Maßnahmen für den Umweltschutz zu problematischen Konsequenzen führen müsste.

b.b. Umweltgesetzbuchentwürfe

Der bereits im Umweltgutachten 1996 enthaltene Vorschlag flankierender ökologischer Maßnahmen im Rahmen einer Liberalisierung der Energiemärkte wurde dann kurze Zeit später von dem Entwurf der Unabhängigen Sachverständigenkommission zum Umweltgesetzbuch - die vom Bundesumweltministerium

---

[407] Vgl. zur Deregulierungspolitik der Reagan-Administration: Zillman, FS Fabricius, S. 401 ff.; Birkenmaier, WRP 1988, S. 520 f.

[408] Vgl. hierzu: Arzt/Apfelstedt, ZUR 1997, S. 136; Mombaur, ET 1996, S. 706.

[409] Rat von Sachverständigen für Umweltfragen, Umweltgutachten 1996, Tz. 1075; diesen Gesichtspunkt übersehen wohl Arzt/Apfelstedt in ihrer Darstellung, ZUR 1997, S. 136.

eingesetzt wurde - aufgegriffen.[410] Die vor allem aus Praktikern zusammengesetzte Expertenkommission legte im Juli 1997 ihren Vorschlag eines Umweltgesetzbuches (UGB-KomE) vor.

Nachdem noch in dem vorangehenden Professorenentwurf eines Besonderen Teils eines Umweltgesetzbuches[411] auf einen Energieabschnitt verzichtet wurde, da nach Auffassung der Autoren lediglich umweltspezifisches Recht und nicht nur umweltrelevante Regelungen in einem solchen Gesetzbuch enthalten sein sollten,[412] entschied sich die Unabhängige Sachverständigenkommission zum Umweltgesetzbuch, flankierende umweltorientierte Spezialregelungen bei der absehbaren Deregulierung des deutschen Energiemarktes in ihren Entwurf eines Umweltgesetzbuches zu integrieren. Hintergrund dafür war die Bedeutung der Energieversorgung und –nutzung für den künftigen Erfolg des Umweltschutzes und die Feststellung, dass nach Auffassung der Kommission alle bis zum Zeitpunkt der Vorlage des UGB-KomE bekannt gewordenen Reformvorschläge zum Energiewirtschaftsgesetz Umweltbelange nicht ausreichend berücksichtigen.[413]

Folgerichtig war eine entscheidende Motivation zur Berücksichtigung des Energierechts in dem Kommissionsentwurf, den Umweltschutz in diesem strategischen Querschnittsbereich zu fördern und seine Umsetzungschancen zu steigern.[414]

Entsprechend diesem Ausgangspunkt enthält § 453 KomE Vorzugsregelungen für Strom aus erneuerbaren Energien und § 454 KomE Vorzugsregelungen für eine umweltschonende Stromerzeugung. Die Unabhängige Sachverständigenkommission ging dabei von einem eigenen Durchleitungsmodell zur Deregulierung des Strommarktes aus.[415] Dem im Verhältnis "umweltfreundlichsten" Energieversorgungsunternehmen sollte durch den Vorrang von Ökostrom

---

410 Vgl. dazu Storm, NVwZ 1999, S. 35 ff.; Schink, DÖV 1999, S. 1 ff., zu speziellen Aspekten S. Michler, DVBl. 1999, S. 816 ff; Gramm, DÖV 1999, S. 540 ff.; Sendler, NVwZ 1999, S. 132 ff.

411 Vgl. Umweltbundesamt, Umweltgesetzbuch (Entwurf) - Besonderer Teil; wenn auch bei diesem Entwurf der integrative Ansatz überzeugt, so wird er jedoch in dem hier interessierenden Zusammenhang nicht relevant, da der aufgezeigte Konflikt entschieden werden muss, unabhängig davon, welcher Ausgangspunkt gewählt wurde.

412 Vgl. Umweltbundesamt, Umweltgesetzbuch (Entwurf) - Besonderer Teil, S. 6.

413 Bundesministerium für Umwelt, Naturschutz und Reaktorsicherheit, UGB-KomE, S. 1225.

414 Vgl. Schink, DÖV 1999, S. 2; damit verfolgt der Entwurf einen integrativen Ansatz, so Storm, NVwZ 1999, S. 37; s. dazu auch Di Fabio, NVwZ 1998, S. 329 und Frenz, ZG 1999, S. 156 ff.

415 Bundesministerium für Umwelt, Naturschutz und Reaktorsicherheit, UGB-KomE, S. 1225.

gegenüber dem Netzeigentümer ein Recht zur Durchleitung eingeräumt werden. Um eine solche Regelung in der Praxis umzusetzen, ist es aber notwendig, objektive Maßstäbe festzulegen, durch die der „umweltfreundlichste“ Anbieter von Strom festgestellt werden kann. Die Unabhängige Sachverständigenkommission schlug daher einen „Umweltschutzkoeffizienten“ vor, der auf den Energieverbrauch, sowie insgesamt die mit der Energieerzeugung und Energieversorgung verbundenen Umweltbelastungen unter besonderer Berücksichtigung der Kraft-Wärmekopplung abstellt. Die weiteren Einzelheiten sollen gemäß § 454 KomE durch eine Rechtsverordnung bestimmt werden.

Die zentrale Bestimmung des Entwurfes, § 454 Abs. 2 KomE lautet wie folgt:

> „Der Erzeuger oder Verteiler mit dem jeweils günstigsten Umweltschutzkoeffizienten nach Abs. 1 hat gegen den Netzbetreiber einen Anspruch auf Durchleitung von Strom, sofern Netzkapazität verfügbar ist und die Durchleitungsbedingungen des Netzbetreibers anerkannt werden.“

Nach dieser Bestimmung wäre es umweltfreundlichen Netzbetreibern auch möglich, Durchleitungen zu verweigern, wenn ihr selbsterzeugter bzw. verteilter Strom einen besseren Umweltschutzkoeffizienten enthält als der Strom des Konkurrenten. Von der Unabhängigen Sachverständigenkommission wurde mit dieser Norm erstmals nach dem Gesetzentwurf der SPD-Fraktion aus dem Jahre 1991 ein Vorschlag mit verbindlichen Aussagen für die Behandlung des Ziel- und Prioritätenkonfliktes zwischen Wettbewerb und Umweltschutz im Rahmen der Reform des Energiewirtschaftsgesetzes vorgelegt.

Damit war in der wissenschaftlichen und politischen Diskussion nicht zuletzt durch den Kommissionsentwurf endgültig deutlich geworden, dass es einen Wertwiderspruch zwischen Umweltschutz und Wettbewerb in der Energieversorgung gibt, der im Rahmen der anstehenden Reform gelöst werden sollte.

e. Das Gesetzgebungsverfahren

a.a. Der Referentenentwurf des BMWi von 1994

(1) Wettbewerbsgesichtspunkte

Am 15.02.1994 hat das Bundesministerium für Wirtschaft einen ersten Gesetzentwurf zur Neuregelung des Energiewirtschaftsrechts und der kartellrechtlichen Ausnahmebereiche des GWB vorgelegt [416].

---

416 Zur Entstehungsgeschichte des Entwurfs, Marcus/Baur, ET 1994, S. 407 ff.; der Referentenentwurf ist abgedruckt in Hoffmann-Riem/Schneider, Umweltpolitische Steuerung in einem liberalisierten Strommarkt, S. 275 ff.

In seiner Begründung zu der vorgeschlagenen Neuregelung führte das Bundesministerium für Wirtschaft aus, dass es von der Prämisse ausgegangen sei, die sichere und preisgünstige Versorgung mit Strom, Gas und Wasser sei auch unter Wettbewerbsbedingungen möglich.[417] Erstes Ziel des Entwurfes war es daher, die bisherige gesetzliche Freistellung der Versorgungsunternehmen vom Kartellverbot gem. § 1 GWB aufzuheben. Nach diesem Vorschlag war eine rechtliche Absicherung geschlossener Versorgungsgebiete in Deutschland künftig nicht mehr möglich.[418]
Des weiteren wurde die Weiterentwicklung der bereits 1980 geschaffenen Durchleitungsverpflichtung im Rahmen der Missbrauchsaufsicht zu einem wirksamen Instrument der Wettbewerbsöffnung vorgeschlagen.[419] Der Referentenentwurf entspricht in diesem Punkt den bereits erläuterten Vorschlägen der Deregulierungskommission.[420] Der bisherige spezielle Missbrauchstatbestand für die Versorgungswirtschaft - § 103 GWB a.F. - sollte in eine Verbotsnorm umgewandelt werden und damit den von einer Durchleitungsverweigerung betroffenen Unternehmen die Klagemöglichkeit vor den Zivilgerichten eröffnen.[421]
Schließlich wurde die Darlegungs- und Beweislast bei der Verweigerung einer Durchleitung zu Lasten des Netzeigentümers umgekehrt, was damit begründet wurde, dass alle insoweit relevanten Umstände in dessen Sphäre liegen.[422]

Nach diesem Entwurf sollte § 103 GWB folgende Fassung erhalten:

"(1) Betreiber von Leitungen für Elektrizität oder Gas, von denen andere Unternehmen als Nachfrager von Transportleistungen in der Weise abhängig sind, dass ausreichende und zumutbare anderweitige Transportmöglichkeiten nicht bestehen oder nicht ausreichend schnell geschaffen werden können, dürfen diese Nachfrager im Absatz oder im Bezug von Elektrizität oder Gas nicht dadurch unbillig behindern, dass sie sich weigern, mit ihnen einen Vertrag über die Einspeisung und damit verbundene Entnahme (Durchleitung) zu schließen. Die Verweigerung der Durchleitung ist nicht unbillig, wenn der Leitungsbetreiber nachweist, dass

1. die Kapazität der Leitung für die Durchleitung nicht ausreicht;
2. die angebotenen Durchleitungsbedingungen, insbesondere das Durchleitungsentgelt, nicht angemessen sind;
3. die sichere, preisgünstige und umweltverträgliche Versorgung der übrigen Kunden zu zumutbaren Bedingungen unmöglich wird;

417 Die Begründung zu dem Referentenentwurf war abgedruckt bei: Obernolte/Danner, Energiewirtschaftsrecht bis 32. Ergänzungslieferung, Anhang, 5 b EnWG I F.
418 Vgl. Cronenberg, ET 1994, S. 8.
419 Vgl. Cronenberg, ET 1994, S. 8.
420 Vgl. Deregulierungskommission, Vorschläge 44 bis 48.
421 Vgl. Begründung zum Referentenentwurf.
422 Vgl. Begründung zum Referentenentwurf.

4. eine Beeinträchtigung der Gasbeschaffung auf den internationalen Märkten zu erwarten ist oder
5. die Durchleitung aus sonstigen wichtigen Gründen nicht zumutbar ist".[423]

Zusammenfassend lässt sich feststellen, dass der Gesetzesentwurf des BMWi von 1994 durch eine starke Wettbewerbsorientierung gekennzeichnet war. Wettbewerb sollte vorrangig durch eine auch zivilrechtlich durchsetzbare Durchleitungsverpflichtung erzwungen werden.

(2) Umweltgesichtspunkte

Entsprechend dem bisher in der Reformdiskussion erreichten Konsens zur Einbeziehung des Umweltschutzes wurden in dem BMWi-Entwurf eines Energiewirtschaftsgesetzes von 1994 die Ziele der Energieversorgung neu formuliert.[424] § 1 Zweck des Gesetzes sollte wie folgt lauten:

> „Zweck des Gesetzes ist es, rechtliche Regelungen für eine möglichst sichere, preisgünstige und umweltverträgliche leitungsgebundene Versorgung mit Elektrizität und Gas zu schaffen".

Weiter hieß es in § 3 Genehmigung der Energieversorgung:[425]

> „(2) Die Genehmigung darf nur versagt werden, wenn
> 1. der Antragsteller nicht die personelle, technische und wirtschaftliche Leistungsfähigkeit besitzt, um die vorgesehene Energieversorgung entsprechend den Zielen und Vorschriften dieses Gesetzes auf Dauer zu gewährleisten,
>
> ...".

Durch diese Bestimmung sollte demnach das Ziel der „Umweltverträglichkeit" nicht nur in die Zwecke des EnWG aufgenommen, sondern darüber hinaus auch die Genehmigung zur Aufnahme der Energieversorgung unter einen Umweltschutzvorbehalt gestellt werden. Die Aufsichtsbehörde hätte nach diesem Entwurf das Recht gehabt, eine Genehmigung zu versagen, wenn ein Antragsteller nicht die notwendige Leistungsfähigkeit nachweist, eine umweltverträgliche leistungsgebundene Versorgung mit Elektrizität zu gewährleisten.

---

423 Zitiert nach Hoffmann-Riem/Schneider, Umweltpolitische Steuerung in einem liberalisierten Strommarkt, S. 275.

424 Zitiert nach Hoffmann-Riem/Schneider, Umweltpolitische Steuerung in einem liberalisierten Strommarkt, S. 275.

425 Zitiert nach Hoffmann-Riem/Schneider, Umweltpolitische Steuerung in einem liberalisierten Strommarkt, S. 276.

Unter Umweltgesichtspunkten ist des weiteren hervorzuheben, dass eine Durchleitung gem. § 103 Nr. 3 GWB-Entwurf 1994 unter dem Vorbehalt einer sicheren, preisgünstigen und umweltverträglichen Versorgung stehen sollte. Wenn die Formulierung in dem Referentenentwurf nicht nur eine rein deklaratorische Bedeutung haben sollte, musste sie dazu führen, dass Umweltgesichtspunkte im Rahmen der kartellrechtlichen „Durchleitungsaufsicht" berücksichtigt werden müssten. Im Ergebnis hat der Entwurf 1994 damit offen gelassen, wie der Zielkonflikt zwischen Versorgungssicherheit und Preiswürdigkeit, die beide weiterhin in der Präambel genannt wurden, sowie Umweltschutz und Wettbewerb gelöst werden könnte. Unrichtig geht der Referentenentwurf davon aus, dass zwischen Wettbewerb auf der einen Seite und Umweltschutz auf der anderen Seite kein Widerspruch besteht. Aus diesem Blickwinkel wird in der wettbewerbsorientierten Ausrichtung des Ordnungsrahmens auch eine Stärkung des Handlungsspielraums für Umweltschutz gesehen. Konkrete Vorschriften zum Schutz der Umwelt fehlen daher in diesem ersten Entwurf zur Reform des EnWG 1935 vollständig.

b.b. Der Gesetzentwurf der Bundesregierung von 1997

(1) Wettbewerbsgesichtspunkte

Im November 1996, wenige Monate nach dem überraschenden Konsens im Energie-Ministerrat in Luxemburg, legten BMWi und Bundesregierung einen überarbeiteten Entwurf zur Reform des EnWG 1935 vor.[426] Nachdem der Bundesrat in einer ersten Stellungnahme Ende 1996 vor allem kritisiert hatte, dass die Elektrizitätsbinnenmarktrichtlinie noch nicht abschließend beraten sei und daher seine Mitwirkungsrechte verkürzt würden, da mögliche Änderungen in den Gesetzentwurf noch eingebracht werden müssten,[427] legte die Bundesregierung am 23.03.1997 ihren überarbeiteten Entwurf des Gesetzes zur Reform des Energiewirtschaftsrechts unter Einbeziehung der endgültigen Fassung der Richtlinie vor.[428]

Durch die zwischenzeitliche Verabschiedung der Elektrizitätsbinnenmarktrichtlinie und den Beginn der Umsetzungsfrist war damit erstmals Zeitdruck in die Diskussion um die Deregulierung des deutschen Elektrizitätsmarktes gekommen.

Ausgangspunkt des Entwurfs 1997 war die Auffassung der Bundesregierung, dass der Wirtschaftsstandort Deutschland unter zu hohen Strom- und Gaspreisen leidet, was durch die fehlende Wettbe4werbsorientierung in der Energiewirtschaft verursacht würde.[429] Diese Zielsetzung entsprach dem zentralen An-

---

426 BR-Drs. 806/96.

427 BR-Drs. 806/96.

428 BT-Drs. 13/7274.

429 BT-Drs. 13/7274, S. 1.

liegen des Entwurfs von 1994 sowie den Interessen der industriellen Kraftwirtschaft wie vorstehend geschildert. Zweck des Gesetzes sollte es sein, im Interesse der Allgemeinheit zu einer möglichst sicheren, preisgünstigen und umweltverträglichen leitungsgebundenen Versorgung mit Elektrizität und Gas beizutragen (§ 1 des Gesetzentwurfes vom 23.03.1997). Wettbewerbspolitisch sollte diese Zielsetzung durch die Streichung der Ausnahmebereiche des GWB für die Energiewirtschaft verwirklicht werden. Nach Art. 2 des Gesetzentwurfes sollte § 103 b GWB dazu die folgende Fassung erhalten:[430]

> „Die Paragraphen 103 und 103a sind auf die Versorgung mit Elektrizität und Gas nicht mehr anzuwenden. Für die Versorgung mit Wasser gelten sie bis zur Aufhebung durch Bundesgesetz fort."

Durch die Novellierung des GWB würde die Befreiung der wettbewerbsbeschränkenden Konzessions- und Demarkationsverträge vom allgemeinen Kartellverbot aufgehoben werden.[431] Die Bundesregierung ging weiter davon aus, dass in diesem Fall Durchleitungen künftig auf Grundlage des allgemeinen Missbrauchs- und Behinderungsverbots gem. §§ 22 Abs. 4, 26 Abs. 2 GWB a.F. erzwungen werden könnten.[432] Ein spezieller Durchleitungstatbestand, wie noch 1994 vorgeschlagen, war nach dieser Ansicht nicht mehr erforderlich. Damit ging der Gesetzentwurf 1997 einen Schritt weiter in Richtung Wettbewerbsöffnung als der Entwurf von 1994, da er auf eine spezielle Durchleitungsvorschrift mit Ausnahmen zugunsten nicht wettbewerbsorientierter Ziele der Energieversorgung verzichtete. Grundsätzlich sollte nach diesem Vorschlag die Elektrizitätsversorgung dem allgemeinen Kartellverbot unterstellt worden.

(2) Umweltgesichtspunkte

Bereits bei Vorlage der ersten Fassung des Gesetzentwurfs der Bundesregierung vom 08.11.1996 hat diese darauf hingewiesen, dass unter anderem die folgende wesentliche Änderung des deutschen Energierechts vorgesehen sei:

> „Der Zielkatalog des Gesetzes wird um den Umweltschutz ergänzt. Künftig gilt damit der Grundsatz, dass die Elektrizitäts- und Gasversorgung möglichst sicher, preisgünstig und umweltverträglich sein muss."[433]

---

430 BT-Drs. 13/ 7274, S. 7.

431 So die Begründung der Bundesregierung, BT-Drs. 13/7274, S. 23; vgl. auch zu den Konsequenzen dieses Entwurfs, Lindemann/Köster, DVBl. 1997, S. 527 ff.; BKartA TB 1995/96 (BT-Drs. 13/7900), S. 23 f.; Schwintowski, WuW 1997, S. 769 ff.

432 BT-Drs. 13/7274, S. 23.

433 BR-Drs. 806/96, S. 12; BT-Drs. 13/7274, S. 13.

Umweltverträglichkeit sollte nach der Präambel des neuen EnWG demnach gleichrangiges Ziel der Energieversorgung werden. Sie wurde in § 2 Abs. 4 EnWG Entwurf 1997 wie folgt definiert:[434]

> „(4) Umweltverträglichkeit bedeutet, dass die Energieversorgung eines rationellen und sparsamen Umgangs mit Energie genügt, eine schonende und dauerhafte Nutzung von Ressourcen gewährleistet ist und die Natur möglichst wenig belastet wird."

Diese Definition beschränkt sich weitgehend auf die allgemein unumstrittene Forderung nach Energieeinsparung und die Förderung von regenerierbaren Energiequellen, wie bereits durch das Stromeinspeisungsgesetz vorgesehen.

Der Entwurf 1997 enthält dagegen keine Aussagen über die Wertigkeit des Umweltschutzes gegenüber seinem prioritären Ziel, der Einführung von Wettbewerb im deutschen Energiemarkt. Hinzu kommt, dass der Gesetzentwurf im Gegensatz zu seinem Vorgänger 1994 keine Durchleitungsverpflichtung enthielt. Durchleitungen sollten im Rahmen der allgemeinen Missbrauchsaufsicht nach dem GWB durchgesetzt werden. Damit verzichtete die Bundesregierung nunmehr darauf – im Gegensatz zu dem Entwurf 1994 –Durchleitungen unter einen ordnungspolitischen oder umweltpolitischen Vorbehalt zu stellen. Die Wertigkeit des Umweltschutzes bei Konflikten in dem liberalisierten Energiemarkt sollte nach diesem Konzept durch die Wertigkeit des Umweltschutzes im Rahmen des geltenden Kartellrechts entschieden. Die Bundesregierung war im Ergebnis an einer umweltpolitische Steuerung im Rahmen der Deregulierung nicht interessiert. Angesichts dieser Umstände konnte die von ihr selbst als wesentlich bezeichnete Einbeziehung des Umweltschutzes als Zielbestimmung in der Präambel keine praktische Bedeutung entfalten. Insoweit kann man feststellen, dass der Gesetzentwurf 1997 unter umweltpolitischen Gesichtspunkten von einer erheblichen Unverbindlichkeit gekennzeichnet war.[435]

(3) Kritik an dem Gesetzentwurf

Der Gesetzentwurf der Bundesregierung von 1996/97 hat vor allem im Bundesrat erhebliche Kritik erfahren.[436] In den Mittelpunkt seiner Kritik stellte dieser die fehlende umweltpolitische Ausrichtung des Reformkonzeptes sowie die Gefährdung der kommunalen Selbstverwaltung gem. Art. 28 Abs. 2 GG.[437] Ausdrücklich hieß es in der Stellungnahme des Bundesrates, dass die Bundesregierung nicht die, auch durch die EU-Richtlinie, eröffneten Möglichkeiten,

---

434 BT-Drs. 13/7274, S. 4.

435 Vgl. Arzt/Apfelstedt, ZUR 1997, S. 131.

436 BRat-Drs. 806/96.

437 BRat-Drs. 806/96, S. 2.

die Energieversorgung am Ziel der Umwelt- und Ressourcenschonung auszurichten, nutzt. Ergänzend wurde betont, dass es künftig möglich sein müsse, insbesondere mit Hilfe von örtlichen Energiekonzepten, eine sparsame, rationelle Energieverwendung, die Nutzung erneuerbarer Energiequellen und den Einsatz der Kraft-Wärmekopplung wirksam zu fördern.[438] Weiter betonte der Bundesrat, dass das öffentliche Interesse an der Sicherung des Klima- und Umweltschutzes bei der Neuregelung zu berücksichtigen sei.[439] In ihrer Erwiderung hat die Bundesregierung dann zwar ihren grundsätzlichen Willen zur Förderung der Kraft-Wärmekopplung und anderer umweltorientierter Energieträger bekräftigt. Konsequenzen wurden daraus aber nicht gezogen. Im Ergebnis verwies die Bundesregierung auf die Möglichkeit der Geltendmachung von Umweltgesichtspunkten im Rahmen der Interessenabwägung bei Durchleitungsanordnungen durch das Bundeskartellamt gem. §§ 22 Abs. 4 und 26 Abs. 2 GWB a.F.[440] Kaum nachvollziehbar ist allerdings, wenn die Bundesregierung weiter folgert, dass ihr Entwurf keine Konfliktfelder zwischen Wettbewerbs- und Umweltzielen schafft.[441]

Insgesamt wird damit anhand der Diskussion über den Regierungsentwurf 1997 deutlich, dass aufgrund der umweltorientierten Kritik dem Gesetzgeber spätestens zu diesem Zeitpunkt der Prioritätenkonflikt zwischen Umweltschutz und Wettbewerb aufgezeigt worden war.

f. Zusammenfassung

Die Diskussion über die Reform des Ordnungsrahmens der deutschen Energiewirtschaft war zunächst spätestens seit Ende der fünfziger Jahre - nach der Verabschiedung des GWB - vor allem von dem Gesichtspunkt einer wettbewerbsorientierten Deregulierung geprägt. Diese sich über Jahrzehnte hinziehende Diskussion wurde insbesondere von der industriellen Kraftwirtschaft aufgegriffen, die immer stärker nach einer Senkung der Energiepreise verlangte und dieses Ziel nur durch eine Wettbewerbsöffnung und Abschaffung der geschlossenen Versorgungsgebiete als erreichbar betrachtete. Seit dem 1. Referentenentwurf von 1994 wurde des weiteren deutlich, dass sich die Bundesregierung der aus der Richtung der industriellen Kraftwirtschaft geäußerten Argumentation anschließt und eine Abschaffung der Ausnahmebereiche des GWB für die Energiewirtschaft als umfassende Lösung bevorzugte.

Parallel zu dieser Diskussion über eine Deregulierung des Energiemarktes wurden jedoch seit den achtziger Jahren verstärkt Stimmen laut, die eine ökologi-

---

438 BRat-Drs. 806/96, S. 4.
439 BRat-Drs. 806/96, S. 5 a.E.
440 BT-Drs. 13/7274, S. 31.
441 BT-Drs. 13/7274, S. 31.

sche Umorientierung des Ordnungsrahmens der Energieversorgung in Deutschland forderten. Seit Anfang der neunziger Jahre ist schließlich in Literatur und Rechtsprechung eine Tendenz erkennbar, den Ordnungsrahmen umweltorientiert auszulegen. Dies bedeutet, dass spätestens seit diesem Zeitpunkt der Wert Umweltschutz mit dem Ziel Wettbewerb im Hinblick auf den künftigen Ordnungsrahmen der Energiewirtschaft konkurrierte, was sich in der intensiven öffentlichen Diskussion und den Meinungsäußerungen, insbesondere der von der Bundesregierung bzw. den zuständigen Bundesministerien einberufenen Sachverständigenkommissionen dokumentiert. Aufgabe des Gesetzgebers war es angesichts dieser Situation, eine klare Entscheidung hinsichtlich der Wertigkeit von Wettbewerb und Umweltschutz gerade im Verhältnis zueinander, d.h. bei einem konkreten Wertwiderspruch - z.B. bei der Anwendung einer künftigen Durchleitungsnorm - zu treffen.

3. Das EnWG 1998

a. Einführung

Angesichts der vielfältigen Kritik, insbesondere des Bundesrates, an dem Gesetzentwurf der Bundesregierung im Sommer 1997, erarbeiteten die Fraktionen der CDU/CSU und FDP einen Kompromissvorschlag unter Zugrundelegung des Regierungsentwurfes.[442]

Nach Zustimmung des Bundestagsausschusses für Wirtschaft wurde dieser Entwurf von der damaligen Regierungsmehrheit am 28.11.1997 im Bundestag beschlossen. Im Hinblick darauf, dass angesichts der offenkundigen Bedenken des Bundesrates dessen Zustimmung fraglich war, war der Entwurf zudem so umgestaltet worden, dass die Zustimmungspflicht nunmehr entfallen sollte.[443] Der Bundesrat hat dann überraschend nicht von seiner gem. Art. 77 Abs. 3 S. 1 GG bestehenden Möglichkeit Gebrauch gemacht, gegen das EnWG 1998 Einspruch einzulegen und auch, entgegen anders lautenden Ankündigungen, keine Verfassungsklage eingereicht. Damit trat nach jahrelangen Reformbemühungen am 29.04.1998 das Gesetz zur Neuregelung des Energiewirtschaftsrechts in Kraft.[444]

---

442 Entwurf der Anträge der Fraktionen von CDU/CSU und FDP für Beschlüsse des 9. Ausschusses vom 23.9.1997; entspricht im Ergebnis BT-Drs. 13/9211, S. 7 ff.

443 Vgl. Kühne/Scholtka, NJW 1998, S. 1904.

444 BGBl. I 1998, S. 730; vgl. auch grundsätzlich zu den Gesetzgebungsverfahren Cronenberg, RdE 1998, S. 85 ff.; mit Beschluss vom 27. April 2000 - Az. 2 BvR 801/99 - hat das BVerfG den Antrag der Stadt Duisburg abgelehnt, gegen die Neuregelung eine einstweilige Anordnung zu erlassen, Pressemitteilung Nr. 60/2000 vom 9. Mai 2000; ebenso hatte das BVerfG auch schon die Anträge von 13 Städten im September 1999 abgelehnt, Az. 2 BvR 1646798 und 2257/98, Pressemitteilung Nr. 98/99 vom 17. September 1999.

b. Grundstruktur des EnWG 1998

Das EnWG 1998 ist Bestandteil des fünf Artikel umfassenden Gesetzes zur Neuregelung des Energiewirtschaftsrechts vom 29.04.1998.[445] Sein Art. 1 enthält das Gesetz über die Elektrizitäts- und Gasversorgung – Energiewirtschaftsgesetz - und stellt damit den neuen Rahmen des Ordnungssystems der deutschen Energiewirtschaft dar. In dem EnWG 1998 ist neben den ordnungspolitischen Regelungen der Energieversorgung, wie staatliche Energieaufsicht[446] usw. auch der künftige Wettbewerbsrahmen in Umsetzung der Elektrizitätsbinnenmarktrichtlinie enthalten.

Durch Art. 2 des Gesetzes zur Neuregelung der Energiewirtschaft wurde dann das GWB geändert und nach § 103 a GWB a.F. folgende neue Bestimmung, § 103 b eingefügt:

> „Die §§ 103 und 104a sind auf die Versorgung mit Elektrizität und Gas nicht mehr anzuwenden. Für die Versorgung mit Wasser gelten sie bis zur Aufhebung durch Bundesgesetz fort."[447]

Durch die 6. GWB-Novelle 1999 wurde dann wenige Monate später der ganze Abschnitt (§§ 103 ff. GWB a.F.) neu formuliert und alle die Bereichsausnahmen betreffenden Vorschriften gestrichen.[448]

Durch Art. 3 des Artikelgesetzes wurden schließlich weitere Gesetze geändert, insbesondere das Stromeinspeisungsgesetz vom 07.12.1990.[449] Schließlich enthält Art. 4 Übergangsvorschriften, insbesondere den Grundsatz, dass laufende Konzessionsverträge (einschließlich der vereinbarten Konzessionsabgaben) trotz Wegfalls der Ausschließlichkeit unberührt bleiben (Art. 4, § 1 Gesetz zur Neuregelung des Energiewirtschaftsrechts). Darüber hinaus enthält Art. 4 § 3 eine Braunkohleschutzklausel zugunsten der neuen Bundesländer, wonach die Auslegung der wettbewerbsorientierten Vorschriften des EnWG 1998 (§§ 6 und 7) sowie die Ausübung der Missbrauchsaufsicht nach dem GWB so zu erfolgen hat, dass die Notwendigkeit einer ausreichend hohen Verstromung von Braunkohle besonders zu berücksichtigen ist.

Im Ergebnis enthält das Gesetz zur Neuregelung des Energiewirtschaftsrechts vom 29.04.1998 sowohl wichtige umweltbezogene Elemente, insbesondere mit der Präambel des EnWG 1998 und der Neuregelung des Stromeinspeisungsge-

---

445 BGBl. 1998 I, S. 730.
446 S. dazu Büdenbender, DVBl. 1999, S. 7 ff.
447 BGBl. 1998 I, S. 730.
448 Vgl. GWB in der Fassung der Neubekanntmachung vom 26.08.1998, BGBl. I, S. 2546.
449 Vgl. dazu oben C. I. 3. b. e.e.

setzes sowie vorrangig wettbewerbsorientierte Vorschriften, die §§ 6 und 7 EnWG 1998 sowie § 103b GWB 1998. Nachfolgend ist daher zu untersuchen, wie die Prinzipien Wettbewerb und Umwelt vom Gesetzgeber, gerade im Hinblick auf ihre Wertigkeit bei Konflikten, gewichtet wurden.

Festzuhalten ist, dass durch das Artikelgesetz vom 29.4.1998 nach einer jahrzehntelangen Diskussion ein neuer Ordnungsrahmen für die deutsche Elektrizitätswirtschaft geschaffen war, der auch nach dem Regierungswechsel im Herbst 1998 nicht mehr angetastet wurde.

c. Wettbewerbselemente der Reform des Energierechts

a.a. GWB-Reform

Der Gesetzgeber bedient sich zur Wettbewerbsöffnung des deutschen Elektrizitätsmarktes sowohl des Energie- wie des Kartellrechts. Art. 2 des Gesetzes zur Neuregelung des Energiewirtschaftsrechts enthält zunächst die bereits in den früheren Reformentwürfen 1994 und 1997 vorgesehene Aufhebung der Anwendbarkeit der Bereichsausnahme der §§ 103 ff. GWB a.F. für die Elektrizitäts- und Gaswirtschaft durch Einfügung eines neuen § 103 b GWB, nach dem die vorgenannten Vorschriften nur noch für die Wasserwirtschaft Anwendung finden. Seit 25.04.1998 waren nunmehr die bisher in der Elektrizitätswirtschaft üblichen Kartellabsprachen, d.h. die Demarkations- und Konzessionsverträge an § 1 GWB zu messen.[450]

Allerdings hat der Gesetzgeber in Art. 4 § 1 des Gesetzes zur Neuregelung des Energiewirtschaftsrechts festgelegt, dass laufende Konzessionsverträge von dem Wegfall des Ausnahmebereichs nicht berührt werden. Da der Gesetzgeber Demarkationsverträge in dieser Vorschrift nicht genannt hat, ist dagegen von der sofortigen Unwirksamkeit dieser Verträge ab Inkrafttreten der Neuregelung auszugehen.

Ergänzend zur unmittelbaren Anwendbarkeit des allgemeinen Kartellverbotes hat der Gesetzgeber im Rahmen der 6. GWB-Novelle wenige Monate später die allgemeine kartellrechtliche Missbrauchsaufsicht gegenüber Unternehmen mit marktbeherrschender Stellung noch verstärkt, indem er mit § 19 Abs. 4 Nr.4 GWB 1999 eine selbständige Missbrauchsregelung für die Verweigerung des Zugangs zu eigenen Netzen oder Infrastruktureinrichtungen geschaffen hat.

---

[450] Vgl. Salje, NVwZ 1998, S. 919; Bechtold, NJW 1998, S. 2773 mit Bedenken; s.a. LG Mannheim, NJWE-WettbR 1999, S. 244 = WuW/E, DE-R 298 sowie dazu Lückenbach, RdE 2000, S. 104 ff. mit Nachweisen für die aktuelle dogmatische Diskussion.

Im Ergebnis hat die Diskussion über einen Durchleitungsanspruch in der Elektrizitätswirtschaft, aber auch im Telekommunikationsmarkt, zu einem umfassenden neuen Prinzip des deutschen Kartellrechts geführt. Art. 19 Abs. 4 Nr. 4 GWB 1999 lautet wie folgt:

> „(4) Ein Missbrauch liegt insbesondere vor, wenn ein marktbeherrschendes Unternehmen als Anbieter oder Nachfrager einer bestimmten Art von Waren oder gewerblichen Leistungen
>
> ...
>
> 4. sich weigert, einem anderen Unternehmen gegen angemessenes Entgelt Zugang zu den eigenen Netzen oder anderen Infrastruktureinrichtungen zu gewähren, wenn es dem anderem Unternehmen aus rechtlichen oder tatsächlichen Gründen ohne die Mitbenutzung nicht möglich ist, auf dem vor- oder nachgelagerten Markt als Wettbewerber des marktbeherrschenden Unternehmens tätig zu werden; dies gilt nicht, wenn das marktbeherrschende Unternehmen nachweist, dass die Mitbenutzung aus betriebsbedingten oder sonstigen Gründen nicht möglich oder nicht zumutbar ist.“

Damit enthält das deutsche Kartellrecht nunmehr die insbesondere aus dem amerikanischen Wettbewerbsrecht bekannte sog. Essential Facilities Doktrin.[451] Die neue Vorschrift des § 19 Abs. 4 Nr. 4 erhält darüber hinaus besondere Wirksamkeit durch die Neufassung von § 19 Abs. 1 GWB 1999, wo es nunmehr heißt, dass die missbräuchliche Ausnutzung einer marktbeherrschenden Stellung durch ein Unternehmen **verboten** ist.[452]
Damit nähert sich die Missbrauchsaufsicht im deutschen GWB dem Verbotsprinzip von § 1 an.

b.b. §§ 6 und 7 EnWG 1998

Kernstück der neuen Wettbewerbsorientierung des Ordnungsrahmens der Energiewirtschaft sind aber die §§ 6 und 7 EnWG 1998. Mit diesen Bestimmungen wollte der Gesetzgeber weit über die Vorgaben der EG-Binnenmarktrichtlinie für Elektrizität hinausgehend den Wettbewerb um Endabnehmer vollständig herstellen.[453]

Dabei hat sich der Gesetzgeber letztendlich unter Fortentwicklung seiner früheren Durchleitungskonzeptionen für den Grundsatz des sog. verhandelten Netz-

---

451 Vgl. Baron, Kartellgesetznovelle: Die wesentlichen Änderungen, S. 10; s. auch Klaue, Netzzugang als neuer GWB-Tatbestand, S. 25 f.

452 Vgl. Baron, Kartellgesetznovelle: Die wesentlichen Änderungen, S. 9.

453 Vgl. Salje, NVwZ 1998, S. 919.

zugangs entschieden. Durch § 6 Abs. 1 EnWG 1998 werden daher die Betreiber von Elektrizitätsversorgungsnetzen verpflichtet,

> „anderen Unternehmen das Verteilungsnetz für Durchleitungen zu Bedingungen zur Verfügung zu stellen, die nicht ungünstiger sind, als die von ihnen in vergleichbaren Fällen für Leistungen innerhalb jedes Unternehmens oder gegenüber verbundenen oder assoziierten Unternehmen tatsächlich oder kalkulatorisch in Rechnung gestellt werden."

Um das Durchschnittsentgelt berechnen zu können, werden die Energieversorgungsunternehmen gem. § 4 EnWG 1998 verpflichtet, dass in ihrem Eigentum stehende Übertragungsnetz als eine eigene Betriebsabteilung, getrennt von Erzeugung, Verteilung sowie den übrigen Tätigkeiten, die nicht im Zusammenhang mit der Übertragung stehen, zu führen. Ergänzt werden diese Verpflichtungen durch § 9 Abs. 2 EnWG 1998, nach dem Elektrizitätsversorgungsunternehmen der allgemeinen Versorgung in ihrer Buchführung getrennte Konten für die Bereiche Erzeugung, Übertragung und Verteilung zu führen haben.

Schließlich wurde das Bundesministerium für Wirtschaft ermächtigt, soweit dies zur Gewährleistung wirksamen Wettbewerbs erforderlich ist, durch Rechtsverordnung die Vertragsgestaltung und die Bemessung der Durchleitungsentgelte festzulegen. Zu einer solchen Festlegung kam es jedoch bisher nicht. Vielmehr einigten sich bereits vor Inkrafttreten des Gesetzes am 02.04.1998 der Bundesverband der deutschen Industrie (BDI), der Verband der industriellen Energie- und Kraftwirtschaft (VIK) sowie VDEW im Rahmen einer sog. Verbändevereinbarung über die für ihre Mitglieder wirksamen Kriterien zur Bestimmung von Durchleitungsentgelten.[454]

Der Gesetzgeber schuf mit § 6 EnWG 1998 für Wettbewerber der bisherigen Betreiber geschlossener Versorgungsgebiete einen – im Zweifel auch gerichtlich durchsetzbaren - Anspruch auf Durchleitung. Man kann daher sagen, dass die Durchleitung dadurch von der Ausnahme (§ 103 GWB 1980) zum Normalfall in der Elektrizitätsversorgung wurde.[455]

Für Leitungsinhaber bleibt aber die Möglichkeit, wenn er eine Durchleitung verhindern will, ihre Unmöglichkeit oder Unzumutbarkeit darzulegen. So heißt es in § 6 Abs. 1 S. 2 EnWG 1998, dass eine Durchleitungsverpflichtung dann nicht besteht,

---

454 Vgl. dazu Büdenbender, RdE 1999, S. 8. Die Verbändevereinbarung wurde nicht zuletzt auf Intervention der EG-Kommission am 13.12.1999 neu gefaßt.

455 Vgl. Salje, NVwZ 1998, S. 919.

„Soweit der Betreiber nachweist, dass ihm die Durchleitung aus betriebsbedingten oder sonstigen Gründen unter Berücksichtigung der Ziele des § 1 nicht möglich oder nicht zumutbar ist."

Der Begriff der Unzumutbarkeit, der nicht zuletzt auf die Ziele des EnWG 1998 abstellt, wird in § 6 Abs. 3 EnWG näher definiert. Bei der Beurteilung der Unzumutbarkeit eines Durchleitungsbegehrens sind demnach u.a. die folgenden Kriterien zu berücksichtigen:

- Verdrängung von Kraft-Wärmekopplungsanlagen
- Verdrängung von Anlagen zur Nutzung erneuerbarer Energien
- Verhinderung eines wirtschaftlichen Betriebs dieser Anlagen.[456]

Alternativ können Durchleitungen in Zukunft auch über die kartellrechtlichen Missbrauchsvorschriften erzwungen werden, insbesondere den durch die 6. Kartellrechtsnovelle neu gefertigten § 19 Abs. 4 Nr. 4 GWB 1999.[457]

Schließlich ist anzumerken, dass gem. § 7 EnWG 1998 das sog. „Single-Buyer"-Konzept der EG-Binnenmarktrichtlinie als weitere Netzzugangsalternative vorgesehen ist. Gem. § 7 Abs. 1 S. 1 EnWG 1998 besteht die Möglichkeit, dass Elektrizitätsversorgungsunternehmen bei der zuständigen Behörde eine Bewilligung beantragen, durch die die Anwendung von § 5 (Prinzip des verhandelten Netzzugangs = Durchleitungsanspruch) ausgeschlossen wird. Die praktische Bedeutung von § 7 EnWG ist bis heute allerdings als gering einzuschätzen.[458] Nach diesem Konzept können geschlossene Versorgungsgebiete aufrecht erhalten bleiben, und Konkurrenten haben nur die Möglichkeit einer Einspeisung von Elektrizität in diese Versorgungsgebiete gegen Entgelt.[459]

c.c. Ergebnis

Zusammenfassend ist festzustellen, dass die Energierechtsreform 1998 von dem Wettbewerbsprinzip bestimmt wird. Diese Tendenz zeigte sich bereits in allen früheren Referentenentwürfen und wurde schließlich von der damaligen Bundestagsmehrheit Ende 1997 umgesetzt.[460] Mit dem EnWG 1998 wurde in Deutschland ein, auch im Vergleich mit seinen Nachbarstaaten, liberales Modell für eine deregulierte Elektrizitätsversorgung geschaffen.[461]

---

456 Vgl. umfassend zum neuen Durchleitungsparagraphen Büdenbender, RdE 1999, S. 1 ff.; derselbe, Schwerpunkte, Rn. 150 ff.

457 Vgl. hierzu Büdenbender, RdE 1999, S. 6 f.

458 Vgl. dazu aus der Einschätzung 1999 Büdenbender, Schwerpunkte, Rn. 344.

459 Ausführlich hierzu: Büdenbender, Schwerpunkte, Rn. 341 ff.; Salje, NVwZ 1998, S. 919 f.

460 So auch die Einschätzung von Büdenbender, Schwerpunkte, Rn. 72.

461 Vgl. Schalast, EUROHEAT & POWER – Fernwärme international 2000, S. 38.

d. Umweltschutz in der Energierechtsreform

a.a. Ziele des § 1 EnWG 1998

Unter Umweltschutzgesichtspunkten fällt zunächst auf, dass in § 1 EnWG 1998 die umweltverträgliche leitungsgebundene Versorgung mit Elektrizität als ausdrückliches Ziel neben Sicherheit und Preisgünstigkeit genannt wird. Der Begriff "Umweltverträglichkeit" wird in § 2 Abs. 4 EnWG 1998 in Anlehnung an den Entwurf März 1997 dann wie folgt definiert:

> „(4) Umweltverträglichkeit bedeutet, dass die Energieversorgung den Erfordernissen eines rationellen und sparsamen Umgangs mit Energie genügt, eine schonende und dauerhafte Nutzung von Ressourcen gewährleistet ist und die Umwelt möglichst wenig belastet wird. Der Nutzung von Kraft-Wärmekopplung kommt dabei besondere Bedeutung zu."

Auffällig ist weiter, dass der Gesetzgeber ausdrücklich die Kraft-Wärmekopplung als Beispiel sparsamer und rationeller Energieversorgung hervorhebt.[462] Die Definition der Umwelterträglichkeit selbst erscheint aber weiterhin, wie bereits zu den früheren Gesetzesentwürfen angemerkt, als wenig aussagekräftig.[463]

Neben der Aufnahme in den Zielkatalog nehmen auch weitere Normen der Energierechtsnovelle Bezug auf Umweltschutzziele. So heißt es in § 3 EnWG 1998 (Genehmigung der Energieversorgung), dass bei einer Genehmigungsversagung zur Aufnahme der Elektrizitätsversorgung auch das Ziel der umweltverträglichen Energieversorgung angemessen zu berücksichtigen ist und § 10 Abs. 3 EnWG 1998 nennt die umweltverträgliche Energieversorgung als Abwägungsgesichtspunkt im Rahmen der weiterbestehenden allgemeinen Anschluss- und Versorgungspflicht.

b.b. Umweltschutz und Wettbewerb

Für den Gegenstand der vorliegenden Untersuchung ist von besonderer Bedeutung, inwieweit die wettbewerbsorientierten Bestimmungen der Energierechtsnovelle, insbesondere § 6 Abs. 1 S. 2 EnWG 1998 (verhandelter Netzzugang/Durchleitung) den Umweltschutz bzw. die Umweltverträglichkeit (als Ziel des § 1 EnWG 1998) als Abwägungskriterium im Rahmen der Zumutbarkeitsprüfung für ein Durchleitungsbegehren berücksichtigen. Wie bereits dargelegt, kann der Netzeigentümer eine Durchleitung gem. § 6 Abs. 1 S. 2 EnWG 1998

---

462 Vgl. dazu Danner, in: Obernolte/Danner, Energiewirtschaftsrecht, § 2 EnWG (1998), Rn. 24.

463 Vgl. Salje, NVwZ 1998, S. 917.

unter bestimmten Voraussetzungen wegen Unzumutbarkeit verweigern. Konkretisierend heißt es in § 6 Abs. 3 EnWG 1998, dass bei der Beurteilung der Zumutbarkeit insbesondere zu berücksichtigen sei, „inwieweit dadurch Elektrizität aus fernwärmeorientierten, umwelt- und ressourcenschonenden sowie technisch-wirtschaftlich sinnvollen Kraft-Wärmekopplungsanlagen oder aus Anlagen zur Nutzung erneuerbarer Energien verdrängt und ein wirtschaftlicher Betrieb dieser Anlagen verhindert würde, wobei Möglichkeiten zum Verkauf dieser Elektrizität an Dritte zu nutzen sind.“
Diese sog. Öko-Schutzklausel war in den Regierungsentwürfen von 1996/1997 nicht enthalten und wurde erst auf eine Beschlussempfehlung des Bundestagsausschusses für Wirtschaft vom 12.11.1997 noch kurzfristig in das Gesetz integriert.[464]

Nach dem Wortlaut könnte die Norm umwelt- und ressourcenschonend erzeugten Strom unter den entsprechenden Voraussetzungen vor Wettbewerb abschirmen.[465] Dabei muss allerdings der Leitungsinhaber die Unzumutbarkeit der Durchleitung, d.h. die Umweltqualität des von ihm vertriebenen bzw. erzeugten Stroms darlegen.

Im Ergebnis stellt damit das EnWG 1998 die Durchleitung, das Kernstück der Wettbewerbsöffnung, unter einen Umweltvorbehalt.[466] Allerdings ist der Wortlaut des § 6 Abs. 3 selbst für ein modernes Gesetz wenig präzise. So heißt es nur, dass die Gesichtspunkte des Umweltschutzes **„zu berücksichtigen“** seien. Was heißt aber Berücksichtigung? Wie viel Anteil von "umweltverträglichem" (grünem) Strom z.B. im Rahmen eines kommunalen Energieversorgungskonzeptes rechtfertigen eine Durchleitungsverweigerung? Oder muss der gesamte Strom eines Leitungsinhabers, der eine Durchleitung verweigert, „umweltverträglich“ erzeugt sein?[467]

In der Literatur hat man sich daher bereits kurz nach Verabschiedung des EnWG 1998 um Kriterien für die Auslegung der unbestimmten Rechtsbegriffe der sogenannten Öko- und KWK-Schutzklausel des § 6 Abs. 3 EnWG 1998 bemüht. Dabei stellt sich zunächst die Frage, welches Ziel bei der Auslegung im Vordergrund stehen sollte, der zivilrechtlich ausgeprägte Durchleitungsanspruch eines Konkurrenten, d.h. die Umsetzung des Wettbewerbs[468] oder die

---

464 Vgl. BT-Drs. 13/9211, S. 4 und S. 22 ff.

465 Vgl. Danner, in: Obernolte/Danner, § 6 EnWG (1998), Rn. 14.

466 Vgl. dazu auch die Stellungnahme der Bundesregierung, BT-Drs. 13/7274, S. 25, 31, 38.

467 Dabei stellt sich auch die Frage, inwieweit es überhaupt möglich ist, solche Standards für Umweltverträglichkeit etc. zu entwickeln, vgl. dazu Steinberg, NuR 1999, S. 192 f.; Volkmann, DVBl. 1999, S. 579 f.

468 So der Ansatz von Harms, RdE 1999, S. 165 ff.

umweltpolitische Richtung der Norm, die nicht zuletzt durch die Bezugnahme auf diese Ziele des § 1 EnWG 1998 deutlich wird.[469] Unstreitig ist dabei nur, dass in der vom Gesetzgeber eingeführten Abwägung der Umweltschutz als Gesichtspunkt einbezogen werden muss.[470] Nach ersten Stimmen aus der Literatur ist dabei vorrangig auf ökologische Qualität bzw. dem Anteil von Ökostrom in dem Versorgungsnetz des Durchleitungsverpflichteten abzustellen.[471]
Damit obliegt es Rechtsprechung und Verwaltungspraxis, Kriterien für die Abwägung im Einzelfall zu entwickeln,[472] da durch § 6 Abs. 3 EnWG 1998 vom Gesetzgeber das Rangverhältnis zwischen Wettbewerb und Umweltschutz nicht definiert wurde.

Schließlich soll über § 6 Abs. 3 EnWG 1998 hinaus gem. § 6 Abs. 1 S. 2 auch bei der Zumutbarkeit einer Durchleitung aus betriebsbedingten oder sonstigen Gründen der Umweltschutz berücksichtigt werden. An dieser Stelle bleibt daher unklar, wie der Umweltschutz konkret in dem vom Gesetzgeber eingeführten Abwägungsvorgang im Verhältnis zu dem Ziel der Wettbewerbsöffnung wirksam werden kann.[473] Der Gesetzgeber hat damit die Beachtung des Umweltschutzes vorgeschrieben, aber die Umsetzung den Gerichten, vorliegend im Rahmen des Durchleitungsanspruchs sogar den Zivilgerichten zugewiesen.[474]

c.c. Ergebnis

Der Gesetzgeber hat bei der Neuregelung des EnWG die Frage der Wertigkeit des Zieles Umweltschutz offen gelassen, weil er sich bei dieser schwierigen und umstrittenen Interessenabwägung nicht festlegen wollte.
Insoweit ist festzustellen, dass die Energierechtsnovelle nur verbal die Umweltverträglichkeit zu einem gleichberechtigten Ziel der Elektrizitätsversorgung erhoben hat, der Rang des Wertes wurde nicht geklärt. Umweltschutz wird damit zu einem vorrangig politischen Ziel, dessen Umsetzung von seiner Geltendmachung in kontradiktorischen zivilrechtlichen Verfahren abhängig gemacht wird und damit auch der Disposition der Parteien unterliegt.[475]

---

469 So Büdenbender, Schwerpunkte, Rn. 206 ff. und Kühne, RdE 2000, S. 4

470 Büdenbender, Rechtsfragen anlässlich der Durchleitung elektrischer Energie, S. 125 f.

471 Vgl. dazu Kühne, RdE 2000, S. 4, und Büdenbender, Schwerpunkte, Rn. 203, mit unterschiedlichen Prozentzahlen.

472 So kritisch Kühne, RdE 2000, S. 6 f.; Harms hat sich bemüht, in seinem Rechtsgutachten abgedruckt in RdE 1999, S. 165 ff., ökologische Prämissen zur Auslegung der obenstehenden Rechtsbegriffe definieren.

473 Vgl. Salje, UPR 1998, S. 201 und S. 203, der zu Recht das Problem der Beliebigkeit und Unverbindlichkeit in § 6 Abs. 3 EnWG 1998 anspricht.

474 Dies ist ein erheblicher Unterschied zu anderen Umweltgesetzen, wo die Verwaltung i.d.R. die Wertentscheidung zu treffen hat, s. Di Fabio, NVwZ 1998, S. 331.

475 Vgl. dazu Rehbinder, NuR 1997, S. 317, sowie S. 328, der zu Recht vor den Problemen einer umfassenden Verrechtlichung von Umweltzielen warnt.

Damit bleibt es der Kartellrechtspraxis und der Rechtsprechung überlassen, welcher Rang dem Umweltschutz im Rahmen der Wettbewerbsordnung der deutschen Elektrizitätswirtschaft zukommt.[476] Es ist zu erwarten, dass bei der Auslegung der unbestimmten Rechtsbegriffe im Rahmen von § 6 EnWG 1998 und im Rahmen der Missbrauchsaufsicht gemäß § 19 Abs. 4 GWB n.F. ein erheblicher Auslegungsspielraum und damit verbunden auch eine erhebliche Rechtsunsicherheit entstehen wird. Der Gesetzgeber hat damit den ihm gestellten Auftrag, beim Konflikt gleichwertiger, verfassungsrechtlich garantierter Ziele das Rangverhältnis verbindlich festzustellen, nicht erfüllt.

4. Weitere umweltorientierte Gesetzgebung im Elektrizitätsbereich seit April 1998

a. Fördermaßnahmen zugunsten umweltfreundlicher Energieträger

Die unterbliebene Entscheidung des Gesetzgebers dokumentiert sich auch darin, dass nach Verabschiedung des EnWG 1998, das bereits eine Neufassung des Stromeinspeisungsgesetzes enthielt, eine intensive umweltorientierte Gesetzgebung im Elektrizitätsbereich feststellbar ist. Zu nennen ist zunächst das Gesetz für den Vorrang erneuerbarer Energien (EEG) vom 29.03.2000, das das Stromeinspeisungsgesetz vollständig ersetzt.[477] Ziel des EEG ist gem. seiner Zielbestimmung, § 1, im Interesse des Klima- und Umweltschutzes eine nachhaltige Entwicklung der Energieversorgung zu fördern und den Beitrag erneuerbarer Energien an der Stromversorgung deutlich zu erhöhen.[478] Diese Zielbestimmung bezieht sich insoweit direkt auf die umweltbezogenen Vorschriften des EnWG 1998.[479]

Am 18.05.2000 hat dann der Gesetzgeber ein Gesetz zur Abnahme und bevorzugten Vergütung von in Kraft-Wärmekopplungsanlagen (KWK-Gesetz) erzeugten Strom verabschiedet.[480] Zentraler Bestandteil des KWK-Gesetzes ist eine Einspeisungs- und Vergütungsverpflichtung wie sie bereits aus dem Stromeinspeisungsgesetz bekannt war und in dem EEG vom 29.03.2000 fortgeführt wird.[481]

---

476 Vgl. Salje, UPR 1998, S. 205, der keine Vorgaben für eine Harmonisierung der widerstreitenden Ziele sieht.

477 BGBl. I 2000, S. 305.

478 Vgl. dazu Oschmann, ET 2000, S. 460; Raabe/Meyer, NJW 2000, S. 1298; Salje, RdE 2000, S. 125 f.

479 In dem Gesetzgebungsverfahren wurde kritisch geäußert, dass solche ökologische Ziele im deregulierten Elektrizitätsmarkt des EnWG 1998 wohl systemwidrig wären, vgl. BT-Drs. 14/2778; siehe auch Raabe/Meyer, NJW 2000, S. 1298, 1300.

480 BGBl. I 2000, S. 703.

481 Vgl. zur europarechtlichen Zulässigkeit des Gesetzes Schalast, EUROHEAT und POWER-Fernwärme international 4/2000, S. 38 ff.; Raabe/Meyer, NJW 2000, S. 2253 f.

Demnach hielt es der Gesetzgeber für notwendig, bereits 2 Jahre nach Verabschiedung des EnWG 1998 Abnahmeverpflichtungen für "Ökostrom" in dem gerade erst neugeregelten Elektrizitätsmarkt vorzuschreiben.
Diese Gesetzgebung dokumentiert, dass das EnWG 1998 den offensichtlich gewordenen Vorrang- und Anwendungskonflikt zwischen Wettbewerb und Umweltschutz nicht gelöst hat. Der Gesetzgeber fühlte sich vielmehr verpflichtet, laufend zugunsten der Umwelt nachzubessern.[482]

b. Ökosteuer

Ziel des EEG und des KWK-Gesetzes ist es, erneuerbare Energien sowie die Kraft-Wärmekopplung zu fördern und ihren Anteil am Stromverbrauch zu steigern. Ergänzend verfolgt die Bundesregierung mit dem Gesetz zum Einstieg in die ökologische Steuerreform vom 23.04.1999 (allgemein „Ökosteuergesetz" genannt) einen weiteren Ansatz zur ökologischen Steuerung des Elektrizitätsmarktes.[483] Das Ökosteuergesetz sieht die Einführung einer verbrauchsabhängigen Strom- und Mineralölsteuer vor. Ziel des Ökosteuergesetzes in dem hier relevanten Zusammenhang ist es, den Stromverbrauch zu verteuern und dadurch zu reduzieren.[484] Dadurch sollen die von der Bundesregierung angestrebten Emissionsminderungsziele im Zusammenhang mit dem Kyoto-Protokoll erreicht werden. Gemäß § 5 Abs. 1 des Stromsteuergesetzes (StromStG) entsteht die Steuer durch die Stromentnahme durch den Letztverbraucher. Steuerschuldner ist gemäß § 5 Abs. 2 StromStG das Energieversorgungsunternehmen, das den Endverbraucher tatsächlich versorgt. Im Rahmen des deregulierten Strommarktes ist damit derjenige Versorger Steuerschuldner, der sich vertraglich zur Stromlieferung gegenüber dem Letztverbraucher verpflichtet hat.[485]
Die Stromsteuer setzt allerdings gleichartig bei allen Energieträgern an und differenziert nicht hinsichtlich ihrer Emissionsintensität.[486] Des weiteren enthält das Stromsteuergesetz Freistellungen und Ermäßigungen, insbesondere zu Gunsten der besonders energieintensiven Wirtschaftsbereiche.[487] Im Ergebnis wird durch diese Prinzipien die ökologische Lenkungswirkung nicht unerheblich beschränkt.

---

482 Seit Mitte 2000 wird intensiv diskutiert, ob nicht das KWK-Gesetz ausgebaut und erweitert werden soll, vgl. Frankfurter Rundschau vom 25.07.2000, S. 9.

483 BGBl. I 1999, S. 378 ff., das Gesetz ist am 01.04.1999 in Kraft getreten.

484 Vgl. Drozda/Storm, NJW 1999, S. 2333.

485 Vgl. Drozda/Storm, NJW 1999, S. 2334; vgl. auch ausführlich zu der Stromsteuer Soyk, Mineralöl- und Stromsteuerrecht.

486 Vgl. kritisch der Rat von Sachverständigen für Umweltfragen, Umweltgutachten 2000, Tz. 1527.

487 Vgl. Drozda/Storm, NJW 1999, S. 2334 f.; auch die Vereinbarkeit des Gesetzes mit Art. 3 GG ist umstritten.

Das Ökosteuergesetz von April 1999 und seine Ergänzung durch das Gesetz zur Fortführung der ökologischen Steuerreform vom 16.12.1999[488] sind – trotz aller Bedenken hinsichtlich der Ausgestaltung als Verbrauchssteuer - eine weitere umweltpolitische Nachbesserung bzw. Ergänzung der vor allem wettbewerbspolitisch orientierten Liberalisierung des Strommarktes.[489]

c. Ergebnis

Festzuhalten ist, dass es die Bundesregierung nach Verabschiedung des EnWG 1998 für notwendig hielt, die Liberalisierung des Strommarktes umweltpolitisch zu flankieren. Dabei griff sie auf zwei unterschiedliche Konzepte zurück:

- Fördermaßnahmen zu Gunsten der Kraft-Wärmekopplung bzw. der erneuerbaren Energien, deren Zulässigkeit allerdings insbesondere im Hinblick auf das EU-Beihilfenrecht problematisch ist.[490]
- Die Besteuerung des Stromverbrauchs durch das Ökosteuergesetz.

Allein der Umstand, dass trotz dieser Maßnahmen die Diskussion um eine weitere umweltpolitische Flankierung des deregulierten Elektrizitätsmarktes nicht abgebrochen ist, sondern sogar an Intensität zu gewinnen scheint, dokumentiert, dass es offensichtlich an dieser Stelle weiterhin Defizite gibt.

5. Ergebnis

Im Rahmen der jahrzehntelangen Diskussion um die Reform des Ordnungsrahmens der deutschen Energiewirtschaft lagen seit Anfang der Neunziger Jahre Gesetzentwürfe der Bundesregierung und auch anderer Fraktionen des Bundestages vor. Alle diese Entwürfe hatten vorrangig eine wettbewerbsorientierte Tendenz, wobei der Entwurf der SPD-Fraktion von 1991 hier etwas zurückhaltender war, während die Entwürfe der ehemaligen Regierungsparteien CDU/CSU und FDP die Deregulierung in den Mittelpunkt stellten. Wenn damit also der Wettbewerb im Mittelpunkt der Reformdiskussion stand, bestand auf der anderen Seite Einigkeit darüber, dass Umweltschutz ebenfalls ein wichtiges Ziel im Rahmen des künftigen Ordnungsrahmens sein sollte. So stand bereits in den Gesetzentwürfen von 1994 und 1997 die durch das EnWG 1998 umgesetzte Durchleitungslösung unter einem Umweltvorbehalt. Obwohl der Bundesrat

---

488 BGBl. I 1999, S. 2432 ff.

489 Vgl. Rat von Sachverständigen für Umweltfragen, Umweltgutachten 2000, Tz. 1527.

490 Vgl. dazu Schalast/Hermonies, ET 2000, S. 688 ff. zur Kraft-Wärmekopplung und Dederer/Schneller, RdE 2000, S. 214 zum EEG; der EuGH hat in der Entscheidung vom 13.03.2001 (C-379/98, noch nicht veröffentlicht), die Vereinbarkeit des Stromeinspeisungsgesetz mit dem EU-Beihilfenrecht bejaht, dadurch dürfte auch das EEG dem Gemeinschaftsrecht entsprechen.

1997 ganz ausdrücklich die Bundesregierung darauf hinwies, dass hier ein Prioritätenkonflikt vorliegt, der einer eindeutigen Entscheidung mit auch in der Praxis umsetzbaren Lösungsvorschlägen bedarf, hat sich diese für eine unverbindliche „Berücksichtigungslösung" entschieden. Umweltverträglichkeit wird zum ausdrücklichen Ziel des Gesetzes erhoben, aber seine Umsetzung wird offen gelassen.

Nicht zuletzt die Gesetzgebungstätigkeit in der ersten Hälfte des Jahres 2000 dokumentiert, dass auch dem Gesetzgeber deutlich geworden ist, dass eine Entscheidung über die Wertigkeit des Umweltschutzes im liberalisierten Elektrizitätsmarkt noch aussteht.

D. DER WERTWIDERSPRUCH ZWISCHEN UMWELTSCHUTZ UND WETTBEWERB IM EUROPÄISCHEN RECHT

I. Die Entstehung des Wertwiderspruchs

1. Der europäische Ordnungsrahmen der Elektrizitätsversorgung

a. Die Gründungsverträge

Im Gegensatz zu den Mitgliedsstaaten gibt es in der EG bis heute keinen primärrechtlichen Ordnungsrahmen der Energieversorgung. Soweit die Gemeinschaft in diesem Wirtschaftsbereich tätig wurde, musste sie auf ihre allgemeinen Zuständigkeiten zurückgreifen. Allerdings waren von den drei Gründungsverträgen der Europäischen Gemeinschaft zwei ausdrücklich Energieträgern gewidmet,[491] die zum Zeitpunkt des Vertragsabschlusses als die wichtigsten und zukunftsträchtigsten in Europa angesehen wurden.[492] In den fünfziger Jahren war die Kohle der Hauptenergieträger, der Umschwung zum Mineralöl hatte noch nicht stattgefunden, und die Kernenergie galt als der große Hoffnungsträger der Zukunft.[493] EAGV und EGKSV hatten das Ziel, eine nichtdiskriminierende Versorgung mit den Energieträgern sicherzustellen, wobei bei der Kernenergie der Forschungsgesichtspunkt stärker betont wurde, weil sich diese erst im Entwicklungsstadium befand.[494]

Die im EGKSV und im EAGV vorhandenen Kompetenzen beziehen sich jedoch auf Spezialprobleme der Kohle- und Stahlindustrie bzw. der Kernenergie und haben kaum Bezugspunkte zu der Problematik einer Deregulierung des europäischen Strommarktes.[495] Dagegen enthielt der EWGV vor der Reform durch den Vertrag über die Europäische Union vom 07.02.1992 (Vertrag von Maastricht)[496] keine spezielle Ermächtigungsnorm, auf die eine europäische Energiepolitik gestützt werden konnte. Zu Recht konnte daher Ipsen noch 1972 in sei-

---

491 Vgl. KOM, (94) 659 endg. „Für eine Energiepolitik der Europäischen Union, Grünbuch“, Tz. 2 und 4, das darauf hinweist, dass die Gemeinschaft auf den "historischen" Energiebereich aufbaut; Briche, Die Elektrizitätswirtschaft in der Europäischen Union, S. 23.

492 Vgl. Bundesministerium für Wirtschaft, Energieversorgung in der Europäischen Gemeinschaft, S. 6, wo zu Recht auf die große politische Bedeutung der Montanunion bei ihrer Gründung hingewiesen wird.

493 Öko-Institut e.V., Revision of the European Treaties in the Energy Sector, S. 23.

494 Dazu: Oboussier, Die Sicherstellung des nuklearen Brennstoffkreislaufes, S. 35 ff.

495 Vgl. Schweitzer/Hummer, Europarecht, S. 391 f.; Erberich, in: Bleckmann, Europarecht, Rn. 2866; Steindorff, Grenzen der EG-Kompetenzen, Fn. 214 m.w.N.; Ipsen, Europäisches Gemeinschaftsrecht, S. 49; Beutler/Bieber/Pipkorn/Streil, Die Europäische Union, S. 484.

496 Abl. EG Nr. C 191/92, S. 1 ff.

nem Lehrbuch zum EG-Recht feststellen, dass es keine europäische Energiepolitik gäbe, da entsprechende Kompetenzen der Gemeinschaft fehlen.[497]

An dieser Stelle ist festzuhalten, dass bis zu der umfassenden Revision des EWGV Ende der achtziger Jahre durch die Einheitliche Europäische Akte und Anfang der neunziger Jahre durch den Vertrag von Maastricht die Europäische Wirtschaftsgemeinschaft über keine Kompetenzen zur Regelung des Ordnungsrahmens der Energiewirtschaft verfügte. Trotzdem kam es bereits früh zu Rechtsakten, die man herkömmlicherweise dem Bereich Energiepolitik zuordnen könnte, doch war die Kompetenz für die Gemeinschaft, in diesem Bereich tätig zu werden, immer fragwürdig, da sie auf nicht-energiebezogene Ermächtigungsgrundlagen gestützt werden musste.

b. Die Energiepolitik der Gemeinschaft vor der EEA

Die erste Phase energiepolitischer Maßnahmen der Europäischen Gemeinschaft war durch den Versuch gekennzeichnet, einen gemeinsamen Kohlemarkt zu schaffen. Doch der Umschwung vom Kohlemangel der frühen fünfziger Jahre zum Kohleüberschuss der frühen sechziger Jahre veranlasste eine grundlegende Änderung dieser Politik. Dadurch wurde die Rolle der EGKS strukturell verändert, bei ihr stand nunmehr die Verwaltung des neuen Überschusses im Vordergrund, d.h. die Subventionierung der Kohle unter gemeinschaftlicher Regie.[498] Dies gelang nicht mit der Folge, dass nationale Förderprogramme, wie z.B. die deutschen Verstromungsgesetze, lange Zeit geduldet wurden. Im Ergebnis betrieb jedes Land entsprechend seiner energiepolitischen Präferenz eine nationale Energiepolitik.[499] Im Rahmen von Euratom scheiterten Versuche, eine gemeinsame Politik bezüglich der Forschung und Entwicklung der Kernenergie zu formulieren.[500]
Auch das spätere Übereinkommen der Mitgliedstaaten zur Energiepolitik und seine Präsentation im Parlament führten nicht zu konkreten Maßnahmen.[501]
So stand die Europäische Gemeinschaft bei der ersten Ölkrise 1973 ohne ein stringentes Energiekonzept da. Die Ölkrise zwang dann die Gemeinschaft wie auch die Mitgliedstaaten, erstmals ihre Energiepolitik zu formulieren, was angesichts der bis dahin herrschenden allgemeinen Überflusslage nicht erforderlich erschien.[502] Das Jahr 1973 markiert daher den Beginn einer Energie- und einer

---

497 Ipsen, Europäisches Gemeinschaftsrecht, S. 890 f.; vgl. auch Briche, Die Elektrizitätswirtschaft in der Europäischen Union, S. 24 ff.

498 Beutler/Bieber/Pipkorn/Streil, Die Europäische Union, S. 487.

499 Zur Entwicklung insgesamt Faross, in: Groeben/Thiesing/Ehlermann, „Energiepolitik", Rn. 12 ff.

500 Beutler/Bieber/Pipkorn/Streil, Die Europäische Union, S. 487.

501 Bellamy/Child, Common market law of competition, 16-001.

502 Siehe die Studie von Kitschelt, Politik und Energie, auch bzgl. den USA.

Technologiepolitik, die vor allem von dem Gesichtspunkt der Versorgungssicherheit gekennzeichnet war, um die Abhängigkeit von der OPEC zu verringern.[503]
Man muss sich dabei vor Augen halten, dass Öl Anfang der siebziger Jahre einen Anteil von ca. 64 % des Primärenergieverbrauchs der Gemeinschaft hatte, wohingegen Kohle von 90 % 1952 über 60 % 1960 auf 25 % zum Zeitpunkt der ersten Ölkrise abgesunken war.[504]

Als Ermächtigungsgrundlage griff die EWG angesichts des Fehlens spezieller Ermächtigungsnormen bei der Formulierung der europäischen Energiepolitik auf Art. 235 EWGV sowie teilweise auf Art. 103 EWGV (Konjunkturpolitik) zurück. Allein die Masse der Rechtsakte, die in der ersten offiziellen Zusammenstellung von energiebezogenen Rechtsvorschriften der Gemeinschaft im Jahr 1976 dokumentiert wurden, zeigt, dass die Gemeinschaft auch ohne Kompetenz eine Energiepolitik entwickeln konnte.[505] Die energiepolitische Aktivität war insoweit beispielhaft dafür, wie in der Gemeinschaft Kompetenzprobleme gelöst bzw. übergangen werden, soweit der Gemeinsame Markt eine entsprechende Politik verlangte.[506] Der Entwicklung einer sektoralen Politik stand damit im Ergebnis nicht im Wege, dass Art. 3 EWGV den Energiebereich überhaupt nicht erwähnte.[507]

Eine umfassende und kohärente Politik konnte aber auf der Grundlage dieser Vorschriften des EWGV sowie EAGV und EGKSV nicht entwickelt werden.[508] Gerade bei der Kohlepolitik der Gemeinschaft, die einen tiefgreifenden Strukturwandel seit der Gründung der EGKS in den fünfziger Jahren durchmachte, ist dies offensichtlich. Ziel der Gemeinschaft für Kohle und Stahl war es, eine Wettbewerbssituation zwischen Anbietern herzustellen und staatliche Subventionen zu untersagen (Art. 4c EGKSV).[509]

---

503 KOM (94) 659 endg., Grünbuch, Tz. 4; Faross, in: Groeben/Thiesing/Ehlermann, „Energiepolitik", Rn. 22 ff.

504 Faross, in: Groeben/Thiesing/Ehlermann, „Energiepolitik", Rn. 10.

505 KOM, Die Energiepolitik der Gemeinschaft - Rechtsvorschriften - 1976, eine 1. Ergänzung erschien dann bereits 1979; die Kommission hat verschiedene Überblicke über die bisher verabschiedeten Rechtsakte im Bereich der Energiepolitik der Gemeinschaft veröffentlicht, (Stand: 1989), Rechtsvorschriften (Stand: 1976/1. Erg. 1978); KOM, Collection of legislation and acts relating energy.

506 Vgl. Steindorff, Grenzen der EG-Kompetenzen, S. 75 ff.

507 Lukes, DB 1989, S. 2059.

508 Vgl. Beutler/Bieber/Pipkorn/Streil, Die Europäische Union, S. 486.

509 Kohlepolitik in Deutschland war bis 1994 geprägt durch die Schlagworte Jahrhundertvertrag und Kohlepfennig. Vgl. dazu: Schalast, RdE 1991, S. 2 ff.

c. Umweltschutz als Ermächtigung für eine europäische Energiepolitik

Angesichts fehlender Energiekompetenzen bot sich für die Gemeinschaft seit der Einfügung eines Umweltkapitels in den EWGV durch die EEA an, auf diese Bestimmungen zurückzugreifen, soweit die geplante Maßnahme auch Umweltbezüge enthielt. Vorrangig war insoweit Art. 130 r EWGV relevant, der als ein Ziel der neuen Umweltschutzpolitik der Gemeinschaft ausdrücklich eine umsichtige und rationelle Verwendung der natürlichen Ressourcen nannte.

Insoweit war es möglich, bestimmte Umweltschutzmaßnahmen im Energiesektor auf die umweltrechtlichen Kompetenzen der Gemeinschaft zu stützen.[510]

Eine umfassende Energiepolitik konnte aber nicht auf die umweltpolitischen Kompetenzen der Gemeinschaft gestützt werden.[511] Die Grundlage der Energiepolitik der Gemeinschaft blieb auch nach der EEA daher weiter unklar.

d. Rechtsgrundlagen für erste Deregulierungsmaßnahmen

Angesichts dieser Umstände hat die Kommission ihre im Spätherbst 1990 vom Rat beschlossenen Transit- und Preistransparenzrichtlinie auf die sektorübergreifende allgemeine Binnenmarktkompetenznorm Art. 100 a EWGV gestützt.[512] Die ersten Richtlinienvorschläge betreffend gemeinsamer Vorschriften für den Elektrizitätsbinnenmarkt stützte die Kommission dann auf die Art. 57 Abs. 2, 66 und 100 a EGV.[513]

---

510 Vgl. Breier/Vygen, in: Lenz, EGV-Kommentar, 1. Aufl., Art. 130 s Rn. 21; vgl. auch Geiger, EG-Vertrag, Art. 130 r Rn. 11, der zu Recht auf den grundsätzlichen Vorbehalt zugunsten der Energiepolitik der Mitgliedstaaten hinweist. Allerdings wurde in Art. 130 s Abs. 2, 3. Spiegelstrich EGV festgelegt, dass die Mehrheitsgrundsätze gem. Art. 130 s Abs. 1 EGV nicht für Maßnahmen gelten, welche die Wahl eines Mitgliedsstaates zwischen verschiedenen Energiequellen und die allgemeinen Strukturen der Energieversorgung erheblich berühren.

511 Vgl. dazu: Palinkas, Europäische Energiepolitik und der Binnenmarkt für Energie, S. 27.

512 Vgl. Arndt, RIW 1989, Beilage 7 zu Heft 10, S. 22 f.; Palinkas, Europäische Energiepolitik und der Binnenmarkt für Energie, S. 27; wobei beide Autoren darauf hinweisen, dass auch Art. 87 EWGV als Rechtsgrundlage hätte herangezogen werden können, da die Kommission in ihren Vorschlägen eindeutig von der Anwendbarkeit der Wettbewerbsregeln ausgeht.

513 Vgl. ABl. EG Nr. C, 123/94, S. 1; KOM, 22. Wettbewerbsbericht, Ziff. 50; kritisch insoweit: Steinberg/Britz, DÖV 1993, S. 322.

e. Revision des EWGV

Angesichts der in der Gemeinschaft Anfang der neunziger Jahre vorhandenen Erkenntnis, dass der EWGV kein Instrumentarium für eine gemeinsame Energiepolitik enthielt, wurden im Vorfeld der Verhandlungen des Unionsvertrages von Maastricht von der Präsidentschaft Luxemburgs und der Niederlande detaillierte Vorschläge für eine Revision der Verträge im Energiebereich vorgelegt.[514] Im Rahmen der Regierungskonferenz von Maastricht wurde dann u.a. erörtert, ob die Energiepolitik der Gemeinschaft in einem (neuen) Vertrag bzw. einem Kapitel des EWGV zusammengeführt werden sollte und ob bei dieser Gelegenheit die Kompetenzen des Europäischen Parlaments verstärkt werden können.[515] Doch in den endgültigen Vertragstext wurde der Vorschlag nicht aufgenommen. Die Neuregelung der Energiepolitik wurde auf eine künftige Änderung der Gemeinschaftsverträge vertagt.[516] Allerdings wurde der Politikbereich Energie in Art. 3 lit. t EGV als Ziel der Gemeinschaft neben den Bereichen Katastrophenschutz und Fremdenverkehr neu aufgenommen. Damit wurde bestätigt, dass in diesem Politikbereich Maßnahmen der Gemeinschaft erfolgen können. Die Aufnahme in den Aufgabenkatalog des Art. 3 EGV lässt keinesfalls den Schluss zu, dass damit einer Europäischen Energiepolitik ein Riegel vorgeschoben werden soll.[517] Vielmehr wurde die vor Maastricht bestehende Situation einer faktischen Energiepolitik bestätigt.[518] Auf der anderen Seite fehlte der europäischen Energiepolitik im Rahmen des EGV, d.h. insbesondere der binnenmarktorientierten Energiepolitik konkrete primärrechtliche Vorgaben und damit auch Werte. Diese Situation wurde durch den Vertrag von Amsterdam nicht geändert. Auch im Rahmen dieser Revision des EGV wurde – entgegen anderslautenden Forderungen - nicht ein dem Kapitel Umweltpolitik vergleichbares Kapitel Energiepolitik in den Vertrag eingefügt.

---

514 Vgl. Palinkas, Die Europäische Energiecharta und die Revision der EG-Verträge im Energiebereich, S. 8; Scholz/Langer, Europäischer Binnenmarkt und Energiepolitik, S. 210; diese Vorschläge gingen auf Vorarbeiten zurück, die von den Organen der Gemeinschaft im Vorfeld in Auftrag gegeben worden waren, vgl. Öko-Institut e.V., Revision of the European Treaties in the Energy Sector.

515 Vgl. Palinkas, Die Europäische Energiecharta und die Revision der EG-Verträge im Energiebereich, S. 8 f.

516 Vgl. Scholz/Langer, Europäischer Binnenmarkt und Energiepolitik, S. 210; Palinkas, Die Europäische Energiecharta und die Revision der EG-Verträge im Energiebereich, S. 8 f.

517 So aber Scholz/Langer, Europäischer Binnenmarkt und Energiepolitik, S. 210 f.

518 Vgl. z.B. Geiger, EG-Vertrag, Art. 3 Rn. 6; die Kommission hat sich ausdrücklich vorbehalten, ihre Tätigkeit auf der Grundlage der bisherigen Bestimmungen fortzusetzen; vgl. Langgot/Lenz, in: Lenz, EGV-Kommentar, Art. 3 Rn. 8; Schlussakte III., Nr. 1.

f. Ergebnis

Es ist daher festzustellen, dass bis heute ein spezifischer Energieabschnitt im EGV fehlt. Die Gemeinschaft ist daher im Bereich ihrer Energiepolitik auf Kompetenzvorschriften für andere, wenn auch verwandte Politikbereiche angewiesen. Dies hat zur Konsequenz, dass die europäische Energiepolitik primär anderen, allgemeinen Zielen des EGV verpflichtet ist, etwa dem wichtigen Strukturmerkmal Wettbewerb oder dem seit der EEA ständig wichtiger werdenden Umweltschutzprinzip. Insoweit ist zunächst festzustellen, dass die Energiepolitik der Gemeinschaft zunächst durch ein Fehlen verbindlicher Zielvorstellungen, wie sie etwa im EnWG 1935 formuliert worden waren, gekennzeichnet war. Nachfolgend soll nunmehr nachgewiesen werden, dass die Energiepolitik der Gemeinschaft seit der EEA und dem Binnenmarktkonzept der Kommission geprägt war von den beiden widerstreitenden Prinzipien Umweltschutz und Wettbewerb.

2. Die Entstehung des Umweltschutzgedankens

a. Umweltschutz in der Energiepolitik der Gemeinschaft

a.a. Energie und Umwelt in den siebziger Jahren

Parallel zu der allmählichen Entwicklung einer europäischen Energiepolitik auf „fragwürdigen" Kompetenzen entstand aufgrund der bereits für Deutschland geschilderten neuen Umweltorientierung in der Politik seit Anfang der siebziger Jahre auch ein Verständnis für die Verbindung der Energiepolitik der Gemeinschaft mit dem Umweltschutz.[519]

Ein wichtiger Schritt im Rahmen dieses Prozesses war die erste Formulierung der energiepolitischen Ziele der Gemeinschaft unter ausdrücklicher Einbeziehung des Umweltschutzes durch den Ministerrat in seiner Entscheidung vom 17.12.1974,[520] die seither immer wieder fortgeschrieben wurden.[521]
Die dort genannten Ziele der europäischen Energiepolitik waren:

- Effizientere Nutzung der Energie in allen Sektoren und Demonstration von Energieeinsparmöglichkeiten;

---

519 Zu der Entwicklung siehe Vorwerk, Die umweltpolitischen Kompetenzen, S. 7 ff.; Hochleitner, Die Kompetenzen, S. 14 ff.

520 ABl. EG Nr. C 149/1975, S. 5.

521 Entschließung des Rates vom 16.09.1986, ABl. Nr. C 241/1986; zu der Entwicklung: Faross, in: Groeben/Thiesing/Ehlermann, „Energiepolitik", Rn. 29 ff.

- Senkung des Erdölverbrauchs auf etwa 40 % des damaligen Energieverbrauchs der Gemeinschaft;
- Fortsetzung der Bemühungen um die Förderung des Verbrauchs von festen Brennstoffen sowie um die Verbesserung der Wettbewerbsfähigkeit der betreffenden Produktionskapazitäten;
- Beibehaltung des Erdgasanteils in der Energiebilanz auf der Grundlage sicherer und diversifizierter Versorgungsquellen;
- Begrenzung des Anteils der Kohlenwasserstoffe an der Stromerzeugung auf weniger als 15 %;
- Auf der Grundlage größtmöglicher Sicherheitsstandards soll gewährleistet werden, dass Planung, Bau und Betrieb von Kernanlagen unter optimalen Sicherheitsbedingungen erfolgt;
- Umweltverträgliche und ausgewogene Lösungen der Energieversorgung;
- Spürbare Erhöhung des Beitrags neuer und erneuerbarer Energiequellen zur Ersetzung traditioneller Brennstoffe;
- Zur Sicherstellung der genannten Ziele soll die Kommission in regelmäßigen Abständen prüfen, ob die einzelstaatlichen Energiepolitiken mit den Gemeinschaftszielen übereinstimmen und dem Rat hierüber Bericht erstatten.[522]

Damit wurden in einem der frühesten Dokumente der europäischen Energiepolitik ausdrücklich Umweltziele neben energiewirtschaftlichen Zielen gleichberechtigt genannt.

Zeitlich parallel zu dieser Formulierung einer europäischen Energiepolitik wurde auch das erste Aktionsprogramm der Europäischen Gemeinschaften für den Umweltschutz geschaffen.[523] In Ergänzung dieses Aktionsprogramms kam es dann bereits am 3. März 1975 zu einer Entschließung des Rates über Energie

---

522 Entsprechend dem letzten Gesichtspunkt hat die Kommission eine umfassende Untersuchung der Energiepolitik der Mitgliedstaaten vorgelegt, KOM (88), 174 endg., Vol. I und Vol. II.

523 ABl. Nr. C 112/1973, S. 1 ff.; vgl. Himmelmann, in: Handbuch des Umweltrechts, A.9, Rn. 4; grundsätzlich zu der Entwicklung der Aktionsprogramme: Krämer, Umweltpolitische Aktionsprogramme mit Leitlinien und Regelungsansätzen, in: Rengeling (Hrsg.), Handbuch zum europäischen und deutschen Umweltrecht, Bd. I, § 14.

und Umweltschutz.[524] In dieser Entschließung hat der Rat ausdrücklich Bezug genommen auf die mit der Energieerzeugung und dem Verbrauch verbundenen Umweltbelastungen und die Notwendigkeit betont, dagegen zu steuern. Versorgungsschwierigkeiten dürften nicht dazu führen, dass Maßnahmen zum Schutz und zur Verbesserung der Umwelt vermindert bzw. vernachlässigt werden.[525] Der Rat wies weiterhin auf die Notwendigkeit einer wirksamen Nutzung umweltfreundlicher Energiequellen und rief dazu auf, schädliche Auswirkungen der Energieerzeugung und Nutzung auf die Umwelt einzudämmen.[526] Die Entschließung steht damit am Anfang der über zwei Jahrzehnte dauernden Diskussion über Energie und Umweltschutz in der Europäischen Gemeinschaft.

Im zweiten Umweltaktionsprogramm von 1977[527] wurde dann bereits ein deutlicher Schwerpunkt im Bereich der Luftverschmutzung gesetzt. Angesichts des Zusammenhangs von Energieerzeugung und Luftverschmutzung wurde damit die Bedeutung des Umweltschutzes für den Politikbereich deutlich. Im dritten Aktionsprogramm[528] wird erstmals die Integration der Umweltdimension in die übrigen Politiken gefordert.[529] Damit wurde bereits im Jahr 1983 die später so bedeutsame Querschnittsklausel angedacht. Weiterhin heißt es dort, dass dem Einsatz umweltfreundlicher Energiequellen besondere Bedeutung zukommt.[530] Dieser Gesichtspunkt wurde auch vom Parlament immer wieder bekräftigt, das schon früh die Notwendigkeit eines ausgewogenen Verhältnisses zwischen den verschiedenen politischen Zielen der Gemeinschaft sah auch unter - was vorliegend hervorzuheben ist - dem Gesichtspunkt der Wettbewerbspolitik.[531]

b.b. Umweltaktionsprogramme und begleitende Politiken

Aufbauend auf die bisherigen Umweltaktionsprogramme, legte die Kommission Ende 1989 erstmals eine umfassende Mitteilung an den Rat über Energie und Umwelt vor.[532] Die Kommission beabsichtigte mit dieser Veröffentlichung, eine Übereinstimmung zwischen der Gemeinschaft und den Mitgliedstaaten über die künftige Orientierung in den Bereichen Energie und Umwelt herbeizuführen. Der Bericht stellte damit eine wichtige Anregung für die Möglichkeit der Einbeziehung des Ziels Umweltschutz in die nationale und europäische Energiepolitik dar.[533]

---

524 ABl. Nr. C 168/1975, S. 2 f.
525 Ziff. 3 der Entschließung des Rates vom 3. März 1975.
526 Ziff. 4 der Entschließung des Rates vom 3. März 1975.
527 ABl Nr. C 139/1977, S. 1 ff.
528 ABl Nr. C 6/1983, S. 1 ff.
529 ABl Nr. C 6/1983, S. 2.; vgl. Oppermann, Europarecht, Rn. 2001.
530 ABl Nr. C 6/1983, S. 4.
531 KOM, 20. Bericht über die Wettbewerbspolitik 1990, S. 296.
532 KOM (89), 369 endg.
533 Vgl. Mitteilung in: EuZW 1990, S. 273; Schavoir, ET 1990, S. 12.

Zur Verstärkung der europäischen Umweltpolitik im Energiebereich hat die Kommission des weiteren zahlreiche Aktionsprogramme aufgelegt bzw. Initiativen ergriffen, die unterschiedliche Schwerpunkte setzen.

- Das Programm "Thermie" zur Förderung von Energietechnologie
- "Save", ein Aktionsprogramm für Energieeffizienz
- Die Aufstellung eines Verhaltenskodex für die Energieindustrie der Gemeinschaft (auf freiwilliger Basis)
- Die Gründung eines Ausschusses nationaler Experten, der die Kommission bei der Analyse von Steuersystemen unterstützen soll und der energie-, umweltpolitische und fiskalische Fragen berücksichtigt.

Das fünfte umweltpolitische Aktionsprogramm trägt schließlich den programmatischen Titel für eine „dauerhafte und umweltgerechte" Entwicklung. In diesem Aktionsprogramm wird dem Bereich Energie eine Schlüsselrolle zugewiesen. Erstmals wird für die Zukunft der Gemeinschaft als entscheidend angesehen, inwieweit Wirtschaftswachstum mit entsprechender Steigerung des Energieverbrauchs und seinen Auswirkungen auf die Umwelt miteinander vereinbar bleiben.[534]

Damit fasst das fünfte Umweltaktionsprogramm die bisherigen Aktivitäten der Gemeinschaft noch einmal programmatisch zusammen und gibt neue Anregungen für eine integrierte Umweltpolitik.[535] Ausdrücklich hat der Rat bei der Verabschiedung dieses Umweltaktionsprogramms betont, dass die Kommission bei allen ihren Gesetzgebungsinitiativen die Auswirkungen auf die Umwelt prüfen soll.[536] Im Hinblick darauf heißt es in dem Aktionsprogramm wörtlich, dass die Kommission gemäß den Vorgaben des durch die EEA und den Unionsvertrag geänderten Vertrages die vollständige Einbeziehung der Umweltpolitik in die anderen Politiken als Priorität zu betrachten hat.[537] Damit wird die Kommission, entsprechend der durch die Revision des EWGV bzw. EGV durch die Verträge von Maastricht und Amsterdam gestärkten Querschnittsklausel, zur Integration des Umweltschutzes in die anderen Politikbereiche, also auch in die Wettbewerbs- und Binnenmarktpolitik verpflichtet.[538] Das die Kommission diese Ver-

---

534 Vgl. Wägenbaur, EuZW 1993, S. 242.

535 ABl. Nr. C 138/1993, S. 5 ff.

536 ABl. Nr. C 138/1993, S. 3.

537 ABl. Nr. C 138/1993, S. 95.

538 Zu der Möglichkeit einer Verpflichtung der Gemeinschaftsorgane durch die Umweltaktionsprogramme: Krämer, Umweltpolitische Aktionsprogramme mit Leitlinien und

pflichtung anerkennt, zeigt sich darin, dass sie bei der Bewertung der Erfolge des fünften Umweltaktionsprogramms wiederum festgestellt hat, dass die Integration in die anderen Politikbereiche und insbesondere in den Binnenmarkt verstärkt werden muss.[539]

b. Umweltschutz im Primärrecht

a.a. Einführung

Vorstehend wurde geschildert, wie sich die europäische Energie- und Umweltpolitik parallel und mit zahlreichen Querbezügen entwickelten. Während für die Energiepolitik bis heute keine Kompetenzen existieren, erfolgte im Bereich des Umweltschutzes kontinuierlich eine Stärkung seiner Stellung im EG durch die EEA und die Verträge von Maastricht und Amsterdam.

b.b. Das Umweltschutzkapitel der EEA

Im Anschluss an das erste Umweltaktionsprogramm der Gemeinschaft hatte sich rasch eine intensive Gesetzgebungsaktivität der Gemeinschaft in diesem Politikbereich entfaltet.[540] Hauptproblem der EG-Umweltpolitik war dabei - ähnlich wie bei der vorstehend geschilderten Energiepolitik -, dass es in den Verträgen keine ausdrücklichen Umweltkompetenzen gab. Die Gemeinschaft musste daher ihre Rechtsetzungstätigkeit zunächst auf die allgemeine Rechtangleichungszuständigkeit gem. Art. 100 bzw. 235 EWGV stützen.[541] Eine Umweltpolitik, die sich auf primär wirtschaftsorientierte Normen stützen muss,[542] ist aber in ihrer Zielverwirklichung eingeschränkt. Folgerichtig wurde seit Beginn der achtziger Jahre verstärkt gefordert, der Europäischen Gemeinschaft originäre Umweltkompetenzen einzuräumen.[543]

Regelungsansätzen, in: Rengeling (Hrsg.), Handbuch zum europäischen und deutschen Umweltrecht, Bd. I, § 14, Rn. 47 ff.

539 Vgl. SEC (1999) 1941 endg. und KOM (99) 263 endg.

540 Vgl. zu der Entwicklung Epiney, Umweltrecht in der Europäischen Union, S.10 ff.; Rehbinder, Umweltschutz in der Rechtsordnung der Europäischen Gemeinschaft, S. 53 ff.; Himmelmann, in: Handbuch des Umweltrechts, A.IX., Rn. 3 ff.; Scherer/Hevelhaus, in: Dauses, Handbuch des EU-Wirtschaftsrechts, O., Rn. 4 ff.; Ress, in: Kimminich/von Lersner/Storm, HdUR, Spalte 583 ff.

541 Oppermann, Europarecht, Rn. 1996 ff.; Hochleitner, Die Kompetenzen, S. 14 ff.; Vorwerk, Die umweltpolitischen Kompetenzen, S. 7 ff.

542 Vgl. Rehbinder, Umweltschutz in der Rechtsordnung der Europäischen Gemeinschaft, S. 53 f.

543 Beispiel aus der wissenschaftlichen Diskussion: Nicolaysen, Umweltschutz im Europäischen Gemeinschaftsrecht, S. 197 ff.; Kloepfer, UPR 1986, S. 321, 326; Steindorff, RIW 1984, S. 767 ff.; vgl. Oppermann, Europarecht, Rn. 2001.

Bei der Vorbereitung und Ausarbeitung der EEA bestand daher sehr bald ein allgemeiner Konsens darüber, dass der Umweltschutz als grenzübergreifende Gemeinschaftsaufgabe in einem besonderen Titel im Vertrag zu behandeln sei.[544] Durch die EEA wurde dann ein eigenständiges Kapitel Umweltschutz in den Vertrag aufgenommen sowie in die neue Rechtsangleichungsnorm des Art. 100 a EWGV (die „Binnenmarktkompetenznorm") Schutzverstärkungselemente für die mitgliedstaatliche Umweltpolitik eingefügt.[545]

Die neue Rechtsetzungsdynamik der Gemeinschaft, die in der EEA durch das Programm zur Verwirklichung des Binnenmarktes und die dafür geschaffenen Rechtsangleichungsnormen zum Ausdruck kam, wurde ergänzt durch Gestaltungsspielräume der Mitgliedstaaten. Dies war gerade bei Mehrheitsentscheidungen im Umweltbereich für Staaten mit hohem Schutzniveau bedeutsam, da sie dieses auch in bereits angeglichenen Rechtsbereichen aufrechterhalten oder sogar verstärken konnten.[546] In dem neueingefügten Kapitel Umweltschutz wurden die umweltpolitischen Ziele der EG in Art. 130 r Abs. 1 EWGV mit der Erhaltung, dem Schutz und der Verbesserung der Umwelt, dem Schutz der menschlichen Gesundheit sowie der umsichtigen und rationellen Verwendung der natürlichen Ressourcen genannt. Diese Ziele entsprechen den Vorgaben der Aktionsprogramme und müssen insoweit auch als verbindlich angesehen werden.[547] Als Grundsätze der Tätigkeit der Gemeinschaft wurden das Vorsorgeprinzip, das Ursprungsprinzip und das Verursacherprinzip genannt.[548] Hinzu kommt als viertes Prinzip das aus nationalen Rechtsordnungen nicht bekannte Querschnitts-, Integrations- oder Interdependenzprinzip des Art. 130 r Abs. 2 S. 2 EWGV, auf das nachfolgend noch gesondert eingegangen wird. Durch dieses Prinzip wurde die Gemeinschaft verpflichtet, entsprechend den Vorgaben des 5. Umweltaktionsprogramms den Umweltschutz in den anderen Politikbereichen jeweils zu berücksichtigen bzw. zu integrieren.

Durch die EEA wurde damit die Umweltpolitik zur eigenständigen Aufgabe der Gemeinschaft und nicht mehr zu einem Anhang der übrigen Politiken.[549] Durch

544 Vgl. zu der Entwicklung Scheuing, EuR 1989, S. 158 ff.

545 Dazu: Epiney, Umweltrecht in der Europäischen Union, S. 159 ff.

546 Vgl. Oppermann, Europarecht, Rn. 2027.

547 Vgl. Nettesheim, in: Grabitz/Hilf, Art. 130 r Rn. 2; Oppermann, Europarecht, Rn. 2010; Vorwerk, Die umweltpolitischen Kompetenzen, S. 10 ff.

548 Vgl. dazu: Vorwerk, Die umweltpolitischen Kompetenzen, S. 26 ff.; Oppermann, Europarecht, Rn. 2013 f.; Himmelmann, in: Handbuch des Umweltrechts, A.9., Rn. 33 ff.; Abl, in: Dauses, Handbuch des EU-Wirtschaftsrechts, O., Rn. 17 ff.; Hochleitner, Die Kompetenzen, S. 158 ff.

549 Vgl. Scheuing, Die einheitliche europäische Akte, S. 48.

Art. 130 s EWGV wurde die Rechtsetzungszuständigkeit im Umweltbereich nunmehr ausdrücklich geregelt.[550]

Festzuhalten ist, dass der Gemeinschaft durch die neuen Umweltkompetenzen eine Rechtsetzungskompetenz im Umweltbereich zugebilligt wurde, von der sie in der Folge, insbesondere hinsichtlich der vorliegend besonders interessierenden energiebezogenen Bereiche, wie der Luftreinhaltung, Gebrauch gemacht hat.[551] Des weiteren wurde ergänzend die neue Schlüsselnorm zur Errichtung des Binnenmarktes, Art. 100 a EWGV, umweltpolitisch ausgeformt und mit einer Schutzklausel versehen. Gem. Art. 100 a Abs. 3 EWGV wurde die Kommission schließlich verpflichtet, bei ihren Gesetzgebungsvorschlägen von einem hohen Schutzniveau im Umweltbereich auszugehen.[552]

c.c. Exkurs: Umweltschutz als Rechtfertigung für Behinderungen des freien Warenverkehrs in der Rechtsprechung des EuGH

(1) Die „Cassis-de-Dijon" und „Dassonville"-Rechtsprechung

Bereits kurz nach der EEA hatte der EuGH Gelegenheit hinsichtlich des freien Warenverkehrs, d.h. einem dem Wettbewerb verpflichteten prioritären Gemeinschaftsziel, die gewachsene Bedeutung des Umweltschutzes zu verdeutlichen. Dem Gerichtshof wurde dabei die Frage gestellt, inwieweit der Umweltschutz eine Einschränkung des freien Warenverkehrs innerhalb der Gemeinschaft legitimieren kann.

Grundsätzlich sind gem. Art. 30 EGV Einfuhrbeschränkungen und alle Maßnahmen gleicher Wirkung durch die Mitgliedstaaten verboten. Die Definition der Maßnahmen gleicher Wirkung wurde durch die Dassonville-Formel soweit ausgedehnt, dass der EuGH nunmehr jede Maßnahme darunter versteht, die geeignet ist, den innergemeinschaftlichen Handel unmittelbar oder mittelbar tatsächlich oder potentiell zu behindern.[553] Nach der „Cassis-de-Dijon-Entscheidung" können solche mitgliedstaatlichen Regeln dann gerechtfertigt sein, wenn sie unterschiedslos auf importierte und einheimische Waren ange-

---

550 An diese Novellierung schloss sich eine kontroverse Diskussion über die Grundlagen der Umweltkompetenzen im Gemeinschaftsrecht an. Vgl. dazu: Vorwerk, Die umweltpolitischen Kompetenzen, S. 40 ff.; Zils, Die Wertigkeit des Umweltschutzes, S. 39 ff., jeweils mit umfangreichen Nachweisen.

551 Krämer, Umweltrecht der EG, Ziff. 4, Luftreinhaltung; Krämer/Kromarek, Beilage zu ZUR 3/95, S. IV ff.

552 Vgl. dazu: Vorwerk, Die umweltpolitischen Kompetenzen, S. 83 f.; Zils, Die Wertigkeit des Umweltschutzes, S. 66; Geiger, EG-Vertrag, 1. Aufl., Art. 100 a, Rn. 6.

553 EuGH, Slg. 1974, S. 837 (847).

wendet werden und notwendig sind, um "zwingenden Erfordernissen" gerecht zu werden.[554]
Allerdings wurde der Umweltschutz weder in Art. 30 EGV noch in Art. 36 EGV als Rechtfertigungstatbestand für eine Einschränkung des freien Warenverkehrs genannt.

(2) Pfandflaschenentscheidung

In der „Pfandflaschenentscheidung" vom 20.09.1988, hat der EuGH den Umweltschutz dann erstmals als ein mögliches, „zwingendes Erfordernis", im Sinne der „Cassis-de-Dijon"-Systematik genannt und als Legitimation von Beschränkungen des freien Warenverkehrs geprüft.[555] Hintergrund der Entscheidung war, dass Dänemark durch Verordnung bestimmt hatte, dass Bier und Erfrischungsgetränke nur noch in Mehrwegverpackungen vertrieben werden dürfen.[556] Die Kommission sah hierin einen Verstoß gegen das Prinzip des freien Warenverkehrs und argumentierte, dass die diskriminierende Wirkung der Verordnung eine Rechtfertigung nicht zulassen würde.[557] Des weiteren sah sie die Gefahr, dass Mitgliedstaaten sich künftig hinter ökologischen Argumenten verschanzen könnten, um Beschränkungen des freien Warenverkehrs durchzusetzen.[558] Im Zweifel bestünden immer Bedenken, ob die von dem jeweiligen Mitgliedstaat vorgebrachten Umweltgesichtspunkte „echt" seien.[559] Die Regierung Dänemarks argumentierte mit einer Vorrangstellung des Umweltschutzes gegenüber dem Warenverkehr und erkannte den Einwand der Verhältnismäßigkeit nur insoweit an, wie der EuGH andere Maßnahmen nennen könnte, die ebenso wirksam seien zur Erreichung des bezweckten Ziels und dabei den innergemeinschaftlichen Handel weniger einschränken würden.[560]
Der Gerichtshof stellte zunächst fest, dass der Umweltschutz ein zwingendes Erfordernis darstellt, das die Anwendung des Art. 30 EWGV einschränken kann. Danach prüfte er, inwieweit die durch die Regelung bedingte Beschränkung des freien Warenverkehrs zur Erreichung der Ziele erforderlich ist. Der Gerichtshof vertrat die Auffassung, dass auch ein System zur Rücknahme nicht

---

554 EuGH, Slg. 1979, S. 649 (662).

555 EuGH, Slg. 1988, S. 4607, S. 4630; zu dieser Entwicklung gibt es umfangreiche Literatur, beispielhaft seien vorliegend genannt: Vorwerk, Die umweltpolitischen Kompetenzen, S. 129 f.; Becker, Der Gestaltungsspielraum, S. 53 ff. und insbesondere S. 80 f.; Zils, Die Wertigkeit des Umweltschutzes, S. 98 ff.; Himmelmann, in: Handbuch des Umweltrechts, A.9., Rn. 71 ff.; Hailbronner, Umweltrecht und Umweltpolitik, S. 20 f.; Hoffert, Europarecht und nationale Umweltpolitik, S. 43 ff., insbesondere S. 55 ff.; Henke, EuGH und Umweltschutz, S. 162 ff. und S. 170 ff.

556 Vgl. EuGH, Slg. 1988, S. 4628 f. zu dem Sachverhalt.

557 EuGH, Slg. 1988, S. 4610.

558 EuGH, Slg. 1988, S. 4611.

559 EuGH, Slg. 1988, S. 4612.

560 EuGH, Slg. 1988, S. 4615.

genehmigter Verpackungen geeignet ist, die Umwelt zu schützen, obwohl die ausschließliche Zulassung genehmigter Verpackungen den höchsten Grad der Wiederverwendung und damit den wirkungsvollsten Umweltschutz gewährleistet. Daher wurde die Begrenzung des Imports nicht genehmigter Verpackungen als unverhältnismäßig angesehen.[561] Nach der Rechtsprechung des EuGH kommt also der Verhältnismäßigkeit einer Umweltschutzmaßnahme für ihre Legitimation ausschlaggebende Bedeutung zu.[562]

(3) Schwerverkehrsabgabe

Bereits zwei Jahre später hatte der Gerichtshof Gelegenheit, seine Kriterien für Umweltschutz als Rechtfertigung für Beschränkungen des freien Warenverkehrs weiter zu konkretisieren.

Dem Rechtsstreit lag folgender Sachverhalt zugrunde:

> Die Bundesrepublik Deutschland führte ein Gesetz ein, nachdem für die Benutzung von Bundesautobahnen und Bundesstraßen außerhalb geschlossener Ortschaften mit Lastfahrzeugen eine Gebühr zu entrichten sei. Im Gegenzug wurde das Kraftfahrzeugsteuergesetz für deutsche Lastkraftwagen novelliert und die Höchstsätze parallel herabgesetzt [563]. Die deutsche Regierung begründete diese Regelung unter anderem damit, dass sie gleichrangig der Angleichung der Wettbewerbsbedingungen zwischen den Mitgliedstaaten, aber auch dem Umweltschutz diene, indem es die Verlagerung des Straßenverkehrs auf die Schiene bzw. Flüsse bezwecken wolle.[564]

Der EuGH hat diese Argumentation zurückgewiesen mit der Begründung, die Eignung des Gesetzes, eine solche Verlagerung herbeizuführen, sei nicht erwiesen. Näher läge als vorrangiges Ziel, eine Erhöhung der Marktanteile der deutschen Verkehrsunternehmen zu Lasten derjenigen anderer Mitgliedstaaten zu bezwecken.[565] Angesichts der Parallelität der Kraftfahrzeugsteuersenkung und der Einführung der Schwerverkehrsabgabe war eine ökologische Zielsetzung des deutschen Gesetzes auch kaum anzunehmen.[566] Durch die gleichzeitige

---

561 EuGH, Slg. 1988, S. 4631 f.

562 Vgl. Rengeling/Heinz, JuS 1990, S. 616 f.

563 Vgl. EuGH, Slg. 1990, S. 3351, 3359.

564 EuGH, Slg. 1990, S. 3351, 3360, Tz. 28.

565 EuGH, Slg. 1990, S. 3351, 3360, Tz. 31.

566 Vgl. Epiney/Möllers, Freier Warenverkehr und nationaler Umweltschutz, S. 82.

Senkung der deutschen Kraftfahrzeugsteuer konnte zumindest in Deutschland ein solcher Effekt für die deutschen LKW-Fahrer nicht herbeigeführt werden.[567]

Die Literatur hat sich daher bemüht, ausgehend von der Rechtsprechung des EuGH eine Systematik der Verhältnismäßigkeitsprüfung zu erarbeiten.[568]

Gemeinhin wird der Grundsatz der Verhältnismäßigkeit wie folgt definiert:

> Eine Maßnahme zur Erreichung einer umweltrechtlichen Zielsetzung muss dafür geeignet, erforderlich und angemessen sein.[569]

Epiney und Möller, denen die meisten anderen Autoren wohl folgen, gehen dabei zunächst von dem konkreten durch den Mitgliedsstaat gewählten Ziel „Umweltschutz" einer Maßnahme aus. Danach untersuchen sie den Grad der konkreten Umweltgefährdung in dem betroffenen Bereich, wobei das Vorhandensein bzw. Fehlen wissenschaftlicher Erkenntnisse ein wichtiges Kriterium ist. Dann folgt die Prüfung der Geeignetheit der Maßnahmen zur Erreichung der vom Mitgliedsstaat gesetzten Ziele. Dem schließt sich die Erforderlichkeitsprüfung an, d.h. die Frage, ob den Warenverkehr weniger beschränkende Eingriffe die gleiche oder eine vergleichbare Wirkung erreichen kann. Schließlich wird die Verhältnismäßigkeit im engeren Sinne, die sog. Angemessenheit, geprüft, in deren Rahmen die abschließende Abwägung der betroffenen Zielbestimmungen des EGV zu erfolgen hat.[570]

Problematisch erscheint bei dem Ansatz, inwieweit bei wissenschaftlich umstrittenen Grundlagen die Mitgliedstaaten ihr Ermessen im Hinblick auf das „Vorsorgeprinzip" ausüben können.

Im Ergebnis führt aber auch die Prüfung von Umweltschutzmaßnahmen nach dem vorstehend vorgestellten Schema nicht zu der notwendigen Rechtssicherheit für die Mitgliedsstaaten oder auch betroffene Unternehmen, die sich gegen eine staatliche Maßnahme wehren wollen, solange nicht eine Grundsatzent-

---

567 Epiney/Möllers, Freier Warenverkehr und nationaler Umweltschutz, S. 82; siehe auch Dieckmann, IUR (ZUR) 1990, S. 73.

568 Vgl. Hailbronner, Umweltrecht und Umweltpolitik, S. 21; Ress, in: Kimminich/von Lersner/Storm, HdUR, Spalte 647.

569 Vgl. Himmelmann, in: Handbuch des Umweltrechts, A.9., Rn. 72; Abl, in: Dauses, Handbuch des EU-Wirtschaftsrechts, O., Rn. 61; Ress, in: Kimminich/von Lersner/Storm, HdUR, Spalte 647.

570 Vgl. Epiney/Möllers, Freier Warenverkehr und nationaler Umweltschutz, S. 69 ff. und S. 90 ff. zur Prüfung der Angemessenheit im Einzelfall; vgl. auch die Systematisierung bei Kahl, Umweltprinzip und Gemeinschaftsrecht, S. 185 ff.; Henke, EuGH und Umweltschutz, S. 177 ff.; Middeke, Nationaler Umweltschutz im Binnenmarkt, S. 183 ff.; Hoffert, Europarecht und nationale Umweltpolitik, S. 60 ff., insbesondere S. 72 ff.

scheidung über den Rang des Umweltschutzes im Rahmen des betreffenden Politikbereiches getroffen wurde.[571]

An dieser Stelle ist daher festzuhalten, dass gerade angesichts der sich entwickelnden Rechtsprechung des EuGH zur Wertigkeit des Umweltschutzes im Rahmen der Art. 30 ff. EGV den europäischen Gesetzgebungsorganen deutlich werden musste, zu welchen konkreten Wertwidersprüchen eine fehlende Entscheidung über den Rang bzw. Vorrang des Umweltschutzes führt.

(4) Zusammenfassung

Im Ergebnis zeigt die Rechtsprechung über den Umweltschutz als Rechtfertigung für Beschränkungen des grenzüberschreitenden Wettbewerbs wiederum den für den europäischen Gesetzgeber offenbar gewordenen Wertwiderspruch zwischen dem Ziel des Gemeinsamen Marktes/Binnenmarktes und dem damit verbundenen Wettbewerb auf der einen Seite, und Umweltschutzzielen auf der anderen Seite.

d.d. Der Vertrag von Maastricht

(1) Umweltschutz im EGV

Die Stellung des Umweltschutzes wurde durch den Vertrag von Maastricht weiter verstärkt. Art. 2 EGV nennt nunmehr ausdrücklich als Aufgabe der Gemeinschaft eine harmonische und ausgewogene Entwicklung des Wirtschaftslebens sowie ein beständiges, nicht inflationäres und **umweltverträgliches** Wachstum. Eine Politik auf dem Gebiet der Umwelt wurde gem. Art. 3 Ziffer k EGV zu einem verbindlichen Ziel der Gemeinschaft.[572] Darüber hinaus wurde durch den Maastrichter Vertrag auch der Titel Umwelt inhaltlich leicht abgeändert. Art. 130 r Abs. 2 EGV sah nunmehr vor, dass die Umweltpolitik unter Berücksichtigung der unterschiedlichen Gegebenheiten in den Regionen auf ein hohes Schutzniveau zielt. Der Begriff des hohen Schutzniveaus in Art. 100 a Abs. 3 EWGV findet sich jetzt auch im Umweltkapitel. Schließlich wurde der Integrationsgrundsatz klarer formuliert.[573] In Art. 130 r Abs. 3 EGV werden nunmehr die Umstände genannt, die die Gemeinschaft bei ihrer Umweltpolitik zu berücksichtigen hat.

---

571 Vgl. Hailbronner, Umweltrecht und Umweltpolitik, S. 21; Zuleeg, NJW 1993, S. 33, die eine Entscheidung des EuGH verlangen.

572 S. dazu Epiney/Furrer, EuR 1992, S. 372 f.

573 Vgl. zu der Umweltverfassung nach Maastricht, Krämer/Kromarek, Beilage zu ZuR 3/95, S. I f.; Ress, Umweltrecht und Umweltpolitik, S. 5 f.; derselbe, in: Kimminich/von Lersner/Storm, HdUR, Spalte 578 ff.

Dies sind:

- Die verfügbaren wissenschaftlichen und technischen Daten;
- Die Umweltbedingungen in den einzelnen Regionen der Gemeinschaft;
- Die Vorteile und die Belastung aufgrund des Tätigwerdens bzw. eines Nichttätigwerdens;
- Die wirtschaftliche und soziale Entwicklung der Gemeinschaft insgesamt sowie die ausgewogene Entwicklung ihrer Regionen.

Damit wird die Gemeinschaft verpflichtet, ihre Umweltpolitik auf wissenschaftliche Daten bzw. Erkenntnisse aufzubauen und sie entsprechend abzuwägen.[574] In diesen Berücksichtigungsgeboten ist insoweit ein Hinweis auf den Grundsatz der Verhältnismäßigkeit, wie er vom EuGH für den Umweltschutz im Rahmen der „Cassis-de-Dijon-Rechtsprechung" entwickelt wurde, zu erkennen.[575] Seit dem Vertrag von Maastricht verfügte die Gemeinschaft damit über ein kohärentes Umweltschutzsystem.

(2) Die Querschnittsklausel des Art. 130 r Abs. 2 S. 2 EGV

In den Abschnitten über die Umweltpolitik der Gemeinschaft insbesondere vor der EEA wurde dargestellt, dass spätestens seit dem 3. Umweltaktionsprogramm eine Integration des Umweltschutzes in die anderen Politikbereiche gefordert wurde. Diese im Rahmen eines Aktionsprogramms nur bedingt verbindliche Forderung wurde dann durch die EEA erstmals ausdrücklich in den damaligen EWGV aufgenommen und lautete 1987 wie folgt:

> „Die Erfordernisse des Umweltschutzes sind Bestandteil der anderen Politiken der Gemeinschaft".

Durch den Unionsvertrag von Maastricht wurde die Norm dann folgendermaßen neugefasst:

> „Die Erfordernisse des Umweltschutzes müssen bei der Festlegung und Durchführung anderer Gemeinschaftspolitiken einbezogen werden".

---

574 Vgl. Himmelmann, in: Handbuch des Umweltrechts, A.9., Rn. 49aff.; siehe auch Abl, in: Dauses, Handbuch des EU-Wirtschaftsrechts, O., Rn. 21 f.

575 Vgl. Ress, in: Kimminich/von Lersner/Storm, HdUR, Spalte 568; vgl. auch Vorwerk, Die umweltpolitischen Kompetenzen, S. 58 f., der auf die wichtige Außenfunktion der Vorschrift für Darstellung von Abwägungsvorgängen hinweist.

In der Literatur herrscht Einigkeit darüber, dass durch die Neufassung die Querschnittsklausel (auch Integrationsgrundsatz oder Interdependenzgrundsatz) an weiterer Bedeutung gegenüber dem früheren Vertragstext gewonnen hat.[576]

Nach ganz einhelliger Meinung kommt in der Querschnittsklausel nunmehr ein allgemeines Prinzip zum Ausdruck, das besagt, dass die Gemeinschaft bei allen ihren Tätigkeiten die Belange des Umweltschutzes zu beachten hat.[577] Die Norm ist insoweit in der Systematik des EG einzigartig,[578] und ihr kommt Rechtssatzqualität zu.[579] Dem Wortlaut nach verbindlich ordnet der Vertrag an, dass die Belange des Umweltschutzes im Rahmen jeder Gemeinschaftspolitik zu beachten sind und keinesfalls unberücksichtigt bleiben dürfen.[580] Daraus folgt weiter, dass die Gemeinschaft in allen ihren Politikbereichen, also auch in ihrer Wettbewerbspolitik die Erfordernisse des Umweltschutzes berücksichtigen muss.[581] Man kann Krämer - als Vertreter der Kommission - nur Recht geben, wenn er feststellt, dass die „klar, präzise und unbedingt formulierte Bestimmung" eine Einbeziehung umweltpolitischer Erfordernisse in alle Politikbereiche verlangt.[582]

Eine Entsprechung fand die Querschnittsklausel in Art. 100 a Abs. 3 EGV, wonach die Kommission bei ihren Richtlinienvorschlägen zur Verwirklichung des Binnenmarktes von einem hohen Schutzniveau auszugehen hat.[583]

Bei konsequenter Anwendung der Querschnittsklausel in dem hier dargestellten Sinn kann es seit Maastricht im Grundsatz nur noch eine umweltfreundliche bzw. umweltgerechte Verkehrs-, Energie- oder Wettbewerbspolitik der Gemeinschaft geben.[584] Dem Ziel Umweltschutz wurde von der Gemeinschaft Gleichrangigkeit mit ihren anderen Zielen eingeräumt.[585]

---

576 Vgl. Krämer/Kromarek, Beilage zur ZuR 3/95, S. I.; Wasmeier, EWS 2000, S. 47, vgl. Zuleeg, NJW 1993, S. 33; soweit ersichtlich hat sich dies bis heute noch nicht geändert.

577 Vgl. Ress, in: Kimminich/von Lersner/Storm, HdUR, Spalte 566.

578 Siehe Formulierung bei Nettesheim, in: Grabitz/Hilf, Art. 130 r, Rn. 58.

579 Nettesheim, in: Grabitz/Hilf, Art. 130 r, Rn. 60.

580 Vgl. Hailbronner, Umweltrecht und Umweltpolitik, S. 22; Nettesheim, in: Grabitz/Hilf, Art. 130 r, Rn. 59; Abl, in: Dauses, Handbuch des EU-Wirtschaftsrechts, O., Rn. 23; Jahns-Böhm/Breier, EuZW 1992, S. 50; Krämer, in: Groeben/Thiesing/Ehlermann, Art. 130 r, Rn. 41.

581 Himmelmann, in: Handbuch des Umweltrechts, A.9., Rn. 44; Krämer, Die Integrierung umweltpolitischer Erfordernisse, S. 51 f. und S. 59.

582 Krämer, Die Integrierung umweltpolitischer Erfordernisse, S. 59.

583 Vgl. Steinberg, ZRP 1999, S. 371.

584 Vgl. Jahns-Böhm/Breier, EuZW 1992, S. 52; Ress, in: Kimminich/von Lersner/Storm, HdUR, Spalte 567; siehe auch Nettesheim, in: Grabitz/Hilf, Art. 130 r, Rn. 59.

585 Wasmeier, EWS 2000, S. 47.

Für den Bereich der Energiepolitik hatten die Gemeinschaftsorgane dabei bereits vor der EEA und dem Vertrag von Maastricht in ihren Umweltaktionsprogrammen den Integrationsgrundsatz anerkannt und den Zusammenhang zwischen Energieversorgung und Umweltschutzmaßnahmen herausgearbeitet.[586]

Es ist zwar einhellige Meinung, dass die Aktionsprogramme keine Rechtssätze darstellen, sondern nur im Sinne einer politischen Absichtserklärung aufzufassen sind,[587] auf der anderen Seite ist durch die Aktionsprogramme eine Selbstbindung und auch Selbstverpflichtung der Organe, hier des Rates und der Kommission, zur besonderen Einbeziehung von Umweltgesichtspunkten in den besonders hervorgehobenen Politikbereich zu sehen.[588] Sollen solche politischen Absichtserklärungen nicht die Frustration über die mangelnde Umsetzung von Umweltpolitik in die Praxis verstärken, muss ihnen zumindest eine gewisse Verbindlichkeit zugestanden werden, soweit die Gemeinschaftsorgane in den Bereichen Aktivitäten entfalten.[589]

(3) Querschnittsklausel und Energiepolitik

Trotz der Einzigartigkeit der Bestimmung im System des EGV wurden bisher in den vorliegend relevanten Politikbereichen kaum Konsequenzen sichtbar.[590] Soweit ersichtlich ist die Bedeutung der Querschnittsklausel für die Wettbewerbs- und Energiepolitik der Gemeinschaft auch noch nicht gerichtlich geprüft worden. Dies gilt im übrigen auch für weitere strategische umweltrelevante Politikbereiche, wie z.B. die Verkehrspolitik. Diese Situation kann spätestens seit der Einbeziehung der Umwelt in den Zielkatalog des EGV und die Neuformulierung des Art. 130 r Abs. 2, S. 2 EGV nicht befriedigen. Die Kommission ist jedenfalls verpflichtet, aufgrund der Querschnittsklausel bei der Anwendung des Wettbewerbsrechts auf Energieversorgungsunternehmen sowie bei der Vorlage von Richtlinienentwürfen in diesem Politikbereich die Belange des Umweltschutzes zu berücksichtigen. Auch die übrigen am europäischen Gesetzgebungsverfahren beteiligten Organe, d.h. Ministerrat und Europäisches Parlament trifft diese Verpflichtung.

---

586 Auf diesen Gesichtspunkt weist insbesondere hin: Abl, in: Dauses, Handbuch des EU-Wirtschaftsrechts, O., Rn. 23 und Rn. 218.

587 Vgl. zur Einordnung des Aktionsprogramms: Breuer, Entwicklungen des europäischen Umweltrechts, S. 22; Kahl, Umweltprinzip und Gemeinschaftsrecht, S. 60 f.; Hoffert, Europarecht und nationale Umweltpolitik, S. 17; Oppermann, Europarecht, Rn. 2001; Beutler/Bieber/Pipkorn/Streil, Die Europäische Union, S. 513.

588 Vgl. zu diesem Gesichtspunkt Ress, in: Kimminich/von Lersner/Storm, HdUR, Spalte 567; Kahl, Umweltprinzip und Gemeinschaftsrecht, S. 60 ff.

589 So Abl, in: Dauses, Handbuch des EU-Wirtschaftsrechts, O., Rn. 23.

590 Vgl. hierzu etwa zu der Diskussion im Rahmen von Art. 85 EGV: Pernice, EuZW 1992, 141; s.a. Jahns-Böhm, in: Schwarze, EU-Kommentar, Art. 6 EGV, Rn. 10, der ausdrücklich die Bedeutung der Energiepolitik betont, auf der anderen Seite aber von einem weiteren Ausgestaltungsspielraum der Gemeinschaftsorgane ausgeht, Rn. 22 f.

Die Einhaltung dieser Verpflichtung unterliegt der Kontrolle durch den Europäischen Gerichtshof.[591] Dem Gerichtshof wird dabei in Zukunft, soweit der Zielkonflikt nicht auf der Ebene der Gesetzgebung berücksichtigt wird, noch ein erheblicher Entscheidungsspielraum zufallen.[592]
Angesichts der Justiziabilität muss die Kommission damit rechnen, dass bei einer künftigen Anwendung des Wettbewerbsrechts auf Energieversorgungsunternehmen diese auch Umweltargumente als Rechtfertigung bzw. Mitrechtfertigung für Wettbewerbsbeschränkungen anführen werden.[593] Insoweit bietet die Überprüfung von Entscheidungen der Kommission durch den Europäischen Gerichtshof die Möglichkeit, die praktische Wirksamkeit der europäischen Umweltverfassung zu überprüfen. Soweit auf der Ebene der Rechtsetzung die Integration der Werte Umwelt, Energie und Wettbewerb nicht erfolgt, wird diese Wertentscheidung auf die Rechtsprechung abgewälzt.[594]
An dieser Stelle ist schließlich darauf hinzuweisen, dass, soweit das Bundeskartellamt europäisches Wettbewerbsrecht anwendet,[595] es genauso wie die Kommission an die Beachtung der Querschnittsklausel gebunden ist.[596]
Das heißt, auch das Bundeskartellamt hat in seinen diesbezüglichen Entscheidungen die Belange des Umweltschutzes einzubeziehen.

(4) Schutzverstärkungsklauseln

Die Einfügung von Umweltschutzkompetenzen und -zielen in den EWGV durch die EEA bzw. den Vertrag von Maastricht wurde zudem mit Schutzverstärkungsklauseln für die Umweltschutzgesetzgebung der Mitgliedstaaten begleitet. Schutzverstärkungsklauseln gestatten es den Mitgliedsstaaten, ihre Um-

---

591 Jahns-Böhm, in: Schwarze, EU-Kommentar, Art. 6 EGV, Rn. 22 f.; Grabitz/Nettesheim, in: Grabitz/Hilf, Art. 130 r, Rn. 60; Epiney, Umweltrecht in der Europäischen Union, S. 108 f.; Der EuGH hat in der Rs. C-284/95 („Safety Hi-Tech Srl"), Slg. 1998, S. 4301 ff. = EuZW 1999, S. 252, einschränkend ausgeführt, dass sich seine Nachprüfung darauf beschränkt, „ob der Rat bei Erlass der Verordnung die Anwendungsvoraussetzungen des Art. 130 r EGV offensichtlich falsch beurteilt hat" (Tz. 37); vgl. auch EuGH Rs. C-293/97, Slg. 1999, S. 2603, zur Bedeutung des Verursacherprinzips in Art. 130 r EGV.

592 Vgl. Ress, Umweltrecht und Umweltpolitik, S. 9; ähnliche Einschätzung auch bei Krämer, in: Groeben/Thiesing/Ehlermann, Art. 130 r Rn. 42 und Zuleeg, NJW 1993, S. 33.

593 Vgl. Bellamy/Child, Common market law of competition, Rn. 16 - 019.IPG-Fall; siehe auch Wasmeier, EWG 2000, S. 47 sowie EuGH Rs. C-346/97 EWG 1999, S. 354.

594 Vgl. dazu: van der Esch, Journal of Energy and Natural Resources Law 1995, S. 18 f.; vgl. auch Töpfer, Festschrift Fabricius, S. 18 f. zur Notwendigkeit der Integration; grundsätzlich zu der Problematik aus rechtlicher und nicht politischer Sicht, Schaub, Europäische Energiebinnenmarktpolitik und Umweltpolitik, S. 61 ff.

595 Vgl. dazu: Markert, RdE 1995, S. 60 f., insbesondere S. 61 a.E.

596 Epiney/Furrer, EuR 1992, S. 387; Himmelmann, in: Handbuch des Umweltrechts, A.9., Rn. 47.

weltschutzanforderungen aufrecht zu erhalten, auch wenn diese von dem Niveau in den anderen Mitgliedsstaaten abweichen. Damit sollte es Mitgliedstaaten mit einem hohen Schutzniveau ermöglicht werden, dieses beizubehalten oder unter bestimmten Umständen auch zu verstärken.[597] In dem hier interessierenden Zusammenhang ist zunächst Art. 100 a EGV zu nennen,[598] da diese Norm nach dem ersten Kommissionsvorschlag für eine Richtlinie zur Errichtung eines Elektrizitätsbinnenmarktes eine der Rechtsgrundlagen sein sollte.

Art. 100 a Abs. 4 EGV lautete wie folgt:

> „(4) Hält es ein Mitgliedstaat, wenn der Rat mit qualifizierter Mehrheit eine Harmonisierungsmaßnahme erlassen hat, für erforderlich, einzelstaatliche Bestimmungen anzuwenden, die durch wichtige Erfordernisse im Sinne des Art. 36 oder in Bezug auf den Schutz der Arbeitsumwelt oder den Umweltschutz gerechtfertigt sind, so teilt er diese Bestimmung der Kommission mit.“

Einzelheiten der Auslegung dieser Rechtfertigungsnorm für nationale Alleingänge im Umweltschutzbereich sind immer noch umstritten. Entscheidend für die vorliegende Untersuchung ist jedoch, dass durch die Bestimmung der auch dem Art. 36 S. 2 EGV zugrundeliegende Gedanke der Rechtfertigung von diskriminierenden und verschleierten Handelsbeschränkungen auch im Bereich der Rechtsangleichung gilt. Dies bedeutet, dass umweltorientierte mitgliedstaatliche Bestimmungen insoweit an dem Verhältnismäßigkeitsgrundsatz zu messen sind.[599] Aus Art. 100 a Abs. 4 EGV könnten sich - in diesem Rahmen - nach einer Harmonisierungsmaßnahme umweltpolitische Handlungsspielräume für die Mitgliedstaaten ergeben.[600] Mit dem durch den Unionsvertrag neugefassten Art. 100 a Abs. 5 EGV können schließlich umweltbezogene nationale Alleingänge begründet werden, wenn entsprechende Schutzklauseln in die Richtlinie aufgenommen wurden.[601]

---

597 Vgl. dazu: Epiney/Furrer, EuR 1992, S. 388 ff.; grundsätzlich zu dem Begriff siehe Vorwerk, Die umweltpolitischen Kompetenzen, S. 100 ff.; Kahl, Umweltprinzip und Gemeinschaftsrecht, S. 41 ff.

598 Zu Art. 100 a EGV siehe insoweit Fischer, JuS 1999, S. 327 f.

599 Vgl. Becker, Der Gestaltungsspielraum, S. 112 f.; Pernice, NVwZ 1990, S. 207 f.; Vorwerk, Die umweltpolitischen Kompetenzen, S. 126 ff.; Himmelmann, in: Handbuch des Umweltrechts, A.9., Rn. 79; Abl, in: Dauses, Handbuch des EU-Wirtschaftsrechts, O., Rn. 72; Langeheine, in: Grabitz/Hilf, Art. 100 a, Rn. 69; Hoffert, Europarecht und nationale Umweltpolitik, S. 111 f.; Palme, Nationale Umweltpolitik in der EG, S. 157 ff.

600 Vgl. dazu grundsätzlich Palme, Nationale Umweltpolitik in der EG, S. 96 ff.; Middeke, Nationaler Umweltschutz im Binnenmarkt, S. 113 ff. und insbesondere S. 249 ff.

601 Vgl. grundsätzlich dazu: Middeke, Nationaler Umweltschutz im Binnenmarkt, S. 307 ff.

e.e. Verstärkung des Umweltschutzes durch den Vertrag von Amsterdam

Der Vertrag von Amsterdam brachte weitere wichtige Verbesserungen für den Umweltschutz im EGV. So wird das Prinzip der nachhaltigen Entwicklung ausdrücklich in die Zielbestimmungen sowohl von EUV wie EGV einbezogen (vgl. Art. 2 EUV sowie Art. 2 und Art. 6 EG). Besonders hervorzuheben ist die Weiterentwicklung der früheren Querschnittsklausel des Art. 130 r Abs. 2 EGV in Art. 6 EG, der verlangt, dass die Erfordernisse des Umweltschutzes bei der Festlegung und Durchführung der anderen Gemeinschaftspolitiken einbezogen werden **müssen.**[602] Diese Formulierung geht noch über die bisherige Querschnittsklausel hinaus und bestärkt diejenigen, die ihr eine konkrete rechtliche Verbindlichkeit zubilligen. Daneben werden durch den Vertrag von Amsterdam die Möglichkeiten und Verfahren zur Beibehaltung bzw. neuen Einführung höherer nationaler Umweltstandards weiterentwickelt.[603] Insgesamt enthält der Vertrag von Amsterdam damit klar erkennbare Verstärkungen der Umweltorientierung des EGV.

c. Ergebnis

Das Ziel Umweltschutz wurde zunächst ohne entsprechende Zielbestimmung und Kompetenzen parallel mit der Entwicklung nationaler Umweltpolitiken der Mitgliedsstaaten in den siebziger Jahren von der Gemeinschaft aufgegriffen. Dies geschah zunächst durch Aktionsprogramme, doch schon bald wurde durch die EEA dem Umweltschutz ein eigenes Kapitel im EWGV eingeräumt. Durch die Verträge von Maastricht und Amsterdam wurde die Bedeutung des Umweltschutzes im europäischen Recht dann laufend weiter gestärkt. Ausdrücklich wird dabei dem Umweltschutz nunmehr Querschnittscharakter eingeräumt, wobei durch den Vertrag von Amsterdam klargestellt wurde, dass seine Einbeziehung in andere Politikbereiche eine rechtlich verbindliche Verpflichtung der Gemeinschaft darstellt. Demnach ist das Ziel Umweltschutz mit seinen Bezügen zur Energiepolitik von der Gemeinschaft früh anerkannt worden.[604]

Die Gesamtheit der EG-Umweltverfassung, d.h. die Kompetenzen der Gemeinschaft, das Subsidiaritätsprinzip, die Schutzverstärkungsklausel und die Querschnittsklausel werden in der Literatur immer häufiger als Grundsatz des bestmöglichen Umweltschutzes verstanden.[605] Der Begriff wurde erstmals von Zu-

602 Vgl. dazu Thun-Hohenstein, Der Vertrag von Amsterdam, S. 86.

603 Thun-Hohenstein, Der Vertrag von Amsterdam, S. 86 f.

604 Vgl. Steinberg, ZRP 1999, S. 371, zum Ökologiegrundsatz in der EU.

605 Ausführlich und mit zahlreichen Nachweisen, Epiney, Umweltrecht in der Europäischen Union, S. 110 ff.

leeg[606] als zusammenfassende Bezeichnung des Ineinandergreifens von Schutzmaßnahmen, Gemeinschaftskompetenz und Subsidiaritätsklausel unter Einbeziehung der Querschnittsklausel entwickelt.

Bei Verabschiedung der Elektrizitätsbinnenmarktrichtlinie waren die Gemeinschaftsorgane insbesondere durch Art. 130 r Abs. 2 EGV, Art. 6 EG und Art. 100 a Abs. 3 EGV, Art. 95 EG auf ein hohes Umweltschutzniveau verpflichtet.[607] Damit war den Gesetzgebungsorganen der Gemeinschaft spätestens seit dem Vertrag von Maastricht deutlich geworden, dass sie bei ihren Maßnahmen zur Deregulierung des europäischen Energiemarktes den Wert Umweltschutz zu beachten und in ihr Konzept zu integrieren haben. Angesichts der Querschnittsklausel und der Umweltaktionsprogramme kann man sogar davon ausgehen, dass diese Verpflichtung des europäischen Gesetzgebers klarer und rechtlich verbindlicher formuliert war als die entsprechende Verpflichtung des deutschen Gesetzgebers.

3. Einführung des Wettbewerbs im europäischen Elektrizitätsmarkt vor der Elektrizitätsbinnenmarktrichtlinie

a. Einleitung

Das Prinzip Wettbewerb war bereits bei Inkrafttreten des Vertrages über die Europäische Wirtschaftsgemeinschaft am 01.01.1958 eines der Strukturmerkmale der damaligen europäischen Gemeinschaft.[608] Eines der Hauptanliegen der EWG bei ihrer Gründung war es, dem Wettbewerbsprinzip auch grenzüberschreitend für die Mitgliedsstaaten Geltung zu verleihen. Nachfolgend soll daher aufgezeigt werden, warum der Wettbewerb als Strukturmerkmal der EWG erst im Zusammenhang mit der Binnenmarktkonzeption der Kommission in dem europäischen Energiemarkt wirksam wurde.

---

606 NVwZ 1987, S. 280, S. 283 ; zustimmend z.B. Epiney/Furrer, EuR 1992, S. 388; Wiegand, DVBl. 1993, S. 533 f.; Vorwerk, Die umweltpolitischen Kompetenzen, S. 33 ff.; Pernice, NVwZ 1990, S. 203; zur umfassenden Herleitung eines solchen Prinzips und seiner Konkretisierung mitsamt der Ausstrahlwirkungen siehe: Kahl, Umweltprinzip und Gemeinschaftsrecht, S. 75 ff.

607 Vgl. dazu: Krämer, ZUR 1997, S. 308 sowie die Rechtsprechung des EuGH Rs. C-284/95 („Safety Hi-Tech Srl"), Slg. 1998, S. 4301, und Rs. C-293/97, Slg. 1999, S. 2603.

608 Vgl. dazu Kilian, Europäisches Wirtschaftsrecht, Rn. 219; Nagel, Wirtschaftsrecht der Europäischen Union, S. 89.

b. Binnenmarkt und Wettbewerb

a.a. Der Ausgangspunkt

Im Gegensatz zu dem deutschen GWB kannte das europäische Wettbewerbsrecht, das im Kern aus den Art. 85 f. EWGV bestand, keine Bereichsausnahmen für die Energiewirtschaft der Mitgliedsstaaten und damit auch nicht für die in der vorliegenden Untersuchung vorrangig behandelte Elektrizitätswirtschaft. Die Wettbewerbsregelungen, die bereits in den Römischen Verträgen enthalten waren, sollten einen unverfälschten Wettbewerb im Gemeinsamen Markt garantieren.[609] Allerdings kam es bis in die späten achtziger Jahre nicht zu einer praktischen Wirksamkeit der Wettbewerbsregeln im Elektrizitätsbereich. Hintergrund dafür dürfte zum einen gewesen sein, dass sich die gemeinschaftliche Wettbewerbspolitik langsam entwickelt hat[610] und zum anderen, dass gerade die Elektrizitätswirtschaft durch ein besonders kompliziertes Bündel von Interessenkonflikten sowie eine starke staatliche Einflussnahme in allen Mitgliedstaaten gekennzeichnet ist.[611] Zu nachweisbaren Überlegungen, die Wettbewerbsregeln des EWGV auch im Bereich der Elektrizitätswirtschaft zur Anwendung zu bringen, kam es daher erst im Rahmen des Binnenmarktprogrammes der Kommission. Nach Auffassung der Kommission sollte eine konsequente Wettbewerbspolitik das Funktionieren des, bis Ende 1992 neu zu schaffenden gemeinsamen einheitlichen Marktes absichern und verstärken.[612] Das Wettbewerbsprinzip wurde daher erst durch die Verwirklichung des Binnenmarktes und die zu diesem Zweck erforderliche Kartellrechtspraxis der Kommission in dem europäischen Elektrizitätsmarkt wirksam.

b.b. Das Binnenmarktkonzept der Kommission

Die Bemühungen der Kommission um mehr Wettbewerb im Bereich der Energiewirtschaft waren – wie vorstehend geschildert - Bestandteil des Binnenmarktkonzeptes. Inhaltlich handelt es sich bei dem Binnenmarkt um ein Programm zur Verwirklichung der nach dem EWGV von 1958 bereits vorhandenen Verpflichtung der Mitgliedstaaten, die Grundfreiheiten in die Wirklichkeit umzusetzen. Der Binnenmarkt für Energie ist dabei ein Nachzügler im Vergleich zu anderen Sektoren im Rahmen des freien Dienstleistungs- und Warenverkehrs.

---

609 Vgl. Geiger, EG-Vertrag, 1. Aufl., Art. 85, Rn. 1; Emmerich, in: Immenga/Mestmäcker, EG-Wettbewerbsrecht, Art. 85 Abs. 1 EGV, Rn. 3.

610 Vgl. dazu 25. Bericht über die Wettbewerbspolitik, KOM (96) 126 endg., S. 14.

611 Vgl. Mestmäcker, in: Immenga/Mestmäcker, EG-Wettbewerbsrecht, Art. 90, Rn. 16.

612 S. den XXV. Bericht über die Wettbewerbspolitik, KOM (96) 126 endg., S. 12.

Ausgangspunkt für den beeindruckenden Integrationsschub ab Mitte der achtziger Jahre war das Weißbuch[613] der Kommission „Vollendung des Binnenmarktes“.[614] Die am 01.07.1987 in Kraft getretene Einheitliche Europäische Akte (EEA) sollte vor allem das Weißbuch umsetzen und schuf dafür die notwendigen rechtlichen Voraussetzungen. Der Binnenmarkt wurde in Art. 8 a EWGV wie folgt definiert:

> „Der Binnenmarkt umfasst einen Raum ohne Binnengrenzen, in dem der freie Verkehr von Waren, Personen, Dienstleistungen und Kapital gemäß den Bestimmungen des Vertrages gewährleistet ist.“

Unabhängig davon, ob man in dem Binnenmarkt nur eine neue Bezeichnung für den Gemeinsamen Markt, der eigentlich schon Anfang 1970 verwirklicht sein sollte,[615] oder ob man in ihm tatsächlich eine neue Dimension des Integrationsprozesses sieht,[616] ist der Anstoß, den die Rechtsangleichung durch ihn erhalten hat, unübersehbar.[617] Das umfangreiche Arbeitsprogramm der Kommission konnte dabei vor allem durch das neue Verfahren der Rechtsangleichung im Binnenmarkt nach Art. 100 a EWGV verwirklicht werden, der Art. 100 insoweit verdrängte und ein erleichtertes Gesetzgebungsverfahren vorsah.[618] Wichtige Faktoren waren des weiteren die neue Pluralität zulässiger Rechtsakte (die Kommission war nicht mehr auf Richtlinien beschränkt), die Beschlussfassung mit qualifizierter Mehrheit und die Tolerierung einzelstaatlicher Abweichungen (opting out).[619]

Parallel zu ihrem Gesetzgebungsprogramm hat die Kommission ab 1987 zahlreiche Klagen vor dem EuGH gegen Handelsbeschränkungen der Mitgliedstaaten auf Grundlage der „Cassis-de-Dijon-Rechtsprechung“[620] angestrengt, wobei

---

613 Zur Strategie der Kommission: Schmitt von Sydow, The Basic Structure, S. 79 ff.; Bieber/Dehousse/Pinder/Weiler, Back to the future, S. 13 f.

614 KOM (85), 310 endg.

615 So z.B. Grabitz, in: Grabitz/Hilf, Art. 8a, Rn.3.

616 Vgl. Müller-Graff, in: Dauses, Handbuch des EU-Wirtschaftsrechts, A I, Rn. 35.

617 Vgl. aus der reichhaltigen Literatur: Dauses, EuZW 1990, S. 9 f.; Schmidhuber, EA 1989, S. 75; sowie die Berichte der Kommission an den Rat und das EP über die Durchführung des Weißbuches z.B.: KOM (88), 134 endg.

618 Vgl. Geiger, EG-Vertrag, 1. Aufl., Art. 100 a Rn. 1, Beutler/Bieber/Pipkorn/Streil, Die Europäische Union, S. 387 ff.

619 Dauses, EuZW 1990, S. 9; grundsätzlich zu der Problematik: Ress, Löst Art. 100 a EWGV die Probleme der Rechtsangleichung des einheitlichen Binnenmarktes?, S. 9 ff.; Taschner, Qualifizierte Mehrheit für Maßnahmen zur Rechtsangleichung, S. 87 ff., mit grundsätzlichen Zweifeln an der "Brauchbarkeit" einer qualifizierten Mehrheitsentscheidung bei Maßnahmen der Rechtsharmonisierung.

620 EuGH Slg. 1979, S. 649; ABl. Nr. C 256/1980 S. 2.

sie sich nicht scheute, auch „heilige Kühe" der Mitgliedstaaten, wie etwa das Reinheitsgebot für Bier, anzugehen.[621]

Die Kommission setzte damit parallel auf die konsequente und kontrollierte Anwendung der Wettbewerbsregeln des EGV zur Durchsetzung ihrer Binnenmarktkonzeption.[622]

Die Wettbewerbsbestimmungen sind dabei durch die EEA zwar nicht verschärft worden, doch es existierten zahlreiche Wirtschaftsbereiche, auf die sie aus unterschiedlichsten Gründen nicht angewandt wurden. Zu diesen zählte u.a. auch der Ausnahmebereich des deutschen Wettbewerbsrechts für die Elektrizitätswirtschaft.[623] Das EG-Recht kennt aber keine Ausnahmebereiche,[624] und der Kommission stand es offen, ihre Binnenmarktstrategie auch in diesem besonders umstrittenen Wirtschaftssektor zu verwirklichen.[625] In ihrem Arbeitsdokument „Binnenmarkt für Energie" forderte die Kommission dann erstmals 1988 die entschlossene Anwendung des Gemeinschaftsrechts auch im Energiebereich.[626]

c.c. Die Deregulierung der Elektrizitätswirtschaft im Rahmen des Binnenmarktes

Erste Hinweise auf die Einbeziehung der Elektrizitätswirtschaft in den Binnenmarkt finden sich in der Entschließung des Rates vom 16.09.1986, durch die die energiepolitischen Ziele der Gemeinschaft bis 1995 fortgeschrieben wurden. Der Rat hat in diesem Dokument darauf hingewiesen, dass die Integration eines

---

621 Das deutsche Reinheitsgebot für Bier wurde vor der Entscheidung des EuGH wie eine nationale Errungenschaft verteidigt; vgl. Dauses, in: Verwirklichung des Binnenmarktes, Beilage der SZ vom 03.03.1989, S. V; derselbe, Handbuch des EU-Wirtschaftsrechts C I, Rn. 112; Schweitzer/Hummer, Europarecht, S. 398 ff.; EuGH, Slg. 1987, 1227.

622 KOM (85), 310 endg., Tz. 152 ff., Tz. 157.

623 Vgl. Reich, FS Steindorff, S. 1065 ff., 1077 m.w.N.; Immenga, FS Steindorff, S. 967 ff.; ausführlich zur Problematik im Bereich des Post- und Fernmeldewesens sowie von Rundfunk und Fernsehen; Müller, Dienstleistungsmonopole im System des EWGV, S. 167 ff.

624 Vgl. aus der Sicht der Gründerjahre der EWG: Fischerhof, Europäisches Wettbewerbsrecht und Energiewirtschaft, S. 122 ff.

625 Cardoso e Cunha (1989 zuständiger EG-Kommissar), WuW 1989, S. 788. Der Grundgedanke dieser Gesetzgebungsvorhaben wird im allgemeinen unter dem Stichwort Deregulierung diskutiert. Steindorff, Grenzen der EG-Kompetenzen, S. 79 ff., 104 f., ist der Meinung, dass die EG für diesen Bereich überhaupt nur Deregulierungskompetenzen innehat, eine Deregulierung im Energiebereich sei aber immer auch Regulierung, soweit sie mit Verwaltungskompetenzen europäischer Behörden verbunden ist.

626 KOM (88), 238 endg., Tz. 38; Erberich, in: Bleckmann, Europarecht, Rn.2883.

von Handelshemmnissen befreiten Energiebinnenmarktes notwendig sei.[627] Zwei Jahre später hat die EG-Kommission dann 1988 ihr grundlegendes Arbeitsdokument „Der Binnenmarkt für Energie" vorgelegt,[628] das ausgehend von einer allgemeinen Charakterisierung der Energiemärkte in Europa sowie der bestehenden Hindernisse für einen grenzüberschreitenden Wettbewerb,[629] vier Aktionsebenen für die künftige Politik der Gemeinschaft formuliert:

- Anwendung des primären und sekundären Gemeinschaftsrechts,

- Umsetzung der Vorgaben des Weißbuches von 1985 nun auch im Energiebereich,

- Berücksichtigung der neuen Umweltkompetenzen, um ein Gleichgewicht zwischen Energie und Umwelt herzustellen und

- Schaffung neuer geeigneter Bestimmungen für den Energiesektor in den Bereichen Infrastruktur etc.[630]

Ausgangspunkt der Überlegungen der Kommission war, wie schon bei der Erarbeitung des sektorenübergreifenden allgemeinen Binnenmarktkonzepts, die Kosten der Nichtverwirklichung von „Europa 92", wie sie im Cecchini-Bericht dargestellt wurden.[631] Dabei beziffert die Kommission die Kosten von „Nicht-Europa" im Energiebereich auf 0,5 % des BIP der Gemeinschaft, Kosten die durch einen verstärkten Wettbewerb vermindert werden könnten.[632] Die Kommission sah die Möglichkeit, Kosten in Höhe von 1,5 Mrd. ECU ab 1992 und ab dem Jahre 2000 sogar 2,32,5 Mrd. ECU zu vermeiden.[633] Diesen möglichen Gewinnen steht entgegen, dass der Stromaustausch in der Gemeinschaft (bzw. die innereuropäischen Stromlieferungen) seit Jahren konstant weniger als 5 % des gesamten Elektrizitätsverbrauchs der EG betragen.[634] Ursächlich für diesen geringen Wettbewerb sind, nach Auffassung der Kommission, insbesondere die

627 ABl. Nr. C 241/2 vom 25.09.1986.

628 KOM (88), 238 endg. = Energie in Europa, Sondernummer: Der Binnenmarkt für Energie; vgl. auch KOM (90), 124 endg., The internal energy market, First Progress Report.

629 Vgl. auch die umfassende Untersuchung der Kommission über die Energiepolitik der Mitgliedstaaten: KOM (88), 174 endg.

630 KOM (88), 174 endg., Tz. 38 ff.

631 Grundsätzlich: Cecchini Europa '92: Der Vorteil des Binnenmarktes; vgl. auch für den Energiebereich: Palinkas, Europäische Energiepolitik und der Binnenmarkt für Energie, S. 16 ff.; Europäisches Parlament, Reihe: Energie und Forschung Nr. 8, S. 14 ff.

632 KOM (88), 238 endg., Tz. 19; vgl. auch: Palinkas, Intereconomics 1989, S. 246 f.; Lukes, DB 1989, S. 2059.

633 KOM, Energie in Europa Nr. 14: Die Vollendung des Binnenmarktes für Energie, S. 6.

634 KOM (88), 238 endg., Tz. 17.

nationalen juristischen Ordnungssysteme der Elektrizitätswirtschaft, die, wie auch immer im einzelnen ausgestaltet, grenzüberschreitende Stromlieferungen gegen den Willen der Leitungsinhaber nicht zulassen. Folgerichtig entwickelt die Kommission aus den von ihr dargestellten Hindernissen ihre noch heute gültige Handlungsstrategie.

In einem ersten Schritt sollten daher zunächst technische und fiskalische Grenzen beseitigt[635] und das Beschaffungswesen[636] geöffnet werden.

Der zweite Schritt war die Anwendung der Normen zur Herstellung des freien Warenverkehrs (Art. 30 EWGV) in der Bedeutung, wie sie sie durch die „Cassis-de-Dijon-Rechtsprechung“ des EuGH erhalten haben, von Art. 37 EWGV (Staatliche Handelsmonopole), der Wettbewerbsregeln (Art. 85 f. EWGV) sowie des darauf beruhenden sekundären Gemeinschaftsrechts[637] und der Beihilfenaufsicht.[638]

Die Kommission hat schließlich bereits 1988 den Umweltschutz als Aktionsebene ihres Binnenmarktkonzeptes genannt. Dazu war sie auch gemäß Art. 100 a Abs. 3 EWGV verpflichtet, wonach sie bei ihren Vorschlägen von einem hohen Schutzniveau zugunsten der Umwelt ausgegangen ist. Daneben sah sie des weiteren die Gefahr nationaler Alleingänge bzw. einzelstaatlicher, strengerer Schutzniveaus im Umweltbereich und deren desintegrierender Wirkung für einen Energiebinnenmarkt (Art. 100 a Abs. 4 EWGV).[639]

Die letzte Handlungsebene der Kommission war die Schaffung der notwendigen gemeinschaftsrechtlichen Bestimmungen zur Schaffung der Infrastruktur und schließlich eines Energiebinnenmarktes.[640]

d.d. Zusammenfassung

Der Binnenmarkt für Energie wurde als verspäteter Ableger des sektorenübergreifenden Binnenmarktkonzeptes der Kommission Ende der achtziger Jahre zu einem Ziel der Gemeinschaft. Auch wenn die Kommission spätestens seit der EEA verpflichtet war, auch den Umweltschutz im Rahmen ihrer Konzeption zu

---

635 KOM (88), 238 endg., Tz. 37-48.

636 Vgl. Richtlinie des Rates vom 17.09.1990 betreffend die Auftragsvergabe im Bereich der Wasser-, Energie- und Verkehrsversorgung sowie Telekommunikationssektor, ABl. Nr. L 297/1 vom 29.10.1990.

637 Insbesondere die VO Nr. 17, ABl. Nr. 13/1962, S. 204/62.

638 KOM (88), 238 endg., Tz. 50 ff.

639 Vgl. KOM (88), 238 endg., Tz. 71 ff.; ausführlich zum Zusammenhang von Energie und Umwelt die Mitteilung der Kommission an den Rat vom 8.2.1990, KOM (89), 369 endg.

640 Siehe dazu: Hüffer/Ipsen/Tettinger, Die Transitrichtlinien, S. 38 f.

berücksichtigen, waren die Vorarbeiten für den Energiemarkt doch vorrangig vom Wettbewerbsprinzip beherrscht.[641]

c. Anwendung der Wettbewerbsbestimmungen auf die Elektrizitätswirtschaft durch die Kommission

a.a. Der Ausgangspunkt der Kommission

In dem vorstehenden Abschnitt wurde das Entstehen des Wettbewerbsgedankens für den europäischen Elektrizitätsbinnenmarkt aus der Binnenmarktkonzeption der Kommission heraus erläutert. Nachfolgend soll nunmehr dargestellt werden, wie dieses für den Wirtschaftssektor erstmals eindeutig formulierte Wettbewerbsprinzip bei der Anwendung des europäischen Kartellrechts wirksam wurde.

Die Kommission vertrat dabei den Standpunkt, dass unabhängig von einer künftigen Neuordnung des europäischen Strommarkts durch Binnenmarktrichtlinien, Ausschließlichkeitsrechte auf den europäischen Energiemärkten gegen das Wettbewerbsrecht des EGV verstoßen.[642] Die Kommission ging weiter davon aus, dass sie nicht nur durch Rechtsangleichung, sondern durch die Anwendung des Gemeinschaftsrechts eine Öffnung der Energiemärkte der Mitgliedsstaaten erzwingen konnte. Schließlich war sie auch gewillt, beide Möglichkeiten zu nutzen, weshalb man von einer Doppelstrategie sprechen konnte.[643] Nach dieser Konzeption der Kommission wurde daher das Wettbewerbsprinzip im europäischen Elektrizitätsmarkt nicht nur in der Gesetzgebung, sondern auch in ihrer Kartellpraxis deutlich. Diese wird daher nachfolgend erläutert.

b.b. Vertragsverletzungsverfahren

Im Jahr 1991 hat die Kommission eine erste Verbotsentscheidung, die sog. „Ijssel-Centrale-Entscheidung“ bzgl. wettbewerbsbeschränkender Absprachen im Energiesektor gem. Art. 85 EWGV i.V.m. der Kartellverordnung[644] getroffen.[645]

---

641 Vgl. dazu auch Europäisches Parlament, Die deutsche Elektrizitätswirtschaft und der EG-Binnenmarkt für Energie, Sammlung Wissenschaft und Dokumentation, Reihe Energie und Forschung Nr. 8, 12/1988, S. 38; KOM (88), 238 endg., Tz. 71 ff.; ausführlich zum Zusammenhang von Energie und Umwelt die Mitteilung der Kommission an den Rat vom 08.02.1990, KOM (89), 369 endg.; s.a. den ursprünglichen Vorschlag für die Transitrichtlinie Strom: ABl. Nr. C 8/4 vom 13.01.1990 und die Äußerungen von Cardoso e Cunha, WuW 1989, S. 788, der die Energiepolitik vorrangig als Teil des Binnenmarktes betrachtet.

642 So der zuständige Direktor der Kommission, Ehlermann, z.B. EuZW 1992, S. 691, 692 f.; derselbe, Revue du Marché Commun et de l'Union Européenne 1994, S. 454 f.; derselbe, Journal of Energy and Natural Resources Law, 1994, S. 346 f.

643 Vgl. Bellamy/Child, Common market law of competition, 16-005.

644 Verordnung Nr. 17/62 des Rates vom 13.03.1962.

Diese Entscheidung betraf den niederländischen Stromsektor vor Inkrafttreten des neuen Elektrizitätsgesetzes.[646] Nach Auffassung der Kommission verletzte eine Bestimmung der zwischen niederländischen Elektrizitätserzeugungsunternehmen und der Verbundgesellschaft SEP geschlossenen Zusammenarbeitsvereinbarung von 1986 Art. 85 Abs. 1 EWGV, da diese bezweckte, die Elektrizitätseinfuhr durch private industrielle Verbraucher und die Stromausfuhr außerhalb der öffentlichen Versorgung einzuschränken.[647] Die angegriffene Bestimmung der Zusammenarbeitsvereinbarung enthielt (unter anderem) ein Ex- und Importverbot für die Produktionsunternehmen und eine Verpflichtung der Erzeuger, diese Verbote in Abnahmeverträgen an weitere Versorgungsunternehmen weiterzugeben. Die Kommission stellt in ihrer Entscheidung darauf ab, dass die Vertragsbestimmung in Verbindung mit der Praxis der Vertragsparteien der Verbundgesellschaft SEP die vollständige Kontrolle über Import und Export von Strom einräumt. Dadurch werden Einfuhren durch Dritte unmöglich gemacht.[648]

Nach diesem ersten Vertragsverletzungsverfahren hatte die Kommission öffentlich angekündigt, weitere Vereinbarungen auf ihre Vereinbarkeit mit Art. 85 f. EWGV überprüfen zu wollen.[649] Zu ähnlich öffentlichkeitswirksamen Verfahren ist es aber dann bis zur Verabschiedung der Elektrizitätsbinnenmarktrichtlinie nicht mehr gekommen.[650]

Anfang 1994 hat die Kommission schließlich Verfahren gegen mehrere Mitgliedstaaten gem. Art. 169 EGV mit der Begründung eingeleitet, ihre nationale Gesetzgebung, die den Import und Export von Elektrizität verbietet, verstoße gegen die Art. 30, 34 und 37 EGV. Die Verfahren richteten sich dabei u.a. gegen die Niederlande,[651] Italien[652] und Frankreich.[653] Ausgangspunkt der Verfahren war, dass Strom eine Ware ist und die Vertragsbestimmungen über den freien Warenverkehr auch in diesem Sektor Anwendung finden. Eine Rechtfertigung für die Beschränkungen sei von den Mitgliedstaaten nicht nachgewiesen.[654]

---

645 KOM, ABl. EG Nr. L 28, 1991, S. 32 ff.

646 Vgl. Dehmer, ET 1991, S. 333.

647 Vgl. KOM, Competition Policy Newsletter, Volume 1, No. 4, 1995, S. 46.

648 Gegen die Entscheidung wurde Klage beim Europäischen Gericht erster Instanz erhoben, das die Kommissionsentscheidung durch Urteil vom 18.11.1992 bestätigt hat; EuG, Slg. II. 1992, S. 2417 ff.; vgl. dazu: Dehmer, ET 1991, S. 334.

649 Vgl. z.B. Ehlermann, EuZW 1992, S. 692; Markert, RdE 1995, S. 61; Ehlermann, Journal of Energy and Natural Resources Law, 1994, S. 352.

650 Vgl. Markert, RdE 1995, S. 61.

651 Rechtssache C 157 aus 1994, ABl. EG Nr. C 202/94, S. 10.

652 Rechtssache C 158 aus 1994, ABl. EG Nr. C 202/94, S. 11.

653 Rechtssache C 159 aus 1994, ABl. EG Nr. C 202/94, S. 11.

654 Vgl. Ehlermann, Journal of Energy and Natural Resources Law, 1994, S. 347.

Auch wenn nur wenige Verfahren gegen Kartellabsprachen in der Energie- und Elektrizitätswirtschaft in den neunziger Jahren bekannt wurden, war den betroffenen Interessenverbänden und den Regierungen der Mitgliedsstaaten deutlich geworden, dass der Kommission rechtliche Mittel zur Öffnung der Elektrizitätsmärkte durch konsequente Anwendung des Gemeinschaftsrechts offen stehen.

c.c. Ergebnis

Bis hierhin kann festgestellt werden, dass die Kommission durch ihre Doppelstrategie, Vorlage von Richtlinienvorschlägen zur Rechtsangleichung des Ordnungsrahmens der Elektrizitätswirtschaft in den Mitgliedsstaaten sowie konsequente Betonung ihrer Möglichkeiten zur Anwendung des EG-Kartellrechts deutlich gemacht hat, dass sie gewillt war, Wettbewerb auch für den Elektrizitätsmarkt durchzusetzen. Seit Beginn der Aktivitäten der Kommission zur Aufhebung der Wettbewerbsbeschränkungen in den Elektrizitätsmärkten der Mitgliedsstaaten hat das Wettbewerbsprinzip Eingang in diesen europäischen Politikbereich gefunden.

4. Konfliktfelder zwischen Umweltschutz und Wettbewerb vor der Richtlinie

a. Problemstellung

In den vorigen Abschnitten der Untersuchung wurde geschildert, wie das Wettbewerbsprinzip und das Umweltschutzprinzip sich als Ziele der europäischen Energiepolitik spätestens in den achtziger Jahren zeitlich weitgehend parallel durchsetzten.

Die Kommission ging - wie dargestellt - bei ihrer Konzeption eines Energiebinnenmarktes davon aus, dass die von ihr vorgelegten Richtlinien und Richtlinienvorschläge nur der Präzisierung bereits bestehender Verpflichtungen der Mitgliedsstaaten bzw. der betroffenen Unternehmen dienten.[655] Diese Position der Kommission hat Ende der achtziger Jahre Widerspruch in den Mitgliedsstaaten - besonders in Deutschland - hervorgerufen.[656] Nachfolgend soll nun-

---

[655] Vgl. Ehlermann, EuZW 1992, S. 690 f.; derselbe, Journal of Energy and Natural Resources Law 1994, S. 346 ff.; vgl. der erste Vorschlag für eine Richtlinie des Rates betreffend gemeinsamer Vorschriften für den Elektrizitätsbinnenmarkt KOM (91), 548 endg., wo es ausdrücklich heißt: „Diese Richtlinie steht der Anwendung der Vertragsvorschriften nicht entgegen".

[656] Vgl. Hüffer/Ipsen/Tettinger, Die Transitrichtlinien; Scholz/Langer, Europäischer Binnenmarkt und Energiepolitik; Schwabe, Die deutsche Stromversorgungsstruktur und

mehr untersucht werden, inwieweit im Rahmen dieser Diskussion das Ziel Umweltschutz als Querschnittsaufgabe der Gemeinschaft mit dem Ziel Wettbewerb in Konflikt geriet. Falls es zu einem solchen Konflikt kam, dokumentierte er für den europäischen Gesetzgeber während des Gesetzgebungsverfahrens die Notwendigkeit, für diesen Wert- und Vorrangwiderspruch eine Lösung zu finden.

b. Verträge und staatliche Maßnahmen

Bei der Frage, ob das Ordnungssystem der deutschen Elektrizitätswirtschaft vor der Reform 1998 mit dem EGV vereinbar war, ist zu unterscheiden zwischen staatlichen Maßnahmen zur Abschottung des nationalen Marktes, deren Zulässigkeit insbesondere anhand der Art. 30, 36, 37 EGV zu prüfen war und privatrechtlichen Verträgen zwischen Unternehmen, die an den Art. 85 ff. EGV zu messen waren.[657]

Als privatrechtliche wettbewerbsbeschränkende Verträge sind, wie die Darstellung des früheren Ordnungssystems der deutschen Elektrizitätswirtschaft gezeigt hat, die sog. Demarkations- und Konzessionsverträge zu nennen. Fraglich war daher die Vereinbarkeit dieser Vereinbarungen mit Art. 85 f. EGV.

Daneben war die Ablehnung eines deutschen Energieversorgungsunternehmens zum Abschluss eines Durchleitungsvertrages mit einem Konkurrenten aus einem Mitgliedstaat problematisch. Diese Verweigerung, Strom aus einem anderen Mitgliedsstaat der Gemeinschaft an Abnehmer in das geschlossene Versorgungsgebiet zu transportieren (Durchleitungsverweigerung) konnte gemäß Art. 86 EGV, also im Rahmen der europäischen Missbrauchskontrolle, unzulässig gewesen sein.
Hinsichtlich der Art. 85 und 86 EGV stellt sich dann die Frage, inwieweit Art. 90 Abs. 2 EGV eine (europäische) Bereichsausnahme für die in der deutschen Elektrizitätswirtschaft üblichen Wettbewerbsbeschränkungen begründen konnte.

Staatliche Maßnahmen, die den grenzüberschreitenden Wettbewerb behinderten, waren schließlich nur im Rahmen der Art. 30, 37 EGV zulässig.

Im Rahmen der nachfolgenden Untersuchung stehen angesichts des für die deutsche Elektrizitätswirtschaft prägenden Charakters der privatwirtschaftlichen Kartellabsprachen diese im Vordergrund. Dies entspricht auch dem Verlauf der

---

der EWG-Vertrag; Metzenthin, Wettbewerb durch EG-Stromimporte; Zinow, Rechtsprobleme der grenzüberschreitenden Durchleitung von Strom.

657 Zu der Unterscheidung vgl. z.B. Scholz/Langer, Europäischer Binnenmarkt und Energiepolitik, S. 294 f.; siehe auch Schaub, Europäische Energiebinnenmarktpolitik und Umweltpolitik.

Diskussion Ende der achtziger und Anfang der neunziger Jahre. Die Vereinbarkeit des EnWG 1935 mit den Art. 30, 37 EGV wird dagegen nur am Rande berührt, soweit dies für den vorliegenden Untersuchungsgegenstand, den Wertwiderspruch zwischen Umweltschutz und Wettbewerb, relevant ist.

c. Konfliktfelder bei privatrechtlichen Verträgen

a.a. Tatbestand von Art. 85 EGV (Kartellverbot)

(1) Anwendbarkeit von Art. 85 EGV

Die deutschen Energieversorgungsunternehmen sowie die betroffenen Gebietskörperschaften schlossen zur Absicherung ihrer Versorgungsverträge miteinander den Substitutionswettbewerb ausschließende Konzessions- und Demarkationsverträge ab. Die Kommission warf Ende der achtziger Jahre erstmals die Frage auf, inwieweit diese Verträge gegen Art. 85 bzw. Art. 86 EGV verstießen.

Art. 85 EGV (Art. 81 EG) erklärt jedes wettbewerbsbeschränkende Verhalten von Unternehmen für unvereinbar mit dem Gemeinsamen Markt, soweit es geeignet ist, den Handel zwischen den Mitgliedstaaten zu beeinträchtigen oder eine Verhinderung, Einschränkung oder Verfälschung des Wettbewerbs innerhalb des Gemeinsamen Marktes zu bezwecken oder zu bewirken. Beispielhaft hierfür wird ein Katalog typischer wettbewerbsbeschränkender Maßnahmen genannt.[658] Gem. Art. 85 Abs. 2 EGV sind alle nach Abs. 1 untersagten Vereinbarungen oder Beschlüsse nichtig. Es besteht aber die Möglichkeit, bestimmte Vereinbarungen von der Nichtigkeitsfolge freizustellen, wenn die Anwendbarkeit durch die Kommission im Rahmen einer Einzelfreistellung gem. Art. 85 Abs. 3 EGV verneint wird.

In Deutschland wurde vielfach bei Bekannt werden der Absicht zur Anwendung von Wettbewerbsvorschriften durch die Kommission die Auffassung vertreten, dass die Art. 85 f. EGV auf die Energieversorgung keine Anwendung finden. Dies wurde mit den – u.a. aus dem EnWG 1935 hergeleiteten - Besonderheiten der Energieversorgung, insbesondere dem Grundsatz der Versorgungssicherheit und Preisgünstigkeit begründet.[659] Die Energiewirtschaft war nach dieser Auffassung ein natürlicher Ausnahmebereich des europäischen Kartellrechts auch ohne ausdrückliche Regelung im EGV. Daneben wurde gegen die Anwendung

658 Vgl. zu den einzelnen Voraussetzungen Koch, in: Grabitz/Hilf, Art. 85; Geiger, EG-Vertrag, Art. 85, Rn. 11 ff.; s. auch Zinow, in: Wiedemann, Handbuch, § 34, Rn. 54.

659 Vgl. Schwark, Festschrift Fabricius, S. 208.

der Wettbewerbsregeln angeführt, dass der Gemeinschaft schon jede Kompetenz zur Regelung der Materie fehle.[660]

Die vorherrschende Meinung ging gemeinsam mit der Kommission dagegen davon aus, dass die Wettbewerbsregeln im Grundsatz auch auf den Energiebereich Anwendung finden.[661] Der EuGH hat in seiner ersten Grundsatzentscheidung zu dieser Problematik 1994 die Anwendbarkeit der Art. 85 f. EGV für den Elektrizitätsbereich ausdrücklich bejaht.[662]

Diese Ansicht überzeugt, da für einen natürlichen Ausnahmebereich keine Anhaltspunkte im Gemeinschaftsrecht zu erkennen sind. Die Anerkennung würde auch gegen den Anwendungsvorrang des Gemeinschaftsrechts verstoßen.

(2) Wettbewerbsbeschränkungen i.S.v. Art. 85 EGV

Die zwischen Energieversorgungsunternehmen in Deutschland abgeschlossenen Demarkationsverträge sowie die zwischen Kommunen und Energieversorgungsunternehmen abgeschlossenen Konzessionsverträge, stellen Vereinbarungen zwischen Unternehmen im Sinne von Art. 85 EGV dar.[663] Voraussetzung für einen Verstoß gegen Art. 85 EGV ist, dass diese Vereinbarungen Wettbewerbsbeschränkungen enthalten. Eine Wettbewerbsbeschränkung liegt vor, wenn der Marktzugang und der Abschluss bzw. die Gestaltung von Austauschverträgen eingeschränkt wird. Maßgeblich ist der Vergleich mit der Wettbewerbssituation ohne das fragliche Verhalten.[664] Nachfolgend wird daher untersucht, inwieweit Demarkationsverträge und Konzessionsverträge Wettbewerbsbeschränkungen enthalten.

---

660 Vgl. etwa Seidel, EuR 1988, S. 131 f., der allerdings die Mindermeinung vertritt, Elektrizität sei nicht als Ware im Sinne des EGV, sondern als Dienstleistung zu betrachten; vgl. auch Schwark, FS Fabricius, S. 205 ff. m.w.N.

661 Ehlermann, EuZW, 1992, S. 692; Britz, Örtliche Energieversorgung nach nationalem und europäischem Recht, S. 159.

662 Vgl. EuGH Slg I 1994, S. 1477 f.; vgl. Rapp-Jung, EuZW 1994, S. 465; Le Nestour/Zinow, ET 1995, S. 80 - auf die Entscheidung wird noch nachfolgend ausführlich eingegangen werden.

663 Vgl. Britz, Örtliche Energieversorgung nach nationalem und europäischem Recht, S. 160 ff.; Schwabe, Die deutsche Stromversorgungsstruktur und der EWG-Vertrag, S. 81; Metzenthin, Wettbewerb durch EG-Stromimporte, S. 98 f.

664 Geiger, EUV/EGV, Art. 81, Rn. 11; Emmerich in Immenga/Mestmäcker, EG-Wettbewerbsrecht Art. 85 Abs. 1, Rn. 144 ff.; Langen/Bunte, Kartellrecht, 8. Aufl., Art. 85 EGV, Rn. 55 ff.

(3) Konzessions- und Demarkationsverträge

Durch einen Konzessionsvertrag verpflichtet sich eine deutsche Gebietskörperschaft in ihrem Territorium, nur ein Energieversorgungsunternehmen mit der Versorgung Dritter zu betrauen. Im Gegenzug erhält die Gebietskörperschaft von den Energieversorgungsunternehmen eine Konzessionsabgabe.

Die Konzessionsverträge enthalten daher in der Regel eine Klausel, wodurch der Wettbewerb zwischen der Gebietskörperschaft und dem Energieversorgungsunternehmen ausgeschlossen wird. Darüber hinaus wird aber auch die Wettbewerbsmöglichkeit anderer Energieversorgungsunternehmen und damit die Wahlmöglichkeit der Letztverbraucher durch diese Klausel ausgeschlossen.[665]
Demnach ist festzustellen, dass Konzessionsverträge mit solchen Klauseln Wettbewerbsbeschränkungen i.S.v. Art. 85 EGV enthielten.[666] Auch Energieversorgern aus Mitgliedsstaaten der Gemeinschaft war es wegen der Ausschließlichkeitsklausel versagt, in dem Konzessionsgebiet tätig zu werden.

Durch Demarkationsverträge grenzen Energieversorgungsunternehmen in Deutschland die Regionen ab, in denen Sie berechtigt sind, Dritte mit Strom zu versorgen. Damit garantieren sie sich gegenseitig, nicht in den jeweils abgegrenzten Regionen in Wettbewerb um Konzessionsverträge zu treten.

Insoweit war bei Demarkationsverträgen fraglich, worin die Wettbewerbsbeschränkung für den zwischenstaatlichen Handel im Sinne von Art. 85 EGV gesehen werden konnte.[667] Nur wenn man annimmt, dass in Demarkationsverträ-

---

665 Vgl. Britz, Örtliche Energieversorgung nach nationalem und europäischem Recht, S. 165; Schwabe, Die deutsche Stromversorgungsstruktur und der EWG-Vertrag, S. 111 f.; siehe Steinberg/Britz, Der Energieliefer- und -erzeugermarkt nach nationalem und europäischem Recht, S. 132 ff. auch zu Varianten der Klauseln; Metzenthin, Wettbewerb durch EG-Stromimporte, S. 188, 192 ff., der allerdings im übrigen die Theorie vertritt, dass trotz Konzessionsverträgen direkte Leitungen von dritten Energieversorgungsunternehmen errichtet werden können.

666 Fraglich ist dagegen, welche Konzessionsverträge im Staatsgebiet der Bundesrepublik Deutschland von dem Merkmal der (grenzüberschreitenden) Spürbarkeit erfasst wurden. Hier werden Meinungen von einer Begrenzung auf den grenznahen Raum bis zu überhaupt keiner Begrenzung diskutiert. Vgl. den Meinungsstand bei Metzenthin, Wettbewerb durch EG-Stromimporte, S. 188; erstmalig wohl so von Börner vertreten, Frankreichstrom nach Deutschland?, - Art. 90 II EWGV, Teil I, S. 74 f. Vgl. dazu: Metzenthin, Wettbewerb durch EG-Stromimporte, S. 193; Britz, Örtliche Energieversorgung nach nationalem und europäischem Recht, S. 171; Schwabe Die deutsche Stromversorgungsstruktur und der EWG-Vertrag, S. 92. Ausdrücklich jetzt auch EuGH, EuZW 1994, S. 410 (Ziffer 37) sowie bestätigend Markert, RdE 1995, S. 60.

667 Vgl. ausdrücklich: Steinberg/Britz, Der Energieliefer- und -erzeugermarkt nach nationalem und europäischem Recht, S. 123 ff.

gen konkludent eine Verpflichtung zur Verweigerung von Durchleitungen enthalten war, stellte diese für ausländische Anbieter eine Wettbewerbsbeschränkung dar.[668]
Bei der Frage der grenzüberschreitenden Spürbarkeit eines Demarkations- oder auch Konzessionsvertrages kam schließlich der Bündeltheorie des EuGH Bedeutung zu. Nach der Bündeltheorie ist nicht allein auf den Einzelvertrag, sondern auf die Gesamtheit der gleichartigen Verträge sowie deren Gesamtwirkung auf dem relevanten Markt abzustellen.[669]

Zusammenfassend ist festzustellen, dass Konzessionsverträge den Wettbewerb gem. Art. 85 EGV einschränkten. Bei Demarkationsverträgen kam es dagegen darauf an, ob man in ihnen auch eine Durchleitungsverweigerung sah und wie der Vertrag im Einzelfall gestaltet war. Jedenfalls ist davon auszugehen, dass die meisten der in Deutschland vor der Energierechtsreform üblichen Absprachen zur Sicherung geschlossener Versorgungsgebiete den Tatbestand von Art. 85 EGV oder Art. 86 EGV erfüllten.

(4) Einschränkung des Tatbestandes von Art. 85 Abs. 1 EGV durch Umweltschutz

(a) Ausnahmebereich für die Energiewirtschaft

Nachdem der Tatbestand von Art. 85 Abs. 1 EGV vorliegt, stellt sich die Frage, ob für die Energiewirtschaft eine Einschränkung begründet werden kann.[670] Dies führt zu der Überlegung, ob nicht bestimmte wettbewerbsbeschränkende Verträge in der leitungsgebundenen Energieversorgung, seien es Demarkations- oder auch Konzessionsverträge, aufgrund des damit verfolgten Zweckes vernünftige Beschränkungen des Kartellrechts im Sinne einer in Art. 85 Abs. 1 EGV enthaltenen „rule of reason“ enthalten.[671]

---

668 Vgl. Metzenthin, Wettbewerb durch EG-Stromimporte, S. 195 f.; Schwabe, Die deutsche Stromversorgungsstruktur und der EWG-Vertrag, S. 99 ff.; Steinberg/Britz, Der Energieliefer- und -erzeugermarkt nach nationalem und europäischem Recht, S. 129; ansonsten musste im Einzelnen genau untersucht werden, welche Bestimmung eines Demarkationsvertrages den Wettbewerb zwischen den Mitgliedstaaten beeinträchtigt; dazu ausführlich Schwabe, Die deutsche Stromversorgungsstruktur und der EWG-Vertrag S. 88 ff. Das Bundeskartellamt hat einen ersten Demarkationsvertrag durch Verfügung vom 18. April 1994 als mit Art. 85 Abs. 1 EGV unvereinbar erklärt. Sog. Verfahren „Ruhrgas/Thyssengas“, Bundeskartellamt, WuW/E BKartA 2648; siehe dazu auch Markert, RdE 1995, S. 60.

669 Leading Case war “Brasserie de Haecht”, EuGH, Slg. 1967, S. 543, 555 f.

670 Vgl. Nachweise bei Metzenthin, Wettbewerb durch EG-Stromimporte, S. 188.

671 Vgl. Markert, RdE 1995, S. 60 unter Verweis auf die Entscheidungen „Maissaatgut“, EuGH, Slg. 1982, S. 2015 und Pronuptia, EuGH, Slg. 1986, S. 353; Steinberg/Britz, Der Energieliefer- und -erzeugermarkt nach nationalem und europäischem Recht,

In diesem Zusammenhang interessiert demgegenüber nicht die höchst umstrittene Herleitung einer Tatbestandsrestriktion des europäischen Kartellverbots, sondern nur,[672] inwieweit Umweltschutz im Rahmen eines solchen Abwägungsvorganges zu einem relevanten Gesichtspunkt werden könnte.

Denn wenn der Umweltschutz als Rechtfertigung einer Tatbestandsrestriktion herangezogen werden kann, wird er auch als Wertwiderspruch im Gegensatz zum Wettbewerbsprinzip wirksam.

In der Literatur wird dazu vertreten, dass eine restriktive Interpretation von Art. 85 EGV unter Umweltgesichtspunkten die Möglichkeit zur Herstellung einer praktischen Konkordanz zwischen dem Interesse einiger Mitgliedsstaaten an „mehr" Umweltschutz und dem Interesse der Gemeinschaft an einem Funktionieren des Binnenmarktes herstellen könnte.[673] Die Besonderheit des Umweltschutzes gegenüber anderen wettbewerbsfremden Erwägungen wie z.B. der Arbeitsmarktpolitik sei dabei, dass es gemäß Art. 130 r EWGV i.V.m. Art. 2 EGV zu einer Querschnittsaufgabe der Gemeinschaft geworden ist.

In der Rechtsprechung wurde die Problematik nur vereinzelt aufgegriffen. Der EuGH hat vor der Einführung der Querschnittsklausel angedeutet, dass eine Abwägung zwischen anderen wichtigen Zielen der Gemeinschaft und dem Wettbewerb denkbar sei.[674] In der letzten Zeit zeigen sich erste Tendenzen in der Rechtsprechung des Gerichtshofs, den Umweltschutz im Rahmen anderer

---

S. 140 f.; dazu auch Briche, Die Elektrizitätswirtschaft in der Europäischen Union, S. 96 ff. , die eine Freistellung prüft; s. zur „rule of reason" im EG-Kartellrecht: Fritzsche, ZHR 1996, S. 47 ff.; Ulmer, RIW 1985, S. 517 ff., Frenz, Nationalstaatlicher Umweltschutz und EG-Wettbewerbsfreiheit, S. 47 ff.; vgl. grundsätzlich zu der Problematik Emmerich, in: Immenga/Mestmäcker, EG-Wettbewerbsrecht, Art. 85 Abs. 1, Rn. 257.

672 Vgl. zu diesem Ansatz Klados, Umweltschutz als Freistellungsgrund, S. 107 ff.; siehe auch v. Bernuth, Umweltschutzfördernde Unternehmenskooperationen, S. 91 ff.; Becker-Schwarze, Steuerungsmöglichkeiten des Kartellrechts, S. 229 f.

673 Vgl. Becker-Schwarze, Steuerungsmöglichkeiten des Kartellrechts S. 236 f.; Nachweise auch hier bei Frenz, Nationalstaatlicher Umweltschutz und EG-Wettbewerbfreiheit, S. 47 ff.; Emmerich, in: Immenga/Mestmäcker, EG-Wettbewerbsrecht, Art. 85 Abs. 1 EGV, Rn. 257.

674 Vgl. etwa die Metro/Saba I Entscheidung, EuGH-Slg. 1977, S. 1875, wo der EuGH unter Ziffer A I 2 ausführt, dass die „Erfordernisse der Aufrechterhaltung eines wirksamen Wettbewerbs mit der Wahrung andersartiger Ziele in Einklang gebracht werden können und dass zu diesem Zweck bestimmte Beschränkungen des Wettbewerbs zulässig sind, wenn sie für die Verwirklichung dieser Ziele unerlässlich sind und nicht zu einer Ausschaltung des Wettbewerbs für einen wesentlichen Teil des gemeinsamen Marktes führen."

Bestimmungen des Gemeinschaftsrechts als Auslegungskriterium heranzuziehen.[675]

Die vorherrschende Meinung zu Art. 85 EGV lehnt weiterhin eine Abwägung zwischen Umweltschutz und dem Wettbewerbsprinzip im Rahmen des Tatbestandes ab[676] und verweist auf die Möglichkeit einer Einzelfreistellung gem. Art. 85 Abs. 3 EGV, wo ausreichend Raum für die Würdigung anderer Gemeinschaftsziele und damit auch des Umweltschutzes sei.[677] Für die vorliegende Untersuchung ist dabei die dogmatische Frage, ob Umweltschutz im Rahmen einer Tatbestandsrestriktion oder im Rahmens eines Freistellungsbegehrens berücksichtigt wird, nicht von Bedeutung. Entscheidend ist allein die Feststellung, dass in der Literatur das Problem einer Berücksichtigung des Umweltschutzes im Rahmen des Kartellverbotes gesehen und kontrovers diskutiert wurde.

(b) Umweltschutz im Rahmen von Art.85 Abs. 3 EGV

Auch wenn die h.M. eine Berücksichtigung des Umweltschutzes im Rahmen von Art. 85 EGV/Art. 81 EG ablehnt, besteht doch Einigkeit, dass sie im Rahmen eines Einzelfreistellungsverfahren relevant werden kann.

Bereits in ihrem 22. Wettbewerbsbericht hat die Kommission ihre Ablehnung einer Tatbestandsrestriktion von Art. 85 Abs. 1 EGV damit begründet, dass Umweltschutzerwägungen im Rahmen eines Freistellungsverfahrens nach Art. 85 Abs. 3 EGV einbezogen werden könnten.[678] In ihrem 25. Bericht über die Wettbewerbspolitik (1995) hat die Kommission dann in einem eigenen Abschnitt zur Problematik Wettbewerb und Umwelt Stellung genommen. Sie hat dazu ausgeführt, dass sie bei ihrer einzelfallbezogenen Vorgehensweise die in einer Vereinbarung enthaltenen Wettbewerbsbeschränkungen gegen die mit der Vereinbarung bezweckten Umweltziele unter Einbeziehung des Verhältnismäßigkeitsgrundsatzes abwägt. Im Ergebnis wird damit der Umweltschutz als ein der Stärkung der Produktion bzw. der Verteilung oder Förderung des wirtschaftlichen und technischen Fortschritts dienendes Element beurteilt.[679] In ihrem 28. Bericht der Wettbewerbspolitik hat die Kommission dann auf

675 Vgl. EuGH, Rs. C-346/97 („Braathens Sverige AB gegen Riksskatteverket"), Slg. I 1999, S. 3419, s. dazu auch die Anmerkung von Wasmeier, EWS 2000, S. 47 ff.

676 So Frenz, Nationalstaatlicher Umweltschutz und EG-Wettbewerbsfreiheit, S. 50; von Bernuth, Umweltschutzfördernde Unternehmenskooperationen, S. 140; Emmerich, in: Immenga/Mestmäcker, EG-Wettbewerbsrecht, Art. 85 Abs. 1, Rn. 259 unter Hinweis auf die aktuelle Rechtsprechung des EuGH zu offenkundigen Verstößen gegen Art. 85 Abs. 1 EGV.

677 Vgl. Fritzsche, ZHR 1996, S. 48 f.; Steinberg/Britz, Der Energieliefer- und -erzeugermarkt nach nationalem und europäischem Recht, S. 141 f.

678 Vgl. dazu KOM, XXII. Bericht über die Wettbewerbspolitik, S. 35, Tz. 77; siehe dazu auch Krämer, Die Integrierung umweltpolitischer Erfordernisse, S. 58 ff.; Rawlinson, in: Lenz, EGV-Kommentar, Art. 87, Rn. 41; siehe auch Pernice, EuZW 1992, S. 141.

679 KOM, XXV. Bericht über die Wettbewerbspolitik, S. 33, Textziffer 85.

rem 28. Bericht der Wettbewerbspolitik hat die Kommission dann auf Anregung des Europäischen Rates und nicht zuletzt in Hinblick auf die Verstärkung der Querschnittsklausel durch den Vertrag von Amsterdam (Art. 6 EG) noch einmal ihre Position zur Anwendbarkeit von Art. 85 Abs. 3 EGV zum Schutze der Umwelt bekräftigt.[680]

(5) Ergebnis

Festzustellen ist, dass entweder im Rahmen der Diskussion um eine zulässige Tatbestandsrestriktion von Art. 85 Abs. 1 EGV oder aber im Hinblick auf die im Rahmen eines Einzelfreistellungsbegehrens zu berücksichtigenden Umstände weitgehend Einigkeit in der Literatur darüber besteht, dass der Umweltschutz auch im Rahmen des Kartellverbots ein relevantes Abwägungskriterium sein kann.[681]

Dadurch war deutlich geworden, dass im Bereich des europäischen Kartellrechts ein Wertwiderspruch zwischen Umweltzielen und dem Wettbewerbsprinzip besteht. Dieser Widerspruch muss dabei um so stärker werden, je mehr ein Wirtschaftsbereich durch eine besonders starke Umweltrelevanz gekennzeichnet ist. Die Umweltrelevanz der Energieversorgung war angesichts der zahlreichen diesbezüglichen Äußerungen der Gemeinschaftsorgane aber unstreitig.

b.b. Durchleitungsverpflichtung nach EG-Recht

(1) Tatbestand

Wie bereits am deutschen Beispiel geschildert, stand bei der Frage einer Öffnung der Elektrizitätsmärkte der Mitgliedsstaaten der Gemeinschaft sowohl national wie auch grenzüberschreitend eine Durchleitungsverpflichtung zugunsten von Konkurrenten im Mittelpunkt der Diskussion. Auch das Bundeskartellamt hatte im Rahmen seiner Marktöffnungsstrategie - wie vorstehend dargelegt - auf die EG-Wettbewerbsbestimmungen zurückgegriffen, um Durchleitungen durchzusetzen.

Eine Verpflichtung zur Durchleitung von Strom aus anderen Mitgliedsstaaten konnte sich für deutsche Energieversorgungsunternehmen aus Art. 86 EGV (Art. 82 EG) ergeben. Die Kommission konnte grenzüberschreitende Durchlei-

---

680 Sie hat dabei ihre bereits im XXV. Bericht zur Wettbewerbspolitik geäußerte Ansicht bestätigt und dies anhand von Fällen aus ihrer Wettbewerbspraxis zur Berücksichtigung von Umweltaspekten bei der Prüfung von wettbewerbsbeschränkenden Vereinbarungen dargelegt, KOM, XXVIII. Bericht über die Wettbewerbspolitik, S. 47, Tz. 129 ff.

681 Siehe dazu die Untersuchung von Klados, Umweltschutz als Freistellungsgrund, insbesondere, S. 165 ff.

tungen gem. Art. 86 EGV i.V.m. Art. 3 der Verordnung Nr. 17 anordnen, wenn die Tatbestandsvoraussetzungen erfüllt waren.[682] Gem. Art. 86 EGV ist die missbräuchliche Ausnutzung einer beherrschenden Stellung auf dem Gemeinsamen Markt oder auf einem wesentlichen Teil durch ein oder mehrere Unternehmen, die zu einer Beeinträchtigung des Handels zwischen den Mitgliedstaaten führen kann, verboten. Fraglich war daher, inwieweit die Weigerung eines Versorgungsunternehmens, sein Verteilungsnetz Einspeisungsinteressenten aus Mitgliedstaaten für Durchleitungen zur Verfügung zu stellen, einen Missbrauch im Sinne von Art. 86 Abs. 1 EGV, darstellte.[683] Bei der Beurteilung dieser Frage wurde vor allem in Deutschland zunächst auf die Verletzung von Grundrechten der Leitungseigentümer, der Art. 14 GG Eigentum und Art. 12 GG Berufsfreiheit, hingewiesen.[684] Die Kommission setzte dagegen, dass der Betreiber eines Leitungsnetzes Inhaber eines (natürlichen) Monopols sei, weshalb unter bestimmten Voraussetzungen ein Missbrauch dieser marktbeherrschenden Stellung trotz der einschlägigen Grundrechte anzunehmen ist. Nach Äußerungen aus Kreisen der Kommission war dies bei Vorliegen der nachfolgenden Bedingungen gegeben.[685]

- Die Verlegung einer eigenen Leitung ist keine echte Alternative.

- Der Netzbetreiber verfügt über freie Durchleitungskapazitäten; er kann seine eigenen, früher eingegangenen Verpflichtungen voll erfüllen.

- Der „Einspeiser“ ist bereit, eine angemessene Gebühr zu zahlen.

- Der Durchleitung stehen keine technischen Hindernisse entgegen.

- Die „Einspeisung“ steht einer langfristigen Planung nicht im Wege.

Diese Voraussetzungen entsprechen weitgehend dem späteren § 6 EnWG 1998. Die Kommission ging damit früh von einer Durchleitungsverpflichtung nach europäischem Recht aus.

---

682 Vgl. Zinow, Rechtsprobleme der grenzüberschreitenden Durchleitung von Strom, S. 148.

683 Zur Fragestellung: Zinow, Rechtsprobleme der grenzüberschreitenden Durchleitung von Strom, S. 149.

684 Vgl. Zinow, Rechtsprobleme der grenzüberschreitenden Durchleitung von Strom, S. 90 ff. und 126 ff.; Scholz/Langer, Europäischer Binnenmarkt und Energiepolitik, S. 243 ff., Arndt, RIW 1989, Beilage 7 zu Heft 10, S. 23 ff. und Stewing, EuR 1993, S. 54 ff.; Hüffer/Ipsen/Tettinger, Die Transitrichtlinien, S. 226 ff.

685 Ehlermann, EuZW 1992, S. 692.

(2) Umweltschutz i. R. v. Art. 86 EGV

In diesem Zusammenhang stellt sich wieder die Frage, ob bei der Beurteilung eines Missbrauchs i.S.v. Art 86 EGV auch umweltpolitische Überlegungen einbezogen werden könnten oder ob allein eine wettbewerbsorientierte Auslegung zulässig ist.[686]
Im Ergebnis stellte sich damit auch im Rahmen von Art. 86 EGV die Frage einer Einbeziehung des Umweltschutzes.[687] Soweit man die bei Art. 85 EGV bejaht, muss man diesen Gesichtspunkt auch bei der Auslegung eines Missbrauchs i.S.v. Art. 86 EGV berücksichtigen. Die praktische Wirksamkeit des Umweltarguments im Rahmen von Art. 86 EGV wäre dann davon abhängig, ob betroffene Energieversorgungsunternehmen ihre Energieversorgung nach umweltschutzorientierten Kriterien betreiben.[688]

c.c. Art. 90 Abs. 2 EGV

a.a. Einführung

Vorstehend wurde dargelegt, dass es im europäischen Kartellrecht keinen Ausnahmebereich für die Elektrizitätswirtschaft gab. Allerdings sieht Art. 90 Abs. 2 EGV (Art. 86 EG) vor, dass auf Unternehmen, die mit Dienstleistungen von allgemeinem wirtschaftlichen Interesse betraut sind, die Wettbewerbsvorschriften keine Anwendung finden, soweit die Unternehmen dadurch an der Erfüllung der ihnen übertragenen Aufgabe rechtlich oder tatsächlich behindert würden.

Damit kam Art. 90 Abs. 2 EGV grundsätzliche Bedeutung bei der Diskussion über die Vereinbarkeit von Wettbewerbsbeschränkungen in der Elektrizitätswirtschaft mit dem europäischen Wettbewerbsrecht zu. Während Art. 85 EGV das Verbotsprinzip des EG-Kartellrechts - vom Wortlaut her vor der 6. GWB-Novelle noch eindeutiger als § 1 GWB a.F. - zum Ausdruck brachte[689] enthält Art. 90 Abs. 2 EGV eine Bereichsausnahme für bestimmte „öffentliche“ Unter-

---

686 Vgl. zu der ähnlichen Problematik der Missbrauchsaufsicht im deutschen Recht: Britz, Örtliche Energieversorgung nach nationalem und europäischem Recht, S. 87 f.

687 Vgl. aus der Literatur vor der Veröffentlichung des „Almelo-Urteils“: Börner, Frankreichstrom nach Deutschland?, - Art. 90 II EWGV, Teil I, S. 66; vgl. auch Zinow, Rechtsprobleme der grenzüberschreitenden Durchleitung von Strom, S. 162 ff., der allerdings unter dem Gesichtspunkt der von ihm festgestellten Grundrechtsverletzung der Anwendung von Art. 90 Abs. 2 EGV in diesem Zusammenhang keine weitergehende Bedeutung zumisst.

688 Das sind in Deutschland vorrangig kommunale Unternehmen, die im Prinzip wohl nicht in den Anwendungsbereich des Art. 86 EGV wegen der fehlenden Beherrschung eines wesentlichen Teil des gemeinsamen Marktes fielen, vgl. Britz, Örtliche Energieversorgung nach nationalem und europäischem Recht, S. 291 ff. und S. 294.

689 Vgl. Bunte, in: Langen/Bunte, Kartellrecht, Art. 85, Rn. 2

nehmen.[690] Daher stellte sich im Rahmen der Diskussion um die Vereinbarkeit geschlossener Versorgungssysteme in Deutschland die Frage, ob eine Ausnahme des europäischen Wettbewerbsrechts nicht durch diese Bestimmung begründet werden könnte.[691] Im Rahmen der vorliegenden Untersuchung ist dabei wiederum besonderes Augenmerk darauf zu lenken, inwieweit Umweltgesichtspunkte im Rahmen der Prüfung von Art. 90 Abs. 2 EGV durch die Gemeinschaftsorgane relevant wurden.

b.b. Betrauung i.S.v. Art. 90 Abs. 2 EGV

Die Anwendbarkeit der Ausnahmevorschrift des Art. 90 Abs. 2 EGV setzt zunächst voraus, dass Unternehmen betroffen sind, die mit Dienstleistungen von allgemeinem wirtschaftlichen Interesse betraut sind. Angesichts der vornehmlich privatrechtlichen Struktur der deutschen Elektrizitätsversorgung wurde zunächst bestritten, ob daher von einer Betrauung gesprochen werden konnte.[692] Gegen eine Betrauung spricht in Deutschland auch das Fehlen eines entsprechenden Hoheitsaktes.[693]

Die EG-Kommission ist dagegen bereits in ihrer Entscheidung aus dem Jahre 1991 von einer Anwendbarkeit des Art. 90 Abs. 2 EGV auf die Elektrizitätswirtschaft generell[694] sowie auch für die deutsche Elektrizitätswirtschaft ausgegangen.[695] Ausschlaggebend war der Gesichtspunkt, dass die deutschen Energieversorgungsunternehmen zur Gewährleistung der Grundversorgung mit Elektrizität und zur Grundsicherung der öffentlichen Stromversorgung (§ 6 EnWG 1935) verpflichtet waren.[696] Dem hat sich 1994 der EuGH in der „Almelo-Entscheidung“ im Hinblick auf strukturell vergleichbare holländische Elektrizitätswirtschaft angeschlossen.[697] Daher ist eine Betrauung der deutschen (pri-

690 Emmerich, in: Immenga/Mestmäcker, EG-Wettbewerbsrecht, Art. 85 Abs. 1 EGV, Rn. 27; Jungblut, in: Langen/Bunte, Kartellrecht, Art. 90, Rn. 30; Grabitz, in: Grabitz/Hilf, Art. 90, Rn. 30.

691 Vgl. Emmerich, FS von Gamm, S. 587 ff.

692 Vgl. dazu auch die Überlegungen von von Bernuth, Umweltschutzfördernde Unternehmenskooperationen, der in seiner Untersuchung der Frage nachgeht, ob die mitgliedsstaatliche „Veranlassung“ von Umweltmaßnahmen, die wiederum zu Wettbewerbsbeschränkungen führen, den Tatbestand der Betrauung erfüllen könnte.

693 Vgl. Britz, Örtliche Energieversorgung nach nationalem und europäischem Recht, S. 206; Zinow, Rechtsprobleme der grenzüberschreitenden Durchleitung von Strom, S. 166 ff.

694 Entscheidung „Ijsselcentrale“, ABl. EG Nr. L 28, 1991, S. 32; Ehlermann, EuZW 1992, S. 692.

695 ABl. EG Nr. L 50, 1993, S. 14 ff. (Erwägungsgrund Nr. 19).

696 Vgl. Markert, RdE 1995, S. 61; derselbe, Stellungnahme zum Thema Stromimporte, S. 82; so schon frühzeitig: Ritter für die EG-Kommission, Die Anwendung der EG-Wettbewerbsregeln, S. 50; Scholz/Langer, Europäischer Binnenmarkt und Energiepolitik, S. 296.

697 EuGH Slg I 1994, S. 1477 ff.

vatwirtschaftlich organisierten) Energieversorgungsunternehmen gem. Art. 90 Abs. 2 EGV zu bejahen.[698]

(3) Verhinderung der übertragenen Aufgaben

(a) Einführung

Entscheidende Bedeutung kommt daher der Frage zu, inwieweit die betrauten Unternehmen bei Anwendung des Wettbewerbsrechts noch zur Erfüllung der ihnen übertragenen Aufgaben in der Lage sind.

Grundsätzlich oblag es gem. Art. 90 EGV den betroffenen Unternehmen, den Nachweis für die Verhinderung ihrer Versorgungsaufgabe durch die Anwendung des Wettbewerbsrechts zu erbringen.[699] Als Begründung für eine solche Verhinderung der Versorgungsaufgabe boten sich zunächst die klassischen Ziele der Energieversorgung, Versorgungssicherheit und Preiswürdigkeit an. Wie aber bereits bei Art. 85 EGV dargestellt, wurde in der öffentlichen Diskussion relativ schnell deutlich, dass die Kommission der Auffassung war, dass diese Ziele auch in einem liberalisierten Elektrizitätsmarkt weiterhin verwirklicht werden könnten. Damit konnte im Rahmen des Tatbestands von Art. 90 Abs. 2 EGV der Umweltschutz erstmals zu einem wichtigen Argument gegen die Wettbewerbskonzeption der Kommission werden.

(b) Umweltschutz i.R.v. Art. 90 Abs. 2 EGV

Soweit erkennbar, betrachtete Börner als erster in seiner Untersuchung zu Art. 90 Abs. 2 EGV die nationalen Kosten für den Umweltschutz als Anhaltspunkt für eine Betrauung der Energieversorgungsunternehmen mit einer öffentlichen Aufgabe.[700] Börner ging davon aus, dass die deutschen Energieversorgungsunternehmen erheblich höhere Ausgaben als ihre möglichen Konkurrenten für den Umweltschutz tätigen müssen. Dies läge an der größeren Kontrolldichte und den strengeren Emissionswerten des deutschen Umweltrechts. Die Kostenbelastung sei zu berücksichtigen, da durch die EEA der Titel Umwelt als Querschnittsbereich in den EWGV eingeführt wurde. Damit war die Frage auf-

---

698 Es kann kaum überzeugen, wenn noch die Meinung vertreten wird, die Frage einer Betrauung der deutschen Energieversorgungsunternehmen im Sinne von Art. 90 Abs. 2 wäre weiterhin offen. So aber z.B. Le Nestour/Zinow, ET 1995, S. 82.

699 Vgl. Britz, Örtliche Energieversorgung nach nationalem und europäischem Recht, S. 227 ff.; Birkenmeier, EuR 1988, S. 153 ff.; Börner, Frankreichstrom nach Deutschland?, - Art. 90 II EWGV, Teil I, S. 69 ff.; Metzenthin, Wettbewerb durch EG- Stromimporte, S. 172 ff.; Scholz/Langer, Europäischer Binnenmarkt und Energiepolitik, unter anderem S. 186 ff.; Grill, in: Lenz, EGV-Kommentar, Art. 90 Rn. 22.

700 Börner, Frankreichstrom nach Deutschland?, - Art. 90 II EWGV, Teil I, S. 108 ff.

geworfen, inwieweit nationale Umweltschutzmaßnahmen und Umweltstandards, die zu entsprechenden Umweltschutzbelastungen der Unternehmen führten, eine Aufgabe im Sinne von Art. 90 EGV darstellen, deren Erfüllung durch die Anwendung der Wettbewerbsvorschriften des EGV verhindert werden kann. Des weiteren wird angeführt, die Kommission sei verpflichtet, bei ihren Vorschlägen zur Angleichung der nationalen Rechtsvorschriften, beim Umweltschutz von einem hohen Schutzniveau auszugehen (so bereits Art. 100 a Nr. 3 EWGV).[701] Um den Unternehmen den Nachweis der Verhinderung der Betrauung zu vereinfachen, wurde des weiteren in der Literatur vorgeschlagen, den bereits aus den Art. 30, 36 EGV im Rahmen der Cassis-de-Dijon-Rechtsprechung bekannten Verhältnismäßigkeitsgrundsatz bei der Rechtfertigung staatlicher Beschränkungen grenzüberschreitenden Warenverkehrs ergänzend heranzuziehen und auf die deutschen Umweltvorschriften anzuwenden.[702]

Im Ergebnis wurde damit vor allem die Kostenbelastung, die alle deutschen Energieversorgungsunternehmen trifft, als Kriterium für eine Nichtanwendung der Wettbewerbsregeln im Rahmen von Art. 90 Abs. 2 EGV vorgebracht. Das Umweltschutzargument ist insoweit kein Kriterium, das in jedem einzelnen Fall neu zu prüfen wäre, sondern es würde grundsätzlich auf alle betroffenen Unternehmen angesichts der einheitlichen Kostenbelastung Anwendung finden.[703]

(c) Die „Almelo-Entscheidung“ des EuGH

Der Europäische Gerichtshof hatte im Frühjahr 1994 erstmals Gelegenheit, zur Anwendung des Gemeinschaftsrechts und insbesondere Art. 90 EGV auf Energieversorgungsunternehmen sowie des damit verbundenen Wertwiderspruchs zwischen Umweltschutz und Wettbewerb Stellung zu nehmen. Dieser sog. "Almelo-Entscheidung"[704] lag folgender Sachverhalt zugrunde:

> Zwischen der niederländischen Gemeinde Almelo, die ein kommunales Energieversorgungsunternehmen unterhält und dem für sie zuständigen regionalen Energieversorgungsunternehmen entstand ein Rechts-

---

701 Börner, Frankreichstrom nach Deutschland?, - Art. 90 II EWGV, Teil I, S. 111.

702 Vgl. Ritter, Die Anwendung der EG-Wettbewerbsregeln, S. 50 f.; Scholz/Langer, Europäischer Binnenmarkt und Energiepolitik, S. 173; so auch Börner, Frankreichstrom nach Deutschland?, - Art. 90 II EWGV, Teil I, bei der Auslegung des Begriffes Gemeinschaftsinteresse, S. 102 f.

703 Anders dagegen der Ansatz bei von Bernuth, Umweltschutzfördernde Unternehmenskooperationen, S. 195 f., der die Frage aufwirft, ob die durch einen Mitgliedstaat veranlasste Wettbewerbsbeschränkungen aus Umweltgründen zur Anwendbarkeit von Art. 90 Abs. 2 EGV führen kann. Dies war in Deutschland vor allem vor dem EnWG 1998 jedenfalls nicht der Fall.

704 EuGH, Slg I 1994, S. 1477 ff.

streit über die Verpflichtung zur Zahlung eines Ausgleichsbetrages, der von dem Versorgungsunternehmen in Rechnung gestellt wurde. Nach den Allgemeinen Geschäftsbedingungen des regionalen Energieversorgungsunternehmens sind die Gemeinden in seinem Versorgungsgebiet zum ausschließlichen Bezug des Stroms bei ihm verpflichtet und eigene Importe, vor allem in den Grenzgebieten, sind verboten. Der Ausgleichszuschlag wird zur Deckung höherer Kosten der Energieversorgung in den ländlichen Bereichen verlangt.[705] Da sich die Parteien über die Ausgleichsabgabe nicht einigen konnten, kam es zu einem Rechtsstreit vor dem Landgericht Arnheim, und dieses hat dem Gerichtshof die Frage vorgelegt, wie die Art. 37 und 85 f. EWGV im Hinblick auf den Sachverhalt auszulegen sind.[706]

Der EuGH hat zunächst ausgeführt, dass der vorliegende Sachverhalt nicht unter Art. 37 EGV (auf den Rechtsstreit fand noch die EEA-Fassung Anwendung) fällt, da es sich um eine private Vereinbarung handelt.[707] Des weiteren hat er festgestellt, dass die vorliegende Ausschließlichkeitsbindung auf privaten Verträgen beruht, weshalb die angegriffene Klausel eine Vereinbarung im Sinne von Art. 85 EGV darstellt.[708] Die kumulierte Wirkung der (zahlreichen und vergleichbaren) vertraglichen Beziehungen innerhalb der Niederlande könne zur Abschottung des nationalen Marktes führen.[709]

Daneben geht der EuGH davon aus, dass der Regionalversorger seine beherrschende Stellung auf dem gemeinsamen Markt missbraucht hat.[710]

Schließlich führt der EuGH zu Art. 90 Abs. 2 EGV wie folgt aus:

> „48. Ein solches Unternehmen hat die ununterbrochene Stromversorgung im gesamten Konzessionsgebiet für alle Abnehmer, lokale Versorgungsunternehmen oder Endverbraucher, in den zu jeder Zeit geforderten Mengen zu einheitlichen Tarifen unter Bedingungen sicherzustellen, die nur nach objektiven Kriterien unterschiedlich sein dürfen, die für alle Kunden gelten.
>
> 49. Beschränkungen des Wettbewerbs von Seiten anderer Wirtschaftsteilnehmer sind zuzulassen, soweit sie erforderlich sind, um den in einer solchen Aufgabe von allgemeinem Interesse betrauten Unternehmen die Erfüllung dieser Aufgabe zu ermögli-

---

705 EuGH, Slg. I 1994, S. 1512, Anm. 11.Wie bereits oben dargestellt, hatte die Kommission bereits im Januar 1991 in ihrer Entscheidung „Ijsselcentrale" zur Problematik von Ausschließlichkeitsbindungen zwischen niederländischen Energieversorgungsunternehmen Stellung genommen, ABl. EG Nr. L 28, 1991, S. 32 ff.

706 EuGH, Slg. I 1994, S. 1512, Anm. 20.

707 EuGH, Slg. I 1994, S. 1514, Amn. 27 ff.

708 EuGH, Slg. I 1994, S. 1518 f., Anm. 34 ff.; vgl. auch Emmerich, JuS 1994, S. 882.

709 EuGH, Slg. I 1994, S. 1519, Anm. 39.

710 EuGH, Slg. I 1994, S. 1519 f., Anm. 40 bis 45.

chen. Dabei sind die wirtschaftlichen Voraussetzungen, unter denen das Unternehmen tätig wird, unter anderem die Kosten, die es zu tragen hat, und insbesondere die umweltrechtlichen Vorschriften zu berücksichtigen, die es zu beachten hat".[711]

Zu Recht wurde in der Literatur angesichts dieser Bemerkungen am Ende des Urteils von einer gewissen Revolution im Bereich der Auslegung von Art. 90 Abs. 2 EGV gesprochen. Erstmalig hat der EuGH in einer Entscheidung zugestanden, dass im Rahmen von Art. 90 Abs. 2 EGV auch sonstige nicht wirtschaftliche Zielvorgaben wie der Umweltschutz zu berücksichtigen sind.[712] Damit hat der EuGH festgestellt, dass sich Unternehmen im Sinne von Art. 90 Abs. 1 EGV zur Begründung von Wettbewerbsbeschränkungen auch auf die in Textziffer 49 genannten Tatsachenargumente, d.h. eben auch auf den Umweltschutz, berufen können.[713] Diese Auslegung wurde bereits in einer früheren Entscheidung, der Rechtssache Corvo, angedeutet. Dort hatte der EuGH festgestellt, dass für gem. Art. 90 EGV betraute Unternehmen sichergestellt sein muss, dass sie ihre Tätigkeit unter ausgewogenen Bedingungen mit der Möglichkeit eines Ausgleichs zwischen rentablen und weniger rentablen Tätigkeitsbereichen durchführen können.[714] Wenn man die Entscheidungen „Corvo" und „Almelo" im Zusammenhang mit dem „Campus-Oil-Urteil" betrachtet, wo der EuGH deutlich gemacht hatte, dass Art. 90 Abs. 2 EGV nicht als Rechtfertigung für Wettbewerbsbeschränkungen dienen kann, wenn die (staatliche) Maßnahme gegen Art. 30 EGV verstößt,[715] nähert sich der Gerichtshof damit der bereits in der Literatur diskutierten Verhältnismäßigkeitsprüfung im Rahmen von Art. 90 Abs. 2 EGV unter Berücksichtigung nicht-wirtschaftlicher Gründe zur Legitimation von Wettbewerbsbeschränkungen.[716] Der EuGH anerkennt damit den neuen Stellenwert, den der Umweltschutz seit 1987 eingenommen hat.[717]

Im Ergebnis wurde damit für alle Beteiligten und insbesondere die Organe der Gemeinschaft die Notwendigkeit einer Einbeziehung der Gemeinwohlaufgabe Umweltschutz in die Deregulierung der europäischen Elektrizitätsmärkte offenbar.[718] Daher kann an dieser Stelle festgestellt werden, dass durch die „Almelo-Entscheidung" deutlich geworden war, dass der Wert Umweltschutz, falls nicht seine Wertigkeit und sein Rang gegenüber dem Wettbewerbsprinzip klar bestimmt wird, in künftigen Kartellverfahren zu erheblicher Rechtsunsicherheit führen kann.

---

711 EuGH, Slg. I 1994, S. 1521.
712 Le Nestour/Zinow, ET 1995, S. 82.
713 Vgl. Hancher, ET 1995, S. 75.
714 EuGH, Slg. I. 1993, S. 2533, Rn. 18; Grill, in: Lenz, EGV-Kommentar, Art. 90 Rn. 22; Le Nestour/Zinow, ET 1995, S. 79.
715 EuGH, Slg. I 1984, S. 2727.
716 Vgl. Hancher, ET 1995, S. 73; Le Nestour/Zinow, ET 1995, S. 82.
717 Vgl. Rapp-Jung, EuZW 1994, S. 465, Fn. 21.
718 Vgl. Rapp-Jung, EuZW 1994, S. 465; Hancher, ET 1995, S. 74.

(d) Der Vorlagebeschluß des BGH vom 11.03.1997

Der Wertwiderspruch, den der EuGH aufgezeigt hat, zeigt sich bei Anwendung des europäischen Wettbewerbsrechts durch die Gerichte der Mitgliedsstaaten. So hat der BGH die Überlegungen des EuGH in der Almelo-Entscheidung bei der Überprüfung von Wettbewerbsbeschränkungen in einem Vertrag über die Verlegung von Gasleitungen unter Benutzung öffentlicher Wege aufgegriffen.[719] Wie bereits das KG in den Verfahren Ruhrgas/Thyssengas und RWE/ Stadt Nordhorn ersucht der Gerichtshof den EuGH um Vorabentscheidung gem. Art 177 EGV bezüglich der Frage, ob der streitgegenständliche Vertrag mit Art. 85 EGV vereinbar ist.[720] In diesem Zusammenhang stellt sich die Frage der Anwendbarkeit von Art. 90 Abs. 2 EGV.[721] Ausdrücklich heißt es dann in der 4. Vorlagefrage:[722]

> „Sind bei der Prüfung, ob Vereinbarungen der dargelegten Art gemäß Art. 90 II EGV nicht der Vorschrift des Art. 85 EGV unterliegen, nur Umstände zu berücksichtigen, welche die Sicherheit und Preiswürdigkeit der örtlichen Erdgasversorgung betreffen, oder sind auch andere Umstände, die sonstige Gemeinwohlinteressen betreffen, zu berücksichtigen (insbesondere den Umweltschutz betreffende Gründe)?“

In der Begründung zu der Vorlagefrage nimmt der BGH dann ausdrücklich Bezug auf die in der Almelo-Entscheidung aufgeworfenen Abwägungsgesichtspunkte unter Einbeziehung des Umweltschutzes.[723]

Damit hat der BGH im Rahmen der Anwendung des Gemeinschaftsrechts in Anlehnung an den EuGH die Frage aufgeworfen, welchen Stellenwert der Umweltschutz im Rahmen der Anwendung der EG-Wettbewerbsregeln in Zukunft haben solle. Auch auf der Ebene der Rechtsanwendung war damit in den Mitgliedsstaaten der Wertwiderspruch bewusst geworden.

(4) Zusammenfassung

Nach der „Almelo-Entscheidung“ war davon auszugehen, dass der EuGH gewillt war, im Rahmen der Anwendung der Wettbewerbsregeln für den Elektrizitätsmarkt auch Umweltschutzargumente anzuerkennen. Man könnte in dieser Entscheidung sogar einen ersten Schritt zu einer späteren Anerkennung einer

---

719 BGH EuZW 1997, S. 381 ff. = RdE 1997, 197 ff. = WuW/E BGH 3145; nachfolgend nach dem Abdruck in der EuZW zitiert.

720 Vgl. Knöpfle, EWIR 11/1997, S. 510.

721 So die dritte Vorlagefrage, BGH, EuZW 1997, S. 381.

722 BGH, EuZW 1997, S. 381.

723 BGH, EuZW 1997, S. 384.

„rule of reason"-Restriktion des EG-Wettbewerbs sehen.[724] Mit dieser Entscheidung ist es dem EuGH jedenfalls gelungen, die Problematik der Einbeziehung des Umweltschutzes in Fragen der Energieversorgung aufzuzeigen.[725] Der BGH hat diesen Gesichtspunkt in seinem Vorlagebeschluss vom 11.03.1997 unter Bezugnahme auf die Almelo-Entscheidung aufgegriffen und damit verdeutlicht, dass Umweltschutz auch für ihn ein Kriterium im Rahmen künftiger kartellrechtlichen Entscheidungen sein kann.

d. Konfliktfelder bei staatlichen Maßnahmen

Der frühere Ordnungsrahmen der deutschen Elektrizitätswirtschaft war als staatliches Wirtschaftsaufsichts- bzw. Lenkungsrecht darüber hinaus am Maßstab der EG-Marktfreiheiten zu prüfen.[726] Nach ganz herrschender Meinung, die durch den EuGH in der „Almelo-Entscheidung" bestätigt wurde, ist Elektrizität eine Ware, weshalb die Art. 30 ff. EGV Anwendung fanden.[727]
Vor der Energierechtsnovelle 1998 stellte sich daher die Frage, ob die Anwendung der §§ 4 und 5 EnWG 1935 durch die staatlichen Aufsichtsbehörden gegen Art. 30 EGV verstieß, falls sie der Verhinderung von Importen oder der Errichtung von Konkurrenzleitungen dienten.[728]
Diese Diskussion war allerdings eine Randdebatte, überlagert von der Anwendung der Wettbewerbsbestimmungen durch die Kommission. Umweltschutz hätte hier nur zu einem Thema werden können, falls ein Mitgliedstaat geplant hätte, seinen Elektrizitätsmarkt ökologisch umzuformen, um ihn vor Wettbewerb abzuschirmen.

5. Ergebnis

Der vorstehende Abschnitt hat gezeigt, dass sowohl in der Fachdiskussion wie auch in der Rechtsprechung des EuGH spätestens seit der Almelo-Diskussion

---

[724] Insoweit wohl eher skeptisch Le Nestour/Zinow ET 1995, S. 80; vgl. auch Le Nestour/Zinow, RdE 1994, S. 170, 172 f.; Markert, RdE 1995, S. 60.

[725] Vgl. Van der Esch, Journal of Energy and Natural Resources Law 1995, S. 19.

[726] Vgl. Scholz/Langer, Europäischer Binnenmarkt und Energiepolitik, S. 294 f.

[727] EuGH, EuZW 1994, S. 409, Tz. 28 unter Bezugnahme auf das Urteil „Costa/Enel", EuGH, Slg. 1964, S. 1253; siehe auch Rapp-Jung, EuZW 1994, S. 464; vgl. Metzenthin, Wettbewerb durch EG- Stromimporte, S. 110.

[728] Vgl. Metzenthin, Wettbewerb durch EG- Stromimporte, S. 141. Dagegen wurde nach h.M. die Zulässigkeit der privatrechtlichen Kartellverträge, die nach § 103 ff. GWB a.F. vom Kartellverbot freigestellt waren, nicht als "staatliche Maßnahme" i.S.v. Art. 30 EGV gesehen. Vgl. Arndt, RIW 1989, Beilage 7 zu Heft 10, S. 14; Metzenthin, Wettbewerb durch EG- Stromimporte, unter anderem S. 210, S. 130, S. 98 ff. und S. 113 f.; siehe auch Scholz/Langer, Europäischer Binnenmarkt und Energiepolitik, S. 294 f.; Schwabe, Die deutsche Stromversorgungsstruktur und der EWG-Vertrag, S. 163.

deutlich geworden war, dass es bei der Anwendung der EG-Wettbewerbsbestimmungen auf den Elektrizitätsmarkt zu Anwendungs- und damit auch Wertkonflikten zwischen den Zielen Wettbewerb und Umweltschutz kommen würde. Dieser Prioritätenkonflikt war dadurch der Kommission, sowie den weiteren an der Gesetzgebung beteiligten Organen der Gemeinschaft, Rat und Europäischem Parlament deutlich geworden. Hinzu kommt des weiteren, dass die Organe der Gemeinschaft seit der EEA nach der Querschnittsklausel des Art. 130 r EWGV verpflichtet waren, den Umweltschutz in ihre Überlegungen zur Deregulierung des europäischen Energiemarktes einzubeziehen. Schließlich war – wie der vorstehende Abschnitt gezeigt hat – den Gesetzgebungsorganen auch aufgezeigt worden, zu welcher Rechtsunsicherheit eine fehlende Berücksichtigung des Umweltschutzes im Rahmen der Deregulierung führen kann.

II. Der Wertwiderspruch zwischen Umweltschutz und Wettbewerb in der Elektrizitätsbinnenmarktrichtlinie

1. Die Aufgabe des europäischen Gesetzgebers

Oben unter C. wurde geschildert, warum das deutsche EnWG 1998 den seit den siebziger Jahren offenbar gewordenen Wertwiderspruch zwischen seinen erklärten Zielen Umweltschutz und Wettbewerb nicht gelöst hat. Das EnWG 1998 diente – wenn auch nicht allein – der Umsetzung der Elektrizitätsbinnenmarktrichtlinie der EU von 1997.[729] Daher stellt sich die Frage, ob der durch die deutsche Gesetzgebung nach der hier vertretenen Ansicht nicht gelöste Wertwiderspruch in der Elektrizitätsbinnenmarktrichtlinie problematisiert wurde und – wenn dies der Fall ist – ob der europäische Gesetzgeber etwa im Gegensatz zum deutschen Gesetzgeber Lösungen hierfür vorgegeben hat. Damit stellt sich hinsichtlich der Reform des europäischen Elektrizitätsmarktes die gleiche Frage, wie sie für den deutschen Gesetzgebungsprozess aufgeworfen wurde: Hat der europäische Gesetzgeber in dem Ziel- und Wertkonflikt zwischen Umweltschutz und Wettbewerb eine verbindliche Entscheidung hinsichtlich des Rangverhältnisses der Werte getroffen?

Dabei muss man sich zunächst die Unterschiede zwischen dem nationalen und dem europäischen Gesetzgebungsprozess durch Richtlinien vor Augen halten. Richtlinien sind im Gegensatz zu Verordnungen nicht direkt in den Mitgliedstaaten anwendbar, sondern sie verpflichten den nationalen Gesetzgeber im Rahmen einer i.d.R. zweijährigen Übergangszeit nur zur Umsetzung der vorge-

---

729 Richtlinie 96/92/EG des Europäischen Parlaments und des Rates vom19.12.1996 betreffend gemeinsame Vorschriften für den Elektrizitätsbinnenmarkt, Abl. 1997 Nr. L 27, S. 20 ff., nachfolgend als Elektrizitätsbinnenmarktrichtlinie oder Strombinnenmarktrichtlinie bezeichnet.

gebenen Ziele (Art. 249 EG). Wenn also Richtlinien nur bezüglich ihrer Ziele verbindlich sind, aber Form und Mittel zur Erreichung den Mitgliedsstaaten überlassen bleiben, sind doch an sie strukturell die gleichen Qualitätsanforderungen wie an ein nationales Gesetz zu stellen.[730] Auch Richtlinien richten sich – trotz dem Erfordernis der Umsetzung - i.d.R. an die Unionsbürger, d.h. die Bevölkerung der Mitgliedstaaten und die dort tätigen Unternehmen.[731]

Soweit eine Gesetzgebung der EU im Rahmen der Ermächtigungen durch das Primärrecht zulässig ist, hat sie in dem ihr zugewiesenen Bereich die gleichen Aufgaben zu erfüllen wie nationale Rechtsordnungen und Gesetzgeber. Ebenso wie nationale Gesetze haben daher europäische Richtlinien den in den Mitgliedstaaten entwickelten Kriterien der Gesetzgebungsqualität zu entsprechen.[732] Dies bedeutet, dass auch Richtlinien adressatengerecht und anwendungsgeeignet formuliert sein sollten.[733]

Die europäische Gesetzgebung ist daher an den bereits für die nationale Gesetzgebung entwickelten Kriterien auch hinsichtlich der Behandlung des Wertwiderspruchs zwischen Umweltschutz und Wettbewerb in der Elektrizitätsbinnenmarktrichtlinie zu messen.

2. Die Entstehung der Richtlinie

a. Einführung

Nachfolgend wird die Entstehung der Elektrizitätsbinnenmarktrichtlinie, deren Umsetzung das deutsche EnWG 1998 unter anderem diente, dargestellt. Im Rahmen der vorliegenden Untersuchung wird dabei vor allem hervorgehoben, welchen Stellenwert die Kommission im Rahmen des achtjährigen Gesetzgebungsverfahrens den Werten Wettbewerb und Umweltschutz beigemessen hat.

---

730 Dies folgt bereits daraus, dass die Europäische Gemeinschaft eine Rechtsgemeinschaft ist, vgl. Beutler/Bieber/Pipkorn/Streil, Die Europäische Union, S. 184; Ehlermann, NJW 1992, S. 1856.

731 Vgl. Götz NJW 1992, S. 1852; vgl. dazu im gleichen Zusammenhang Stauffenberg/Langenfeld ZRP 1992, S. 255; so spricht der EuGH davon, dass im Rahmen der unmittelbaren Wirkung von Richtlinien Unionsbürger oder Unternehmen gegen Richtlinien verstoßen können, vgl. etwa EuGH, EuZW 1991, S. 89 und EuGH Slg. I 1987, S. 2545.

732 Vgl. dazu Abl. EG Nr. 73/1999, die interinstitutionelle Vereinbarung über „Gemeinsame Leitlinien für die redaktionelle Qualität der gemeinschaftlichen Rechtsvorschriften", sowie die kommissionsinternen und nicht veröffentlichten „Règles de Technique Législative".

733 Vgl. Hill, ZG 1993, S. 2 f.

b. Vorgeschichte

a.a. Die Konzeption der Kommission

Wie bereits erläutert, wurde der Elektrizitätsbereich erst drei Jahre nach dem Weißbuch der Kommission von 1985 durch eine eigene Untersuchung in die Überlegungen zur Schaffung eines Binnenmarktes einbezogen. Auch wollte die Kommission nicht sofort radikale Maßnahmen durchsetzen, sondern zunächst nur erste Schritte in Richtung auf „mehr" Wettbewerb unternehmen.
Im Rahmen dieser Strategie legte die Kommission im Juni 1989 vier erste Richtlinien- bzw. Verordnungsvorschläge für den Energiebereich vor. Dies waren die Vorschläge für eine Richtlinie des Rates über den Transit von Elektrizitätslieferungen über die großen Netze,[734] eine Transitrichtlinie für den Erdgassektor,[735] die Transparenzrichtlinie[736] und eine Verordnung zur Änderung der Verordnung (EWG) Nr.1056/72 über die Mitteilung von Investitionsvorhaben von gemeinschaftlichem Interesse auf dem Erdöl-, Erdgas- und Elektrizitätssektor an die Kommission.[737]

b.b. Transitrichtlinie für Elektrizität

Die Kommission hat die Transitrichtlinie für Elektrizität auf Art. 100 a EWGV gestützt und sie damit in das allgemeine Binnenmarktprogramm integriert.[738]

Unter Bezugnahme auf die Hindernisse für einen verstärkten Elektrizitätsaustausch zwischen den großen Netzen, wird die Transitverpflichtung als erster Schritt zur Abhilfe angesehen.[739] Diese Transitverpflichtung blieb aber auf die großen Hochspannungsnetze und die sie betreibenden Gesellschaften beschränkt, die im Anhang der Richtlinie genau bezeichnet werden. Dies sind in Deutschland die großen Verbundgesellschaften. Damit wurden die kleinen Netze, wie sie in der Bundesrepublik Deutschland von kommunalen und regionalen Energieversorgungsunternehmen betrieben werden, ausgeklammert. Besonders deutlich wird die Stoßrichtung der Kommission in Art. 2 der Transitrichtlinie, wo die Beförderung von Elektrizität wie folgt definiert war:[740]

---

734 KOM (89), 336 endg., ABl. Nr. C 8/1990, S. 4.
735 KOM (89), 334 endg., ABl. Nr. C 274/1990, S. 6.
736 KOM (89), 332 endg., ABl. Nr. C 257/1989, S. 7.
737 KOM (89), 335 endg., ABl. Nr. C 250/1989, S. 5.
738 Vgl. Lukes, DB 1989, S. 2059; Arndt, RIW 1989, Beilage 7 zu Heft 10, S. 22.
739 ABl. Nr. C 8/1990, S. 4; identisch auch der endgültige Wortlaut der Richtlinie ABl. Nr. L 313/1990, S. 30.
740 ABl. Nr. L 313/1990, S. 30.

„...
Die Beförderung wird von der (den) in jedem einzelnen Mitgliedstaat für ein großes Hochspannungsnetz zuständigen Gesellschaft(en) durchgeführt, das im Gebiet eines Mitgliedstaates gelegen und am Verbund der europäischen Hochspannungsnetze beteiligt ist; Verteilungsnetze sind ausgenommen.

Das Erzeugungsnetz bzw. das Endabnahmenetz liegt im Hoheitsgebiet der Gemeinschaft.

Bei dieser Beförderung wird mindestens eine innergemeinschaftliche Grenze überschritten.

...“

Die Richtlinie will damit „mehr“ Wettbewerb zwischen den großen Energieversorgungsunternehmen ermöglichen, die am europäischen Verbundsystem beteiligt sind. Berücksichtigt wird nur der grenzüberschreitende Elektrizitätsaustausch.[741] In Art. 3 der Richtlinie wird dann ein Verfahren festgeschrieben, das bei einem Begehren nach grenzüberschreitendem Elektrizitätstransit einzuhalten ist. Danach haben die beteiligten Gesellschaften die Konditionen untereinander auszuhandeln. Jeder Antrag für einen Stromtransit, dem ein Kaufvertrag von mindestens einem Jahr Dauer zugrunde liegt, ist der Kommission mitzuteilen. Die Transitbedingungen sollen für alle betroffenen Parteien nicht diskriminierend und angemessen (Art. 3 Abs. 2) sein. Der Kommission sind außerdem die Gründe mitzuteilen, wenn die Verhandlungen ein Jahr nach Mitteilung des Transitantrags nicht zum Abschluß gekommen sind (Abs. 3, 4. Spiegelstrich). Gegebenenfalls können die Transitbedingungen einer Schlichtungsstelle vorgelegt werden (Abs. 4).
Schließlich, hat die Kommission gem. Art. 4 der Transitrichtlinie das Recht, die im "Gemeinschaftsrecht vorgesehenen Verfahren" einzuleiten, wenn ihr die Gründe für ein Nichtzustandekommen einer Transitvereinbarung als nicht gerechtfertigt oder nicht ausreichend erscheinen.
In Deutschland wurde die Richtlinie durch Vertrag vom 11. Oktober 1991 zwischen der Bundesrepublik und den Verbundunternehmen umgesetzt.[742] Bisher ist noch kein Verfahren nach Art. 4 der Richtlinie bekannt geworden.

Die Richtlinie enthält damit keine umweltbezogenen Vorschriften. Nur in den Erwägungsgründen ist die folgende programmatische Überlegung enthalten:

„Für die Energiepolitik gilt mehr noch als für alle anderen Maßnahmen, die zur Vollendung des Binnenmarktes beitragen, dass sie nicht allein mit Blick auf eine Verringerung der Kosten und der Ausübung des Wettbewerbs durchgeführt werden darf, sondern auch der Notwendigkeit Rechnung tragen muss, die Versorgungssicherheit

---

741 ABl. Nr. L 313/1990, S. 30.

742 Abgedruckt bei Obernolte/Danner, Energiewirtschaftsrecht, Anhang 4 EnWG I F.

und die Verträglichkeit der Energieerzeugungsverfahren mit der Umwelt zu gewährleisten".[743]

Dies war, da eine konkrete Umsetzungsmaßnahme fehlte, eine politische Absichtserklärung ohne Rechtswirkung.

c.c. Die Änderungsvorschläge des Europäischen Parlaments

In der Transitrichtlinie der Kommission von 1990 waren, wie vorstehend geschildert, Fragen des Umweltschutzes oder der Ressourcenschonung im Ergebnis ausgeklammert. Der ursprüngliche Kommissionsvorschlag vom Juli 1989 hatte den Umweltschutz gar nicht erwähnt.

In dem durch die EEA neu eingeführten Rechtsetzungsverfahren nach Art. 100 a EGV (Verfahren der Zusammenarbeit gem. Art. 149 Abs. 2 EGV) hatte das Europäische Parlament dem Konzept der Kommission vehement widersprochen und umweltpolitisch motivierte Änderungsvorschläge erarbeitet.
Nach dem Bericht des für die Transitrichtlinie zuständigen Abgeordneten Desama,[744] dem sich auch das Plenum des Parlaments anschloss,[745] sollten Umweltschutzgesichtspunkte sowohl bei den Transitbedingungen wie auch bei der künftigen Marktorganisation berücksichtigt werden. Nach dem 4. Erwägungsgrund des vom Europäischen Parlament vorgeschlagenen Richtlinientextes sollte sich die Energiepolitik der Gemeinschaft auch am Grundsatz der Umweltverträglichkeit ausrichten.[746]

Im Erwägungsgrund 4a seines Entwurfes wies das Parlament weiter auch darauf hin, dass „unterschiedliche Umweltnormen" sich auf die Stromerzeugungskosten der Anbieter in den Mitgliedstaaten auswirken.[747] In Erwägungsgrund Nr. 12 wird die Berücksichtigung von Umweltschutzstandards bei der Beurteilung von Transitbedingungen verlangt.[748] Konsequent forderte das Parlament schließlich eine Angleichung der Umweltstandards im Bereich der Anlagensicherheit sowie im Bereich der Rahmenbedingungen der Stromerzeugung, wobei ein hohes Schutzniveau festgeschrieben werden sollte (Erwägungsgrund 13 a).
Art. 2 Abs. 3 a der Transitrichtlinie sollte in der Fassung des EP wie folgt lauten:

---

743 ABl. Nr. L 313/1990, S. 30.

744 Vgl. auch den „Linkohr"-Bericht über den Binnenmarkt für Energie: Europäisches Parlament, Dok. A2-158/89 (Bericht Linkohr).

745 Vgl. den Anhang zum ABl. - Verhandlungen des EP Nr. 3 - 389/1990, S. 50 ff.

746 ABl Nr. C 113/1990, S. 85.

747 ABl Nr. C 113/1990, S. 85.

748 ABl Nr. C 113/1990, S. 86.

„Eine Harmonisierung der Umwelt- und Sicherheitsstandards im Bereich der Elektrizitätserzeugung ist für den innergemeinschaftlichen Transit notwendig.“[749]

Das Parlament konnte 1990 seine Konzeption einer umfassenden Berücksichtigung von Umweltschutzzielen bei den ersten Schritten zu einem Elektrizitätsbinnenmarkt gegen die Kommission nicht durchsetzen. Der Umweltschutz fand nur in den Erwägungsgründen als Zielvorstellung Aufnahme, ohne dass konkrete Umsetzungsmaßnahmen etwa in die Transitbedingungen einbezogen wurden. Trotzdem dokumentiert das Gesetzgebungsverfahren der Transitrichtlinie im Dialog zwischen Kommission und Parlament, dass ein Wertwiderspruch zwischen Umweltschutz und Wettbewerb bereits in der Frühphase der Diskussion um den Elektrizitätsbinnenmarkt bestand.

d.d. Art. 90 Abs. 3 EGV

Bereits kurz nach Vorlage der ersten Richtlinienvorschläge hat die Kommission betont, dass ihr neben dem Rechtsetzungsverfahren gem. Art. 100 a EGV die Möglichkeit offen steht, eigene Richtlinien (ohne Zustimmungserfordernis durch Rat oder Parlament) nach Art. 90 Abs. 3 EGV zu erlassen.[750]

Durch diese originäre Rechtsetzungsmöglichkeit wird der Kommission die Möglichkeit eröffnet, politisch Druck auf den Rat und das Parlament zur Verwirklichung des Wettbewerbsprinzips auszuüben.[751] Durch Art. 90 Abs. 3 EGV wird der Kommission die Aufgabe übertragen, die Anwendung der Art. 90 Abs. 1 und Abs. 2 EGV zu überwachen bzw. zu gestalten und zu diesem Zweck gegebenenfalls Richtlinien und Entscheidungen an die Mitgliedstaaten zu richten. Dabei ist sie befugt, sowohl präventiv im Bereich der Beziehung zwischen den Mitgliedstaaten und ihren öffentlichen Unternehmen tätig zu werden, aber auch repressiv durch Aufzeigen eines Verstoßes gegen das Gemeinschaftsrecht.[752] Der EuGH hat in seinem Urteil zur Telekommunikationsendgeräte-Richtlinie[753] die Kompetenzen der Kommission nach Art. 90 Abs. 3 EGV - in Abgrenzung zu den Rechtsetzungbefugnissen des Rates gem. Art. 87 und 100 a EGV - bestätigt. In der Entscheidung hat der EuGH die Aufhebung von Ausschließlichkeitsrechten, die von den Mitgliedstaaten Unternehmen eingeräumt wurden und die Öffnung des entsprechenden Marktes für alle Wirtschaftsteil-

---

749 ABl Nr. C 113/1990, S. 89.

750 Vgl. dazu das sog. Telekommunikationsurteil des EuGH, Slg. I. 1991, S. 1259 ff.; Ehlermann, EuZW 1992, S. 690; KOM, Competition policy newsletter, Volume 1, No. 4, 1995, S. 45 sowie S. 40 f.

751 Vgl. grundsätzlich Benesch, Die Kompetenzen der EG-Kommission S. 137; Mélin-Soucramanien, Revue du marché commune et de l'union europèene 1994, S. 601 ff.

752 Vgl. Grill, in: Lenz, EGV-Kommentar, Art. 90 Rn. 26; Geiger, EG-Vertrag, Art. 90, Rn. 15 f.

753 EuGH, Slg. I. 1991, S. 1259.

nehmer als zulässige Überwachungsmaßnahme im Sinne von Art. 90 Abs. 3 EGV betrachtet. Dadurch wird der Kommission ein erheblicher Gestaltungsspielraum bezüglich der staatlichen/öffentlichen Unternehmen eingeräumt, die in den Bereich von Art. 90 Abs. 1 EGV fallen [754].
Mit ihrer Hervorhebung der Möglichkeit eigener Rechtsetzung hat die Kommission demnach gegenüber den Mitgliedsstaaten wie auch gegenüber den betroffenen Interessengruppen deutlich gemacht, dass sie gewillt ist, eine Wettbewerbsöffnung der nationalen Elektrizitätsmärkte durchzusetzen.

c. Die Binnenmarkt-Richtlinien-Vorschläge

a.a. Der Richtlinienvorschlag 1992

(1) Grundkonzeption

Am 21.02.1992 legte die Kommission dann einen ersten Vorschlag für eine Richtlinie des Rates betreffend gemeinsamer Vorschriften für den Elektrizitätsbinnenmarkt[755] vor. In der Begründung zu diesem Richtlinienvorschlag führt sie aus, dass die Transitrichtlinie von 1990 der erste Schritt zu einem stärker wettbewerbsgeprägten Elektrizitätsmarkt war. Die zweite Phase zur Verwirklichung von mehr Wettbewerb in dem Sektor war demnach der Richtlinienvorschlag. Er hatte drei Schwerpunkte:

(1) Ein transparentes und nicht diskriminierendes System für die Gewährung von Genehmigungen für die Stromerzeugung und den Bau von Leitungen.

(2) Vertikal integrierte Unternehmen sind zu entbündeln (sog. „unbundling“). Darunter versteht die Kommission die Trennung von Management und Rechnungsführung zwischen Produktion, Transport und Verteilung. Das „unbundling“ dient allein der Transparenz der Tätigkeit und soll die Eigentumsstrukturen selbst nicht berühren.

(3) Ein (begrenzter) Zugang Dritter zum Netz (sog. TPA-third party access) wird zugelassen. Die für den Transport und die Verteilung von Strom verantwortlichen Energieversorgungsunternehmen werden verpflichtet, gegen angemessene Vergütung ausgewählten Gesellschaften den Zugang zu ihrem Netz anzubieten, sofern Übertragungs- oder Verteilungskapazitäten verfügbar sind. Zugangsberechtigt sind Unternehmen mit einem ho-

---

754 Vgl. Burchard, EuZW 1991, S. 340 f.

755 KOM (91), 548 endg., syn. 384.

hen Energieverbrauch, der einen festgelegten Schwellenwert überschreitet, sowie Verteilungsunternehmen unter bestimmten Bedingungen.[756]

Der Richtlinienvorschlag vom Februar 1992 war auf Art. 100 a EWGV gestützt, d.h. es handelte sich um eine Richtlinie des Rates, bei dem das Parlament im Verfahren der Zusammenarbeit nach Art. 100 a, 149 EWGV mitwirken konnte.

In den Erwägungsgründen des Vorschlages erwähnt die Kommission Gesichtspunkte des Umweltschutzes wiederum nicht. Allerdings gewährt Art. 13 des Entwurfes einen gewissen Vorrang für Strom aus erneuerbaren Energiequellen. So hat der Betreiber des Übertragungsnetzes bei der Abrufung von Kapazitäten in seinem Gebiet solchen Erzeugungsanlagen Vorrang zu geben, deren Kapazität 25 Megawatt nicht überschreitet, wenn diese erneuerbare Energiequellen oder Abfall verwenden bzw. im Rahmen von Kraft-Wärmekopplung produzieren. Eine weitere Bedingung ist, dass die Elektrizität zu einem angemessenen Preis angeboten wird.[757]

In dem Richtlinienvorschlag wird demnach keine allgemeine Durchleitungsverpflichtung, sondern nur ein beschränkter Zugang Dritter zum Netz mit dem Ziel der Marktöffnung vorgesehen.

(2) Kritik des Europäischen Parlamentes

Durch den Vertrag von Maastricht wurden die Mitwirkungsrechte des Europäischen Parlamentes für die von der Kommission gewählte Rechtsgrundlage weiter verstärkt. Das Europäische Parlament wirkte an der Richtlinie für den Strombinnenmarkt nunmehr nach dem Verfahren der Mitentscheidung (auch Kodezisionsverfahren) gem. Art. 189b EGV mit.[758] Das Europäische Parlament organisierte zur Ausfüllung der neuen Kompetenzen im Jahr 1992 umfangreiche Anhörungen zur Liberalisierung des Gas- und Strommarktes.[759] Der zuständige Berichterstatter, Desama, legte dann im November 1993 seinen Bericht dem Parlament vor,[760] und das Parlament stimmte ihm grundsätzlich in seiner Entschließung vom 17.11.1993 zu.[761] Diese Entschließung lässt sich wie folgt zusammenfassen:

---

756 KOM (91), 548 endg., S. 9 f.; vgl. auch EP, Der Binnenmarkt für Energie: Die Kommissionsvorschläge für mehr Wettbewerb im Elektrizitäts- und Gasbereich, S. 12 f.

757 KOM, (91), 548 endg., S. 45; dies ist eine deutliche Schlechterstellung gegenüber dem deutschen Stromeinspeisungsgesetz.

758 Vgl. hierzu: Geiger, EG-Vertrag, Art. 189b, Rn. 1 ff.; Wetzel/Weyand, RdE 1994, S. 56 ff.

759 Vgl. EP, Dok. PE 201.211, nicht veröffentlicht.

760 „Desama"-Bericht, Dok. EP-A 3-0281/93, nicht veröffentlicht.

761 ABl. Nr. C 329/1993, S. 74 ff.

- Die Mitgliedstaaten werden verpflichtet, Ausschließlichkeitsrechte für neue Produktions- und Übertragungskapazitäten abzuschaffen.

- Der Gesichtspunkt des allgemeinen wirtschaftlichen Interesses (public service), der in Art. 90 Abs. 2 EGV Ausdruck findet, wird für den Bereich der leitungsgebundenen Energien betont. Dies bedeutet, dass zumindest die Grundversorgung der Bevölkerung mit Energie gesichert werden muss.

- Das TPA-Konzept (Durchleitung) der Kommission wird durch das Konzept des negotiated TPA (verhandelter Zugang Dritter zu dem Netz) ersetzt. Endabnehmer können direkt mit Erzeugern bzw. Anbietern von Strom verhandeln.

- Auf der Verteilungsebene bleiben die bestehenden Konzessionsrechte der Gebietskörperschaften bzw. des jeweiligen Staates unangetastet.

- Voraussetzung für die Annahme der Richtlinien ist, dass auch Vorschriften über Umweltschutz, Sicherheitsstandards, Arbeitnehmerschutz auf höchsten Niveau angeglichen werden.

Damit stellte das Parlament im Ergebnis die Verabschiedung der Vorschriften über einen Energiebinnenmarkt unter einen Umweltvorbehalt. Das Europäische Parlament hat insoweit im Rahmen des Gesetzgebungsverfahrens dem Umweltschutz zumindest den gleichen Rang wie dem Wettbewerbsprinzip zugemessen.

b.b. Richtlinienentwurf 1993

Die Kommission reagierte auf die Entschließung des Parlaments vom November 1993 mit einem abgeänderten Richtlinienvorschlag, den sie bereits am 07.12.1993 vorlegte.[762] Dabei nahm die Kommission folgende Vorschläge des EP auf:

- Die Möglichkeit, für Elektrizitätserzeuger den Zugang zum Netz auszuhandeln.

- Die Erarbeitung eines Arbeitsprogramms für die in einer weiteren Phase notwendigen Harmonisierungsvorschläge.

Damit wurde die Durchleitungsverpflichtung (TPA) durch das Konzept der Verhandlung eines Netzzugangs als Maßnahme der Marktöffnung ersetzt. Die

762 ABl. Nr. C 123/1994, S. 1 ff.

Verhandlungslösung wurde des weiteren durch ein Schlichtungsverfahren ergänzt, das aber den Rechtsweg nicht ersetzen sollte.[763]

Die umweltpolitisch relevanten Änderungsvorschläge des Parlamentes wurden dagegen von der Kommission nicht berücksichtigt. Dies betrifft vor allem die vom Parlament verlangte Harmonisierung im Umweltschutzbereich.[764]

Zusammenfassend ist festzustellen, dass die Kommission auch Ende 1993 nicht gewillt war, die vom Parlament geltend gemachten Gesichtspunkte des Umweltschutzes zu berücksichtigen.

c.c. Der Weg zu dem Konsens von 1996

Auch der abgeänderte Kommissionsvorschlag vom Dezember 1993 mit Übernahme des Parlamentsvorschlags eines verhandelten Netzzugangs war im Rat nicht mehrheitsfähig. Die spätere Diskussion in den verschiedenen Sitzungen des Energieministerrates ließ erkennen, dass der Standpunkt des Europäischen Parlaments zum Grad der Marktöffnung von den stärker zentralistisch strukturierten Ländern bevorzugt wurde.[765] Schließlich brachte Frankreich 1994 einen weiteren Vorschlag, das sog. „Single-Buyer-Konzept“ als Alternative in die Diskussion ein. Das Konzept, das parallel bzw. alternativ zu einer negotiated TPA denkbar ist, kann wie folgt skizziert werden:

- Ein Netzbetreiber hat die Exklusivrechte am Verbundnetz inne.

- Der Netzinhaber hat das Exklusivrecht für Kauf und Verkauf.

- Große, insbesondere industrielle Endabnehmer, haben das Recht, soweit eine entsprechende Importgenehmigung vorliegt, dem Netzbetreiber einen Stromimport von einem ausländischen Lieferanten vorzuschlagen.[766]

Die Kommission erhielt daraufhin im November 1994 den Auftrag zur Erarbeitung eines Arbeitspapiers hinsichtlich der Vereinbarkeit der vorliegenden Kon-

763 Vgl. KOM, (91), 548 endg., S. 5.

764 Vgl. EP, Der Europäische Binnenmarkt für Energie: Richtlinienvorschläge in den Bereichen Elektrizität und Gas, Dok. PE 212.192, S. 9, nicht veröffentlicht.

765 Vgl. EP, Der Europäische Binnenmarkt für Energie: Richtlinienvorschläge in den Bereichen Elektrizität und Gas, Dok. PE 212.192, S. 9 f, nicht veröffentlicht.

766 Vgl. EP, Der Europäische Binnenmarkt für Energie: Richtlinienvorschläge in den Bereichen Elektrizität und Gas, Dok. PE 212.192, S. 10; VDEW, Stellungnahme zum Single-Buyer-Konzept.

zepte. Dieses Arbeitspapier legte sie im März 1995 vor.[767] Als Bedingungen für die mögliche Koexistenz der beiden Konzepte nannte sie die folgenden Punkte:

- Preistransparenz bei der Ein- und Ausfuhr von Strom durch den Monopolisten.

- Unbundling bei dem Single-Buyer.

- Öffentliche Ausschreibungsverfahren für neue Produktionskapazitäten.

- Möglichkeit der Parallelgenehmigung für Stromerzeuger.[768]

Damit war Ende 1994/Anfang 1995 die Diskussion über den Elektrizitätsbinnenmarkt vorrangig eine Diskussion über die Methode zur Marktöffnung bzw. die Vereinbarkeit verschiedener Methoden der Marktöffnung geworden. Dagegen waren im Ministerrat und der Kommission zu diesem Zeitpunkt Umweltüberlegungen nicht erkennbar.

d.d. Umweltschutz in der Elektrizitätsbinnenmarktrichtlinie aus deutscher Sicht

In die Verhandlungen im Energieministerrat wurde auch von den Mitgliedsstaaten, insbesondere von Deutschland immer wieder die Wichtigkeit einer Einbeziehung von Umweltbelangen betont.
Ihren dahingehenden politischen Willen hat die Bundesregierung während des Gesetzgebungsverfahrens mehrfach geäußert. So hat der Bundesumweltminister bereits Ende der 80er Jahre gefordert, bei der Diskussion über den Binnenmarkt für Strom umweltpolitischen Gesichtspunkten mehr Aufmerksamkeit zu widmen.[769] In dem energiepolitischen Konzept der Bundesregierung vom 11.12.1991 wird unter der Überschrift "Schwerpunkte"[770] ausgeführt, dass Hauptziel der gemeinschaftlichen Energiepolitik die Gewährung der sicheren wirtschaftlichen und umweltgerechten Energieversorgung sei. Des weiteren heißt es unter Textziffer 82:[771]

> „82. Die Herstellung des Binnenmarktes erfordert für einen echten Leistungswettbewerb mit anderen Ländern weitere Harmonisierung der Rahmenbedingungen.

---

767 KOM, Competition Policy Newsletter, Volume 1, No. 4, 1995, S. 43 ff.; SEK (95) 464 endg.

768 Vgl. KOM, Competition Policy Newsletter, Volume 1, No. 4, 1995, S. 44; EuZW 1995, S. 290 f.

769 Töpfer, ZfE 1989, S. 182.

770 BT-Drs. 12/1799 Tz. 79 (S. 38).

771 BT-Drs. 12/1799, S. 39.

> Die deutschen Umweltschutzbedingungen für stationäre Anlagen zum Schutz von Luft, Boden und Wasser gehören zu den strengsten in Europa. Die Bundesregierung hält zum Abbau der grenzüberschreitenden Umweltbelastungen und zur Herstellung gleicher Bedingungen im internationalen Wettbewerb eine weitere Harmonisierung der Umweltschutzbestimmungen auf hohem Niveau für erforderlich."

Das Bundesumweltministerium hat 1993 den Bericht der Arbeitsgruppe Energie und Umwelt für die Umweltministerkonferenz der Bundesländer veröffentlicht.[772] Dort heißt es zu dieser Fragestellung auf Seite VIII:

> „Allerdings ist bei der Einführung von Wettbewerb im Strommarkt zu berücksichtigen, dass allein durch den Markt kein schonender Umgang mit den knappen Umweltressourcen sichergestellt werden kann.
>
> ...
>
> Die Einführung von Wettbewerb in der Stromversorgung muss daher durch Regelungen zum Schutz von Umweltbelangen flankiert werden, die insbesondere zur Substitution von Energieerzeugung und Energieverbrauch durch Einsparinvestitionen anreizen.
>
> ..."

Auch die Enquete-Kommission zum Schutz der Erdatmosphäre hat in ihrem Schlussbericht vom 31.10.1994 zum Thema „Mehr Zukunft für die Erde - Nachhaltige Energiepolitik für dauerhaften Klimaschutz –„ ausdrücklich dieser Bewertung der Bundesumweltministerkonferenz zugestimmt.[773] In der Bundesregierung bestand demnach Konsens, dass eine einseitige Liberalisierung der Strommärkte ohne flankierende Umweltschutzmaßnahmen zu Wettbewerbsnachteilen für die deutsche Elektrizitätswirtschaft und zu Nachteilen für das Ziel des Umweltschutzes in der Energieversorgung und damit für den Klimaschutz und die Luftreinhaltung führen würde.

Angesichts dieser Publikationen ist davon auszugehen, dass die Bundesregierung ihre Position auch im Energieministerrat vertreten hat.

3. Die Elektrizitätsbinnenmarktrichtlinie von 1996

a. Wettbewerbskonzeption der Richtlinie

Auf Grundlage des Arbeitspapiers von 1995 und nach weiteren Verhandlungen mit den Mitgliedsstaaten unterbreitete die Kommission einen weiteren Vor-

---

772 Bundesumweltministerium, Umwelt Nr. 9/1993, Auswirkungen des Elektrizitätsbinnenmarktes auf die Umwelt.

773 BT-Drs. 12/8600, S. 239 ff.

schlag, der schließlich im Energierat am 20. Juni 1996 angenommen wurde. Die wichtigsten Prinzipien der Elektrizitätsbinnenmarktrichtlinie lassen sich dabei wie folgt zusammenfassen:[774]

- Die Mitgliedstaaten können bei der Öffnung ihrer Energiemärkte zwischen dem System des Alleinkäufers (Single-Buyer) sowie des verhandelbaren Netzzugangs wählen.

- Der europäische Strommarkt soll in mehreren Teilschritten geöffnet werden.

Damit wurde eine Entscheidung zwischen den unterschiedlichen, von den Mitgliedsstaaten vorgeschlagenen Wettbewerbskonzeptionen, vermieden. Den Mitgliedsstaaten wurde die Möglichkeit eingeräumt, im Rahmen der künftigen Wettbewerbsorientierung ihrer nationalen Elektrizitätsmärkte, historischen Besonderheiten Rechnung zu tragen. Insoweit ist davon auszugehen, dass z.B. Frankreich sich eher für das Single-Buyer-System entscheiden wird, während sich die meisten Mitgliedsstaaten auf die Durchleitungslösung im Rahmen des verhandelten Netzzugangs konzentrieren werden. Die Marktöffnung folgt demnach den Konzeptionen, die bereits seit Anfang der neunziger Jahre in den ersten Richtlinienvorschlägen und insbesondere in dem 93er Kommissionsentwurf enthalten waren.

b. Umweltschutzkonzeption der Richtlinie

Die Elektrizitätsbinnenmarktrichtlinie enthält in ihrer Endfassung von 1996 schließlich auch umweltpolitische Überlegungen und Vorschriften, die nachfolgend dargestellt werden. Der Umweltschutz wird bereits in den Erwägungsgründen der Richtlinie genannt. So lautet der 4. Erwägungsgrund:[775]

> „Der Verwirklichung des Elektrizitätsbinnenmarktes kommt besondere Bedeutung zu; es gilt unter gleichzeitiger Stärkung der Versorgungssicherheit und der Wettbewerbsfähigkeit der europäischen Wirtschaft sowie unter Wahrung des Umweltschutzes, die Effizienz bei der Erzeugung, Übertragung und Verteilung dieses Produktes zu verbessern."

Im 13. Erwägungsgrund heißt es dann ergänzend, dass es in einigen Mitgliedstaaten erforderlich sein kann, gemeinwirtschaftliche Verpflichtungen "den Marktteilnehmern aufzuerlegen, um Umweltschutz zu gewährleisten, die der freie Wettbewerb nicht unbedingt garantieren kann".

---

774 Abl. L 27, S. 20 ff.; vgl. auch Britz, RdE 1997, S. 85 ff.; Britz, EuZW 1997, S. 334 ff., zu notwendigen Änderungen des deutschen Rechts; Rapp-Jung, RdE 1997, S. 133 ff.

775 ABl. L 27, S. 20 ff.

Schließlich heißt es im 28. Erwägungsgrund, dass aus Gründen des Umweltschutzes der Elektrizitätserzeugung auf der Grundlage erneuerbarer Energien Vorrang eingeräumt werden kann.

Diese Vorüberlegungen werden in Art. 3 Abs. 2 der Richtlinie wie folgt konkretisiert:

> „Die Mitgliedstaaten können bei uneingeschränkter Beachtung der einschlägigen Bestimmungen des Vertrages, insbesondere des Artikels 90, den Elektrizitätsunternehmen gemeinwirtschaftliche Verpflichtungen im Allgemeininteresse auferlegen, die sich auf die Sicherheit, einschließlich der Versorgungssicherheit, die Regelmäßigkeit, die Qualität und den Preis der Lieferungen sowie auf den Umweltschutz beziehen können. Diese Verpflichtungen müssen klar definiert, transparent, nicht diskriminierend und überprüfbar sein."

Damit nimmt die Richtlinie Bezug auf Art. 90 EGV und greift die vom EuGH 1994 in der Almelo-Entscheidung problematisierte Einbeziehung umweltpolitischer Erwägungen in der Energiepolitik auf. Auf der anderen Seite wird aber durch die Vorschrift deutlich, dass die Gemeinschaft nunmehr auf die vom Europäischen Parlament und auch der Bundesregierung geforderte Harmonisierung von Umweltstandards verzichtet und es den Mitgliedsstaaten überlässt, solche Umweltstandards zu definieren. Damit nahm die Gemeinschaft in Kauf, dass in künftigen Kartellverfahren der Umweltschutz als Begründung für Wettbewerbsbeschränkungen dienen kann. Die Entscheidung über die Wertigkeit des Umweltschutzes wurde auf die Mitgliedsstaaten bzw. die Rechtsanwender delegiert.

Nach Art. 3 Abs 3 der Richtlinie werden die Mitgliedstaaten ermächtigt, bestimmte Regelungen der Richtlinie nicht anzuwenden, wenn dadurch die vorstehend genannten gemeinwirtschaftlichen Verpflichtungen, d.h. insbesondere auch die Umweltschutzverpflichtungen, verhindert würden. Allerdings steht diese Möglichkeit unter dem Vorbehalt, dass die Entwicklung des innergemeinschaftlichen Handelsverkehrs nicht in einem Ausmaß beeinträchtigt wird, das den Interessen der Gemeinschaft zuwiderläuft.

Weiter wird in Art. 5 Abs. 1 lit. b der Umweltschutz und in lit. e die Energieeffizienz als Kriterium für die Genehmigung zum Bau von Elektrizitätserzeugungsanlagen genannt.

Über die früheren Entwürfe hinausgehend räumt damit die Strombinnenmarktrichtlinie den Mitgliedstaaten einen Handlungsspielraum für eine Beschränkung des künftigen Wettbewerbs aus ökologischen Interessen ein. Hierbei sind allerdings die übrigen Vertragsbestimmungen zu beachten.[776]

Insgesamt ist festzustellen, dass dem Umweltschutz im Rahmen der Elektrizitätsbinnenmarktrichtlinie keine konkrete Wertigkeit oder gar ein konkreter Vorrang gegenüber dem Wettbewerbsziel eingeräumt wird. Soweit in den Erwägungsgründen in Art. 3 auf den Umweltschutz Bezug genommen wird, ist dies im Ergebnis nur eine Wiederholung der bereits in der Rechtsprechung des EuGH und der Verwaltungspraxis herausgearbeiteten Berücksichtigung im Rahmen von Art. 90 Abs. 2 EGV. Darüber hinausgehende klare Zielvorgaben sind nicht enthalten. Den Mitgliedsstaaten blieb insoweit überlassen, diese letztendlich selbstverständlichen Handlungsspielräume auszunutzen. Deutlich wird diese Unverbindlichkeit auch bei Art. 5 der Richtlinie, der Genehmigung von Produktions- und Leitungsanlagen, wo die Bedeutung des Umweltschutzes eine reine Selbstverständlichkeit darstellt.[777]

c. Weiterwirken des Wertwiderspruchs zwischen Umweltschutz und Wettbewerb in der Elektrizitätsversorgung

Die im Rahmen der Elektrizitätsbinnenmarktrichtlinie von 1997 unterbliebene Wertentscheidung führte dazu, dass in zahlreichen Mitgliedsstaaten, insbesondere in Dänemark, den Niederlanden und Deutschland Bemühungen einsetzten, bestimmte Formen der Elektrizitätserzeugung, insbesondere die Kraft-Wärmekopplung durch Beihilfen zu unterstützen. Vorzugsregelungen für Strom aus erneuerbaren Energien oder aus Kraft-Wärmekopplungsanlagen in einem liberalisierten Elektrizitätsbinnenmarkt stellen aber unter Umständen einen Verstoß gegen das Beihilfeverbot des Art. 87 Abs. 1 EG dar.[778] Auf der anderen Seite entsprechen diese nationalen Praktiken dem umweltpolitischen Konzept der Elektrizitätsbinnenmarktrichtlinie, solange es an einer europäischen Harmonisierung fehlt.

4. Umweltorientierte Aktivitäten der EU im Elektrizitätsbereich nach der Elektrizitätsbinnenmarktrichtlinie

Im Gegensatz zu der Situation in Deutschland und anderen Mitgliedstaaten wurden in der EU nach Verabschiedung der Elektrizitätsbinnenmarktrichtlinie keine ergänzenden Maßnahmen in Kraft gesetzt, die eine ökologische Steuerung im deregulierten europäischen Energiemarkt zum Ziel hatten. Dies lag aber

---

776 Vgl. Rapp-Jung, RdE 1997, S. 135; Britz, RdE 1997, S. 91; Arzt/Apfelstedt, ZUR 1997, S. 138.

777 Vgl. van der Esch, Journal of Energy and Natural Resources Law, 1995, S. 18.

778 Vgl. dazu Mederer, in: Groeben/Thiesing/Ehlermann, EGV-Kommentar, Art. 92, Rn. 2; Schalast, EUROHEAT-POWER-Fernwärme International 4/2000, S. 39.

nicht an der Untätigkeit der Kommission, sondern an der fehlenden Bereitschaft des Ministerrates ihre Vorschläge umzusetzen. So legte die Kommission bereits im März 1997, wenige Monate nach Verabschiedung der Elektrizitätsbinnenmarktrichtlinie, den Entwurf einer Richtlinie zur Restrukturierung der gemeinschaftlichen Rahmenvorschriften zur Besteuerung von Energieerzeugnissen vor.[779] In diesem Richtlinienentwurf war u.a. ein einheitlicher Mindeststeuersatz für elektrischen Strom vorgesehen.[780] Des weiteren gab es –nicht zuletzt ausgehend von dem Grünbuch der Kommission „Energie für die Zukunft: Erneuerbare Energieträger“[781] -eine intensive Diskussion, wie die auch von der Präambel der Richtlinie hervorgehobene Förderung erneuerbarer Energien in Zukunft ausgestaltet werden könnte. Die Kommission hat schließlich im Mai 2000 den Entwurf einer Richtlinie zur Förderung der Stromerzeugung aus erneuerbaren Energiequellen veröffentlicht.[782] Dieser Richtlinienentwurf sieht allerdings keine Förderungsmaßnahmen auf Gemeinschaftsebene vor, sondern geht von den derzeit in den Mitgliedsstaaten existierenden unterschiedlichen Fördermechanismen für Strom aus erneuerbaren Energiequellen aus.[783] Damit bleibt es den Mitgliedsstaaten überlassen, im Rahmen des EU-Beihilfenregimes und des Gemeinschaftsrahmens für staatliche Umweltschutzbeihilfen mit nationalen Förderungskonzepten zu experimentieren.[784] Im Ergebnis läuft der Richtlinienentwurf der Kommission damit auf einen Wettbewerb von nationalstaatlichen Fördermaßnahmen hinaus. Damit werden, die bereits in zahlreichen Mitgliedstaaten in Gang gesetzten Maßnahmen zur umweltpolitischen Regulierung des Elektrizitätsbinnenmarktes zwar möglicherweise systematisiert, es fehlt aber ein konkreter Vorschlag für eine Steuerung und Harmonisierung auf Ebene der EU. Genau diese ist aber in einem Elektrizitätsbinnenmarkt, der auch für erneuerbare Energien und die Kraft-Wärmekopplung Anwendung finden soll, nach hier vertretener Auffassung notwendig.[785]

---

779 KOM (97), 30 endg.

780 Der Richtlinienentwurf entspricht insoweit dem Konzept der deutschen Ökosteuergesetzgebung, wobei als weitere Parallele die zahlreichen Befreiungsmöglichkeiten für energieintensive Wirtschaftsbereiche auffallen.

781 KOM (96), 576 endg.

782 KOM (2000), 279 endg.

783 Vgl. dazu Falke, ZUR 2000, S. 287; Schalast/Hermonies, ET 2000, S. 689; damit führt die Kommission ihre bisherige Strategie hinsichtlich der Behandlung von umweltfreundlicher Elektrizität im Binnenmarkt fort; vgl. auch Rat von Sachverständigen für Umweltfragen, Umweltgutachten 2000, Tz. 1488 ff.

784 ABl. C 72 vom 10.3.1994, S. 3 ff; vgl. auch die Fortschreibung in dem Entwurf der Kommission für Richtlinien für Umweltschutzbeihilfen vom Januar 2000, Nachweis bei Schalast/Hermonies, ET 2000, S. 692, Fußnote 34.

785 Vgl. dazu Linkohr, RdE 2000, S. 209, 210, der die Meinung vertritt, dass nur über den „Umweg der Klimapolitik“ noch eine einheitliche europäische Energiepolitik erreicht werden könnte.

5. Zusammenfassung

Die Elektrizitätsbinnenmarktrichtlinie ist weitgehend von dem wettbewerbsorientierten Deregulierungskonzept der Kommission geprägt, wie es bereits dem Weißbuch von 1985 und dem Arbeitsdokument „Binnenmarkt für Energie" von 1988 zugrunde lag.

Der Umweltschutz erscheint insoweit, entgegen der zwischenzeitlichen Entwicklung des primären Gemeinschaftsrechts als zweitrangige, eher unverbindliche politische Zielvorstellung.

Das Europäische Parlament hat dagegen seit seiner ersten Entschließung zum Binnenmarkt für Energie im Jahre 1989 immer wieder darauf hingewiesen, dass die Gemeinschaft in diesem Bereich eine besondere umweltpolitische Verantwortung hat und dass demnach dem Umweltschutz bei den Richtlinienvorschlägen und der Verwirklichung eines Binnenmarktes für Energie besondere Bedeutung zukommt. In den Anhörungen, die es durchgeführt hat, wurde immer wieder die Notwendigkeit flankierender Maßnahmen im Umweltbereich hervorgehoben. Bereits in seiner Stellungnahme vom 17. November 1993 hatte das EP ausdrücklich die Harmonisierung der Umweltvorschriften in der Gemeinschaft zu einer Bedingung für die Annahme der Richtlinie gemacht.[786]

Im Ergebnis steht damit die unverbindliche Einbeziehung von Umweltschutzzielen in die Elektrizitätsbinnenmarktrichtlinie im Widerspruch zu den zahlreichen Äußerungen der Gemeinschaftsorgane zur Notwendigkeit der Formulierung konkreter Umweltstandards und der Einbeziehung der Querschnittsaufgaben in die anderen Politiken. Damit wurde die Entscheidung über die Wertigkeit des Umweltschutzes im liberalisierten Elektrizitätsmarkt auf die nationalen Gesetzgeber verlagert. Die Gemeinschaft verzichtete auf die Möglichkeit, Standards für einen gleichen Ausgangspunkt der Wettbewerber im künftigen Elektrizitätsbinnenmarkt zu schaffen. Soweit die umweltorientierten Normen der Richtlinie auf die bereits in der Rechtsprechung und der juristischen Fachdiskussion zur Deregulierung der Elektrizitätsmärkte deutlich gewordenen Anwendungswidersprüche zwischen Umweltschutz und Wettbewerb Bezug nehmen, bleibt es der Verwaltungspraxis und Rechtsprechung des Gerichtshofes überlassen, bei künftigen Konfliktfällen die Wertigkeit zu bestimmen.[787]

---

786 ABl. Nr. C 329/93, S. 74 ff.

787 Vgl. van der Esch, Journal of Energy and Natural Resources Law, 1995, S. 19.

III. Ergebnis

Zusammenfassend ist festzustellen, dass sowohl dem europäischen Gesetzgeber wie dem deutschen Gesetzgeber seit Ende der achtziger Jahre der Anwendungs- und Wertkonflikt zwischen Umweltschutz und Wettbewerb in der Elektrizitätsversorgung deutlich gemacht worden war. Dies wird dokumentiert in Deutschland durch entsprechende Gesetzesvorschläge bzw. Stellungnahmen der Gesetzgebungsorgane und auch im Rahmen der Gesetzgebung der Europäischen Gemeinschaft durch die Debatte der Gesetzgebungsorgane, sowie die umweltorientierte Stellungnahme des Europäischen Parlaments. Dabei wurde durch die Rechtsprechung, die parallel zu der Reformdebatte den Umweltschutz in der Gasdurchleitungsentscheidung des BGH und der Almelo-Entscheidung des EuGH als Abwägungskriterium im Rahmen von wettbewerbsöffnenden Maßnahmen anerkannte, deutlich, dass eine Entscheidung des Gesetzgebers zur Erlangung von Rechtssicherheit notwendig war. Der Gesetzgeber hat aber weder in Deutschland noch in Europa eine solche Entscheidung getroffen. Vielmehr hat er durch unbestimmte und offene Formulierungen zur Wertigkeit des Umweltschutzes die Entwicklung von Abwägungskriterien der Praxis der nationalen und europäischen Kartellbehörden und Gerichten überlassen.
Problematisch ist diese Situation nicht zuletzt im Hinblick auf die aktuelle Reformdebatte in den Staaten Mittel- und Osteuropas, da diese gehalten sind, im Hinblick auf eine künftige Mitgliedschaft, sich an der entsprechenden europäischen Gesetzgebung, vorliegend der Elektrizitätsbinnenmarktrichtlinie zu orientieren. Daher wird es schwer sein, Reformgesetzgeber von der problematischen Unverbindlichkeit und damit dem möglichen praktischen Schaden an diesem Vorbild orientierter Normen zu überzeugen.

E. FORTDAUERNDE AUSWIRKUNGEN DES UNGELÖSTEN WERTWIDERSPRUCHS ZWISCHEN WETTBEWERB UND UMWELTSCHUTZ

I. Auswirkungen in Deutschland

1. Fall- und Konfliktkonstellationen

Nachdem in den vorstehenden Kapiteln das Entstehen eines Wertwiderspruchs zwischen Umweltschutz und Wettbewerb in der deutschen und europäischen Elektrizitätsversorgung nachgewiesen wurde, soll nachfolgend problematisiert werden, wie dieser – auch nach der Reform 1998 - weiterbestehende Wertwiderspruch in der Praxis wirksam werden könnte. Dabei sollen Fall- und Konfliktkonstellationen dargestellt werden, die sich derzeit abzeichnen.

Nach der Neuregelung des Ordnungsrahmens der Elektrizitätswirtschaft in Deutschland ist zu vermuten, dass die Energieversorgungsunternehmen den Umweltschutz vor allem im Rahmen der Anwendung von § 6 EnWG 1998 bzw. der neugefassten Missbrauchsvorschriften des GWB[788] geltend machen werden. Da der Gesetzgeber den energierechtlichen Durchleitungsanspruch zivilrechtlich ausgestaltet hat, sind für streitige Auseinandersetzungen die Zivilgerichte zuständig. Daneben sind aber auch wettbewerbsöffnende Entscheidungen des Bundeskartellamtes gegen Netzbetreiber denkbar.
In diesem Zusammenhang ist davon auszugehen, dass sich zunächst vorrangig kommunale Versorgungsunternehmen auf Umweltgesichtspunkte stützen werden, um Durchleitungen zu verweigern.[789] Zahlreiche Kommunen haben bereits im Laufe der achtziger Jahre umweltorientierte Energieversorgungskonzepte im Rahmen ihrer Strategie zum Umbau von einem Energieversorgungsunternehmen zu einem Energiedienstleistungsunternehmen entwickelt.[790] Politisch wurden sie angehalten, die Kraft-Wärmekopplung als umweltfreundliche Form der Energieerzeugung zu entwickeln.

Des weiteren ist auch denkbar, dass auf „grünen" Strom setzende Energieversorgungsunternehmen sich zu einem „Umweltverband" zusammenschließen, Qualitätsstandards absprechen und sich in diesem Zusammenhang gegenseitig zusichern, keinen Strom durch ihr Netz durchzuleiten, der diesen Standards

---

788 Vgl. Klaue, Netzzugang als neuer GWB-Tatbestand, S. 23 ff.; Baron, Das neue Kartellgesetz, S. 10.

789 Vgl. Britz, Örtliche Energieversorgung nach nationalem und europäischem Recht, S. 75; Püttner, RdE 1992, S. 95; Hermes, Der Staat 1992, S. 300; Riechmann, Der Städtetag, 1991, S. 242; Jahns-Böhm/Breier EuZW 1992, S.52.

790 Vgl. hierzu Bericht der Enquete-Kommission, „Schutz der Erdatmosphäre", BT-Drs. 12/8600.

nicht entspricht. Fraglich wäre dann, ob eine solche Umweltkartellabsprache mit dem Kartellverbot, § 1 GWB 1999, vereinbar wäre.

Schließlich könnten umweltorientierte Unternehmen bzw. Unternehmenszusammenschlüsse auch bemüht sein, eine vorrangige Durchleitung von Öko-Strom durchzusetzen.

2. Umweltschutz als Kartellprivileg im deregulierten Elektrizitätsmarkt?

a. Einführung

Die vorstehend geschilderten Konfliktfelder werfen die Frage auf, ob Umweltschutz einen „neuen" Ausnahmebereich für die ökologisch orientierte Elektrizitätswirtschaft auch in einem liberalisierten Markt begründen kann.
Die These, dass Umweltschutz ein Kartellprivileg im deutschen Recht sein könnte, wurde bereits 1980 von Kloepfer provozierend in den Raum gestellt.[791] Kloepfer warf dabei die Frage auf, ob allgemein anerkannte, hohe Umweltstandards quasi automatisch eine bestimmte Spielart des Wettbewerbs ausschließen müssen und inwieweit Umweltschutz- und Wettbewerbsordnung in der sozialen Marktwirtschaft grundsätzlich als Zielwiderspruch aufzufassen seien.[792]

Später hat dann Harms im Vorfeld der 5. GWB-Novelle untersucht, inwieweit Umweltschutz als Kriterium im Rahmen der Missbrauchsaufsicht im Bereich des Energierechts herangezogen werden könnte, wobei er vorrangig an den Preisvergleich gem. § 103 Abs. 5 S. 2 Nr. 2 GWB a.F. dachte.[793]

In dem Abschnitt über das Hinzutreten des Umweltschutzes als Ziel in der deutschen Elektrizitätsversorgung wurde dargelegt, wie die vorstehend geschilderten Ansätze in die Kartellrechtspraxis bereits vor der Energierechtsnovelle 1998 einbezogen wurden. Seit 1998 schreibt § 6 EnWG nunmehr eine umweltorientierte Abwägung mit dem Wettbewerbsziel ausdrücklich vor.[794]

---

791 Kloepfer, JZ 1980, S. 782.

792 Kloepfer, JZ 1980, S. 782; vgl. auch: Jarre, ZfU 1978, S. 71 ff. Insoweit hatte Rehbinder schon 1973 die besondere Problematik der Zielkonflikte im Bereich der Energieversorgung zwischen Versorgungssicherheit, Wirtschaftswachstum, Wettbewerb und Umweltschutz herausgearbeitet. Rehbinder, Sicherung der Energieversorgung und Umweltschutz als Zielkonflikt, S. 117 ff.

793 Vgl. Harms, ZfE 1989, S. 16.

794 Als lex specialis ist die Vorschrift im Rahmen der Untersuchung von vorrangiger Bedeutung. Daneben scheint daher auch § 19 Abs. 4 GWB 1999 – die Auffangvorschrift im Kartellgesetz -, für eine umweltorientierte Auslegung offen.

b. Umweltschutz als Abwägungskriterium im Rahmen der Missbrauchsaufsicht

Bereits 1994 hatte der BGH in der Entscheidung „Gasdurchleitung“ festgestellt, dass die Frage, ob die Durchleitungsverweigerung eines Energieversorgungsunternehmens ein anderes Unternehmen im Sinne des § 26 Abs. 2 GWB a.F. unbillig behindert, nach den auch für die Anwendung von § 103 Abs. 5 S. 2 Nr. 4 GWB a.F. geltenden Grundsätzen zu beurteilen ist.[795] Diese Norm sah eine umfassende Abwägung der Auswirkungen einer Durchleitung vor, ein Erfordernis, das mitursächlich für ihre Wirkungslosigkeit in der Praxis war.
Die Feststellung, ob eine Durchleitungsverweigerung rechtsmissbräuchlich sei, ließ demnach bereits nach der Rechtslage vor der Energierechtsnovelle die Einbeziehung von energie- und umweltpolitischen Erwägungen zu.[796]
Vor der Neufassung des Zielkataloges des EnWG durch die Energierechtsnovelle konnte sich die Rechtsprechung bei der Einbeziehung des Umweltschutzes in die Missbrauchsaufsicht seit 1994 auch auf Art. 20 a GG stützen.[797] Nach der Einbeziehung des Umweltschutzes in den Zielkatalog des § 1 EnWG und der Einfügung der Ökoschutzklausel des § 6 Abs. 3 EnWG 1998 ist der Umweltschutz nunmehr zu einem gesetzlich vorgeschriebenen Abwägungskriterium geworden.[798]

Zur Bedeutung des Umweltschutzes im Rahmen dieser Abwägung hieß es in der Erwiderung der Bundesregierung auf die Kritik des Bundesrates an dem Gesetzentwurf wie folgt:[799]

> „Die gleichberechtigte Einbeziehung der Umweltverträglichkeit der Strom- und Gasversorgung in den Zielkatalog des § 1 Abs. 1 ist darüber hinaus auch für die Anwendung des Kartellrechts maßgebend. Sie ist also insbesondere bei der umfassenden Interessenabwägung zu berücksichtigen, die nach den §§ 22 Abs. 4 und 26 Abs. 2 GWB bei der Durchleitung als dem zentralen Wettbewerbsinstrument vorzunehmen ist.“

Fraglich ist aber, nach welchen Kriterien diese Interessenabwägung erfolgen kann, d.h. wann „grünem“ Strom Vorrang im liberalisierten Strommarkt zukommt.

---

795 BGHZ 128, 17 letzter Absatz des Tenors.

796 Vgl. Klaue, RdE 1986, S. 175; Britz, Örtliche Energieversorgung nach nationalem und europäischem Recht, S. 88.

797 Vgl. Britz, Örtliche Energieversorgung nach nationalem und europäischem Recht, S. 89.

798 Vgl. BT-Drs. 13/7274, S. 31.

799 BT-Drs. 13/7274, S. 31.

c. Die Substantiierung des Umweltschutzes im Rahmen der Missbrauchsaufsicht

Voraussetzung für die Geltendmachung des Umweltschutzes als Abwägungskriterium im Rahmen des zivilrechtlichen Durchleitungsanspruchs oder bei Verfügungen des Bundeskartellamts ist zunächst, dass betroffene Energieversorgungsunternehmen geltend machen, ihren Geschäftsbetrieb primär nach Umweltschutz- bzw. Klimaschutzgesichtspunkten zu betreiben und „grünen Strom" zu vertreiben.[800]

Der konkrete Nachweis der Umweltverträglichkeit wird aber im Einzelfall - ohne gesetzgeberische „Qualitäts"-Konkretisierung – problematisch sein und insoweit könnte es zu einem Wettbewerb von Sachverständigengutachten kommen.[801]

Die Gerichte benötigen aber für die von ihnen verlangte Abwägung konkret nachprüfbare Kriterien. Der Gesetzgeber kann die Entwicklung dieser Kriterien nicht einfach delegieren, gerade weil es bereits Ansatzpunkte hierfür in der Umweltgesetzgebung gibt. Solche anerkannten Kriterien könnten z.B. Gutachten und Prüfungen i. R. der UVP-Richtlinie bzw. dem UVP-Gesetz oder der Öko-Audit-VO sein. Insbesondere durch die Öko-Audit-VO wird Unternehmen die Möglichkeit eröffnet, ihre umweltbezogenen Leistungen nach einem einheitlichen Maßstab darzustellen und überprüfen zu lassen.[802] Daneben gibt es auch eigenständige Ansätze zur ökologischen Differenzierung zwischen den verschiedenen Primärenergieträgern unter Einbeziehung von Wirkungsgraden und CO_2-Emissionen.[803]

Ein ähnliches Konzept enthält der Entwurf der Unabhängigen Sachverständigenkommission für ein Umweltgesetzbuch in § 454 UGB-KomE. Dort wird vorgeschlagen, dass zur Umsetzung der Vorzugsbehandlung für umweltschonende Stromerzeugung für alle betroffenen Erzeuger und Verteiler ein Umweltkoeffizient zu bestimmen ist. Als Maßstab für dessen Bestimmung werden der Energieverbrauch der eingesetzten Kraftwerke, die von den Kraftwerken bzw.

---

800 Siehe dazu aus dem früheren Schrifttum Spannowsky, RdE 1995, S. 135 ff.. Daneben ist es aber auch denkbar, dass unabhängig von einer grundsätzlichen Umweltorientierung des konkreten Energieversorgungsunternehmen allein die Kostenbelastung durch die nationale Umweltpolitik als Abwägungskriterium geltend gemacht wird; ein Gesichtspunkt den Börner bereits frühzeitig hervorgehoben hat, s. Frankreichstrom nach Deutschland?, Art. 90 II EWGV, Teil I,.S. 65 f.

801 Vgl. dazu Harms, RdE 1999, S. 165 ff.; Kühne, RdE 2000, S. 4.

802 Vgl. Rehbinder/Heuvels, DVBl. 1998, S. 1245; Schnutenhaus, ZUR 1995, S. 9 ff.; Köck, ZUR 1995, S. 1 ff.; derselbe, JZ 1995, S. 643 ff.; Peglau, ZUR 1995, S. 19 ff.; Falke, ZUR 1995, S. 4 ff.; Krämer/Kromarek, Beilage zu ZUR 3/95, S.V.

803 Vgl. Wasmeier, Umweltabgaben und Europarecht, S. 138 f.

von der Gewinnung ihrer Einsatzstoffe ausgehende Umweltbelastung und auch ein etwaiges Störfallrisiko genannt. Ergänzend soll die Energieausnutzung durch Kraft-Wärmekopplungsanlagen berücksichtigt werden, die auch durch § 6 EnWG 1998 besonders hervorgehoben wird.[804] Soweit von einem Energieversorgungsunternehmen verschiedene Kraftwerke, sei es im Inland oder Ausland genutzt werden, kann ein Durchschnittswert des in seinen Netzen vertriebenen Stroms zugrunde gelegt werden.[805]

Solange aber diese vorstehend geschilderten Gesichtspunkte nicht verbindlich im Rahmen des Abwägungsvorganges bei der Zulässigkeit einer Durchleitung herangezogen werden müssen, wird angesichts der Unbestimmtheit des Gesetzeswortlauts und der fehlenden Konkretisierung für den Einzelfall erhebliche Rechtsunsicherheit entstehen.

d. § 7 GWB 1999

Durch die 6. GWB-Novelle wurde erstmals auch eine eng an Art. 81 Abs. 3 EG angelehnte Freistellungsmöglichkeit in das deutsche Kartellgesetz integriert. Dort heißt es nunmehr in § 7 - sonstige Kartelle - wie folgt:

> (1) „Vereinbarungen und Beschlüsse, die unter angemessener Beteiligung der Verbraucher an dem entstehenden Gewinn zu einer Verbesserung oder Entwicklung, Erzeugung, Verteilung, Beschaffung, Rücknahme oder Entsorgung von Waren oder Dienstleistungen beitragen, können vom Verbot des § 1 freigestellt werden, wenn die Verbesserung von den beteiligten Unternehmen auf andere Weise nicht erreicht werden kann, in einem angemessen Verhältnis zu der damit verbundenen Wettbewerbsbeschränkung steht und die Wettbewerbsbeschränkung nicht zur Entstehung oder Verstärkung einer marktbeherrschenden Stellung führt."

Wichtig scheint im vorliegenden Zusammenhang die Aufnahme der Tatbestandsbeispiele „Rücknahme und Entsorgung". Der Gesetzgeber hat die Absicht, die durch das Kreislaufwirtschafts- und Abfallgesetz verlangte Produkt-

---

804 Vgl. Bundesministerium für Umwelt, Naturschutz und Reaktorsicherheit (Hrsg.), UGB-KomE, S. 1295.

805 Vgl. dazu unter anderem Henke, EuGH und Umweltschutz, S. 189, der insoweit auf die Substantiierungspflicht im Rahmen der Rechtfertigung von Beschränkungen des freien Warenverkehrs gem. der Rechtsprechung des EuGH zu den Art. 30 ff. EGV a.F. verweist; daneben sind auch Beweiserleichterungen z.B. im Rahmen des Öko-Audit denkbar. Vgl. insoweit Meyer-Teschendorf, ZRP 1994, S. 78 und Bernsdorff, NuR 1997, Fn.88. Auch in der Rechtsprechung zu der wettbewerbsrechtlichen Zulässigkeit umweltbezogener Werbeaussagen, wird ein Nachweis des konkreten Umweltvorzugs verlangt, vgl. BGH, NJW 1996, 1135 f.; OLG München, NJW-RR 1997, 1267.

verantwortung zu berücksichtigen.[806] Dabei handelt es sich um ein wichtiges umweltpolitisches Ziel.

Ausdrücklich heißt es dazu in der Gesetzesbegründung:

> „... dass die Berücksichtigung von Belangen des Umweltschutzes bei der Wettbewerbspolitik der Europäischen Gemeinschaft von Art. 130 r Abs. 2 des EG-Vertrages und künftig von Art. 6 des EG-Vertrages in der Fassung des Amsterdamer Vertrages gefordert wird."[807]

Damit dient die Norm auch den Belangen des Umweltschutzes, wie sie exemplarisch in der Querschnittsklausel des EG-Vertrages zum Ausdruck gekommen sind. Auf der anderen Seite soll eine gemeinwohlorientierte Öffnung des GWB nicht stattfinden. Wenn man die Norm im Zusammenhang mit der Änderung des Vergaberechts und der dortigen Berücksichtigung des Umweltschutzes sieht, zeigt sich erneut, dass der Gesetzgeber zwar durchgehend Umweltschutz als Ziel der Bestimmungen artikuliert, aber eine konkrete Wertbestimmung unterbleibt.[808]
Im Ergebnis wird man davon ausgehen können, dass Umweltgesichtspunkte im Rahmen von § 7 GWB 1999 Berücksichtigung finden können und demnach die Norm in diesem Zusammenhang Wirkung entfalten wird.[809] Damit wird es wiederum zu einer Frage des Einzelfalls, wann die von § 7 GWB 1999 tatbestandlich vorausgesetzte Verbesserung der Entwicklung, Erzeugung, Verteilung, Beschaffung, Rücknahme oder Entsorgung von Waren oder Dienstleistungen in einem **angemessenen Verhältnis** zu der damit verbundenen Wettbewerbsbeschränkung steht. Auch für diese Abwägung hat der Gesetzgeber keine weiteren Anhaltspunkte geschaffen. Die Rechtsanwender müssen wiederum, wie bei § 6 EnWG 1998, eigene Kriterien entwickeln.

Gesichtspunkte hierfür könnten der Diskussion über die Abwägung zwischen Umweltschutz und Wettbewerb vor der GWB-Novelle hinsichtlich einer restriktiven Auslegung von § 1 GWB entnommen werden.

Ausgangspunkt hierfür war die Frage, unter welchen Voraussetzungen einem wirtschaftspolitischen bzw. wirtschaftsordnungspolitischen Aspekt der Vorrang vor der wettbewerbsorientierten Zielsetzung des GWB zukommen kann.[810] Das Bundeskartellamt hat in seiner Spruchpraxis später zeitweise dazu geneigt, den

---

806 Vgl. BT-Drs. 13/9720, Tz. I 3 ee.
807 BT-Drs. 13/9720, Tz. I 3 ee.
808 Vgl. zur Tendenz der Politisierung des GWB Dreher, Die 6. GWB-Novelle, S. 117.
809 Vgl. Baron, Das neue Kartellgesetz, S. 22 f.; sowie Rehbinder, FS Buxbaum, S. 433, 436 ff. zur Funktion von § 7 GWB hinsichtlich von Selbstbeschränkungsabkommen zum Schutz der Umwelt.
810 Vgl. dazu: Rehbinder, BB 1964, S. 899.

weitgefassten Tatbestand des § 1 GWB aus übergeordneten Gründen einzuschränken. So wurde § 1 GWB auf eine Normierungsvereinbarung aus Gründen der Sicherheit und Ordnung nicht angewandt.[811] In den Tätigkeitsberichten 1983/1984 und 1991/1992 hat das Bundeskartellamt darüber hinaus zu erkennen gegeben, dass eine Rechtsgüter- und Interessenabwägung auch zum Schutz der Umwelt denkbar ist.[812] In seinem Tätigkeitsbericht 1995/1996 hat das Bundeskartellamt dann noch einmal zu der Problematik im Rahmen von Selbstbeschränkungsabkommen und insbesondere hinsichtlich des dualen Systems in Deutschland (DSD) Stellung genommen. Nunmehr führt es dort aus, dass es entgegen seiner früheren Praxis eine Rechtsgüterabwägung zwischen dem Wettbewerbsprinzip und anderen Schutzzwecken ablehnt. Begründet hat das Bundeskartellamt diese Änderung seiner Haltung damit, dass es allein Aufgabe des Gesetzgebers sei, solche Abwägungen nicht zuletzt im Hinblick auf ökologisch bedingte Wettbewerbsbeschränkungen vorzunehmen[813] Dieser Ansatz überzeugt, nicht zuletzt im Hinblick auf die in der vorliegenden Untersuchung vertretenen These einer Verpflichtung des Gesetzgebers zur Entscheidung von Wertwidersprüchen.

Unklar wird die Situation aber dann, wenn der Gesetzgeber – wie vorliegend - eine solche Lösung des Wertkonfliktes nicht vornimmt, sondern durch Nutzung unbestimmter Rechtsbegriffe in der Ökoschutzklausel des § 6 EnWG 1998 und auch in §§ 19 Abs. 4, 7 GWB 1999 die Entwicklung von Abwägungskriterien den Gerichten und der Verwaltung überlässt. Damit werden die Zivilgerichte und auch das Bundeskartellamt zu einer Abwägung gezwungen, die sie im Prinzip ablehnen.[814]

3. Ergebnis: Rechtsunsicherheit

Als Ergebnis ist festzustellen, dass die Frage des Verhältnisses von Umweltschutz und Wettbewerb im Ordnungsrahmen der Elektrizitätswirtschaft in Deutschland seit der Reform 1998 ungeklärt ist. Der deutsche Gesetzgeber hat

---

811 Vgl. Bundeskartellamt, WUW/E 145 ff.; Müller-Henneberg, in: Gemeinschaftskommentar, § 1 GWB, Rn. 106.

812 Bundeskartellamt, Tätigkeitsbericht, 1983/84, S. 86; Tätigkeitsbericht 1991/92, S. 132, vgl. auch Immenga, in: Immenga/Mestmäcker, § 1 GWB, Rn. 374.; Köhler, BB 1996, Fn. 8, der eine gewisse Unschlüssigkeit des Bundeskartellamts hinsichtlich der Berücksichtigung des Umweltschutzes feststellt.

813 Bundeskartellamt, TB 1995/96, S. 39 f.

814 In der Literatur wurde die Möglichkeit einer Berücksichtigung des politischen Ziels Umweltschutz im Rahmen des Kartellverbots vielfach aufgegriffen; vgl. Köhler, BB 1996, S. 2579 f., der sich unter anderem darauf bezieht, dass der Gesetzgeber mit Normen wie der VerpackungsVO Wettbewerbsbeschränkungen zugunsten der Umwelt ausdrücklich für zulässig erachtet; s.a. Schmidt-Preuß, FS Rengeling, S. 558 f.; Becker-Schwarze, Steuerungsmöglichkeiten des Kartellrechts, S. 163 ff.

es unterlassen, Maßstäbe für eine konkrete Interessenabwägung im Einzelfall vorzugeben. Dies führt angesichts der Ökologisierung der Rechtsordnung und der Schaffung eines Umweltschutzstaatsziels, Art. 20 a GG, zu einer erheblichen Rechtsunsicherheit bezüglich der Wertigkeit des Umweltschutzes im Rahmen der absehbaren Auseinandersetzungen um Durchleitungsverpflichtungen und die Zulässigkeit umweltschützender und wettbewerbsbeschränkender Verträge in der leitungsgebundenen Elektrizitätswirtschaft. Den betroffenen Energieversorgungsunternehmen, dies werden vor allem kommunale Energieversorgungsunternehmen sein, obliegt es im Einzelfall gegenüber Durchleitungsansprüchen das Umweltargument geltend zu machen. Es wird Aufgabe der Rechtsprechung sein, allgemeingültige Kriterien auch über den konkreten Einzelfall hinaus für eine berechtigte Durchleitungsverweigerung zu erarbeiten. Diese unbefriedigende Situation hätte der Gesetzgeber vermeiden können, durch eine Definition der ökologischen Qualitätsstandards, die er im Elektrizitätsmarkt durchsetzen möchte, sowie die Festlegung eines Vorrangs für von ihm definiertem „Ökostrom" bei einer Durchleitungsverweigerung bzw. einem Durchleitungsbegehren. Im Ergebnis verfehlen die umweltpolitischen Elemente der Energierechtsreform damit ihr Ziel, denn es werden keine Impulse in Richtung Klimaschutz und Emissionsminderung gesetzt.

II. Auswirkungen auf europäischer Ebene

1. Fallkonstellationen

Auf europäischer Ebene sind zwei unterschiedliche Fall- und Konfliktkonstellationen zu unterscheiden. Zunächst ist es denkbar, dass sich Energieversorgungsunternehmen im Rahmen der Anwendung europäischer Wettbewerbsvorschriften durch die Kommission oder nationale Kartellbehörden, auf den Umweltschutz als Schutzklausel berufen. Die ausdrückliche Erwähnung des Umweltschutzes als Ziel der Elektrizitätsbinnenmarktrichtlinie könnte hier zu einer Verstärkung der bereits feststellbaren Tendenzen in der Rechtsprechung des EuGH zur Berücksichtigung des Umweltschutzes als Abwägungsgesichtspunkt führen.

In Deutschland muss man hier vor allem an Verfahren der Beihilfenaufsicht denken, da die Bundesregierung im Rahmen ihrer „nachsorgenden" Umweltgesetzgebung durch das KWK-Gesetz oder das EEG auf den Elektrizitätsmarkt „ökologisch" Einfluss nehmen will. Daneben sind aber auch weiterhin Durchleitungsentscheidungen der Kommission gemäß Art. 82 EG denkbar.

Vorrangig ist jedoch davon auszugehen, dass die Mitgliedstaaten die ihnen verbliebenen Handlungsspielräume nutzen werden, die ihnen angesichts der Einbeziehung des Umweltschutzes in den Elektrizitätsbinnenmarkt als Zielvorstellung ohne konkrete Umsetzungsmaßnahmen der Gemeinschaft zugewachsen sind.

Dabei bestehen für die Mitgliedsstaaten die folgenden drei Handlungsebenen zur Geltendmachung des Umweltschutzes im Elektrizitätsmarkt:

- Einfluss auf die Gesetzgebung, z.B. durch Richtlinienvorschläge zur Harmonisierung der Umweltrahmenbedingungen der leitungsgebundenen Elektrizitätsversorgung

- Eine Klage gegen die Untätigkeit der europäischen Gesetzgebungsorgane im Bereich der Harmonisierung der Umweltrahmenbedingungen

- Ausnutzen von Handlungsspielräumen im Rahmen der Schutz- und Schutzverstärkungsklauseln

2. Harmonisierung des europäischen Umweltrechts

a. Einführung

Die Bundesrepublik Deutschland kann zunächst ihren Einfluss zur Geltendmachung von Umweltschutz und insbesondere hinsichtlich der Notwendigkeit einer parallelen Harmonisierung von Umweltschutzstandards auf der Ebene des gemeinschaftlichen Gesetzgebungsprozesses geltend machen. Die Strombinnenmarktrichtlinie selbst enthält insoweit keine Harmonisierungsverpflichtung. Die frühere Bundesregierung hat die Chance, im Umsetzungszeitraum auf eine begleitende Gesetzgebung in diesem Bereich hinzuwirken, verstreichen lassen.[815]

b. Art. 232 EG, Untätigkeitsklage

Nachdem die Bundesregierung während der Umsetzungsfrist eine Harmonisierung der energiebezogenen Umweltschutzgesetzgebung auf der Ebene der EG politisch nicht bewirkt hat, stellt sich die Frage, ob sie die Harmonisierung rechtlich erzwingen kann.[816]

---

815 So die Forderung bei: Steinberg/Britz/Schaub, RdE 1996, S. 173.

816 Angesichts der Zustimmung zur Energiebinnenmarktrichtlinie kommt dagegen eine Nichtigkeitsklage nicht mehr in Betracht (Art. 173 Abs. 2 EGV); vgl. zu dieser Möglichkeit, Schaub, Europäische Energiebinnenmarktpolitik und Umweltpolitik, S. 103 f.

Den Mitgliedstaaten steht gem. Art. 232 Abs. 1 EG bei Untätigkeit des Rates zur Verwirklichung von Umweltschutzharmonisierungsmaßnahmen die Klage zum EuGH offen.[817]

Rechtsgrundlage einer solchen Klage könnte die Querschnittsklausel in Zusammenhang mit der Schutzniveauverpflichtung des Art. 95 Abs. 3 EG sein. Bisher ist eine solche Klage, soweit ersichtlich, noch nicht anhängig gemacht worden.[818] Doch wenn man der Querschnittsklausel Rechtsnormcharakter zumisst, muss dies auch im Rahmen einer Untätigkeitsklage relevant sein. In der Literatur wurde insoweit immer wieder darauf hingewiesen, dass eine Deregulierung des europäischen Elektrizitätsmarktes ohne vorherige Harmonisierung der begleitenden Umweltvorschriften gemeinschaftsrechtlich im Hinblick auf die neue Umweltverfassung spätestens seit Maastricht unzulässig sei.[819]
Das Problem einer Untätigkeitsklage ist, dass in der Regel die Nichteinhaltung von Pflichten nicht hinreichend konkretisiert werden kann.[820]

Dabei ist davon auszugehen, dass die Auslegung der Begriffe „hohes Schutzniveau“ und „Belange des Umweltschutzes“ bzw. ihre Berücksichtigung im Einzelfall weitgehend in das Ermessen der Kommission bzw. des Rates gestellt sind.[821] Doch könnte dieses Ermessen aufgrund entsprechender Selbstbindungsakte der Organe der Gemeinschaft reduziert sein. Vorliegend könnte aus den Äußerungen in den Umweltaktionsprogrammen, der Erklärung zu Energie und Umwelt und dem Grünbuch der Kommission auf einen gemeinschaftlichen Konsens über die Notwendigkeit einer umweltpolitischen Harmonisierung auf hohem Niveau im Energiebereich geschlossen werden. Eine Liberalisierung der Strommärkte ohne ökologische Begleitmaßnahmen wird vermutlich zu negativen Umweltauswirkungen führen, da dadurch im Bereich der industriellen Großverbraucher eine Nachfragesteigerung zu erwarten ist und billigerer, weil mit weniger Umweltschutzkosten belasteter Strom stärker nachgefragt wird (ganz abgesehen von der Frage der Netzverluste bei langen Transportwegen). Reine Preissenkungen und damit gemeinschaftsweit einhergehende Verbrauchs-

---

817 Vgl. Nettesheim, in: Grabitz/Hilf, Art. 130 s, Rn. 258; Henke, EuGH und Umweltschutz, S. 28; Kahl, Umweltprinzip und Gemeinschaftsrecht, S. 99 ff.; zweifelnd: Jahns-Böhm, in: Schwarze, EU-Kommentar, Art. 6 EGV, Rn. 23.

818 Vgl. Krämer, ZUR 1997, S. 308.

819 Vgl. Steinberg/Britz/Schaub, RdE 1996, S. 173; vgl. auch ausführlich dazu Schaub, Europäische Energiebinnenmarktpolitik und Umweltpolitik S. 67 ff, 93 ff., sowie das Ergebnis auf S. 276.

820 Vgl. Kahl, Umweltprinzip und Gemeinschaftsrecht, S. 102 f., mit zahlreichen Nachweisen.

821 Vgl. Henke, EuGH und Umweltschutz, S. 30; Krämer, ZUR 1997, S. 305; Bardenhewer/Pipkorn, in: Groeben/Thiesing/Ehlermann, Art. 100 a, Rn. 72; Scherer/Heselhaus, in: Dauses, Handbuch des EU-Wirtschaftsrechts, O., Rn. 17.

steigerungen stehen im Gegensatz zu den Zielen der Energieeinsparung bzw. Ressourcenschonung.[822]
Angesichts des von den Gemeinschaftsorganen anerkannten Zusammenhangs zwischen der Marktliberalisierung und der Notwendigkeit einer Harmonisierung des Umweltbereiches könnte demnach eine Ermessensreduktion stattgefunden haben. In diesem Fall wäre der Tatbestand einer evidenten Verletzung ökologischer Belange zu bejahen.[823] Die Konsequenz wäre die Unzulässigkeit der unkoordinierten, umweltpolitisch nicht flankierten Deregulierung des Strommarktes und die Begründetheit einer Untätigkeitsklage.[824]

Die Äußerungen von Autoren, auch aus den Reihen der Kommission zu den möglichen Auswirkungen von Art. 130 r Abs. 2 EGV legen den Schluss nahe, dass eine solche Interpretation des Gemeinschaftsrechts zumindest für möglich gehalten wird.[825]

Die Richtlinie lässt aber den Mitgliedstaaten erheblichen– wenn auch inhaltlich unbestimmten Spielraum - für nationale Aktivitäten im Bereich des Umweltschutzes, was für die Erfüllung der Umweltverpflichtung im Rahmen der Querschnittsklausel der Europäischen Union ausreichen könnte.

c. Nationale Ausgleichsregelungen

Schließlich ist an die Möglichkeit zu denken, durch die nationale Gesetzgebung, z.B. im Rahmen der Schutz- bzw. Schutzverstärkungsklauseln des EGV, ökologische Anforderungen an einheimischen und importierten Strom zu definieren.
Wie schon die Diskussion über die Einführung einer Schwerverkehrslastabgabe in Deutschland gezeigt hat, stellt sich bei einer solchen Vorgehensweise immer das Problem, dass die Regierung die Beweislast dafür trägt, dass es sich nicht um eine primär wettbewerbspolitisch motivierte, handelsbeschränkende Maß-

---

822 Vgl. Bothe, Umweltschutz, S. 181; Breier, NuR 1992, S. 176 f.; Kahl, Umweltprinzip und Gemeinschaftsrecht, S. 116, m.w.N.

823 Vgl. Kahl, Umweltprinzip und Gemeinschaftsrecht, S. 114 ff.; Scheuing, Die einheitliche europäische Akte, S. 57.

824 So ausdrücklich Jahns-Böhm/Breier, EuZW 1992, S. 51 f., zum Verkehrsbereich.

825 Siehe dazu EuGH Safety HighTec, Slg. 1998 I, 4301, wo der EuGH im Rahmen einer umweltorientierten Richtlinie (Abbau der Ozonschicht) grundsätzlich von der Justitiabilität von Art. 130 r Abs. 2 EGV und damit auch von Art. 6 EGV n.F. ausgeht. Allerdings wird den Gemeinschaftsorganen ein weiter Ermessensspielraum eingeräumt, wobei die Entwicklung zeigen wird, ob dieser Ermessensspielraum bei nicht umweltorientierten Richtlinien enger sein könnte. Vgl. auch Ress, Umweltrecht und Umweltpolitik, S. 9; ähnliche Einschätzung auch bei Krämer, in: Groeben/Thiesing/Ehlermann, Art. 130 r Rn. 42 und Zuleeg, NJW 1993, S. 33; Scherer/Heselhaus, in: Dauses, Handbuch des EU-Wirtschaftsrechts, O., Rn. 23.

nahme handelt. Darüber hinaus sind die Anforderungen des Verhältnismäßigkeitsgrundsatzes zu beachten. Wasmeier hat in seiner Studie zur Möglichkeit der Einführung von Umweltabgaben nach europäischem Recht auch die Voraussetzungen für Abgaben auf Importstrom untersucht.[826] Er macht deutlich, dass eine solche Abgabe diskriminierungsfrei sowohl von der einheimischen, wie auch von der ausländischen Industrie, erhoben werden müsste.[827] Weiter vertritt er die Meinung, dass die Problematik europarechtlich zulässig nur durch eine Abgabe auf Endenergie (z.B. eine Primärenergie- oder CO_2-Abgabe) gelöst werden könnte.[828] Im Ergebnis bleiben daher erhebliche Zweifel, ob solche Maßnahmen durchsetzbar sind.

3. Ergebnis

Die aufgezeigte Problematik der umweltpolitischen Unverbindlichkeit der Elektrizitätsbinnenmarktrichtlinie führt in der Konsequenz zu Rechtsunsicherheit hinsichtlich der Wertigkeit des Umweltschutzes im Binnenmarkt.

Angesichts der Nennung des Umweltschutzes in der Richtlinie wird den Mitgliedsstaaten die Aufgabe der Konkretisierung übertragen, obwohl die europäische Umweltverfassung eine Integration auf Gemeinschaftsebene verlangt. Damit ist der für Deutschland nachgewiesene Wertkonflikt zwischen Umweltschutz und Wettbewerb bereits in der europäischen Gesetzgebung angelegt.

---

826 Grundsätzlich dazu: Wasmeier, Umweltabgaben und Europarecht, S. 114 ff., insbesondere S. 119 f.

827 Wasmeier, Umweltabgaben und Europarecht, S. 119 f.

828 Wasmeier, Umweltabgaben und Europarecht, S. 138 f., wo auch die praktischen Probleme dargestellt werden; s. insoweit auch Rat von Sachverständigen für Umweltfragen, Umweltgutachten 2000, Tz. 1527.

F. KONZEPTE ZUR LÖSUNG DES WERTWIDERSPRUCHS ZWISCHEN UMWELTSCHUTZ UND WETTBEWERB IN EINEM DEREGULIERTEN ELEKTRIZITÄTSMARKT

I. Einleitung

Der deutsche Gesetzgeber bemüht sich seit Verabschiedung des EnWG 1998, die neue umweltpolitische Zielbestimmung des Gesetzes zumindest durch flankierende Maßnahmen zur Förderung umweltfreundlicher Energien und durch das Ökosteuergesetz zu verwirklichen. In der EU wurde im Mai 2000 ein erster konkreter Vorschlag für eine europaweite Förderung umweltfreundlicher Energieträger vorgelegt, wobei die Kommission in ihrem Vorschlag zunächst auf die Beobachtung und gemeinschaftsrechtskonforme Ausgestaltung der nationalen Politiken in diesem Bereich setzt.

Im folgenden Abschnitt werden nunmehr die Lösungsvorschläge dargestellt, die bezüglich einer ökologischen Neuausrichtung des deutschen und europäischen Elektrizitätsmarktes unter Beachtung des Deregulierungsziels diskutiert werden.[829] Grundsätzlich kann man dabei vier Lösungsansätze[830] unterscheiden:

- die bereits in Deutschland und vielen Mitgliedstaaten der EU eingeführten Fördermaßnahmen zu Gunsten umweltfreundlicher Energien

- die Konkretisierung der Ökoschutzklausel gemäß § 6 Abs. 3 EnWG 1998 und die Einbeziehung einer Ökoschutzklausel in eine künftige europäische Durchleitungsrichtlinie

- eine Ökosteuer als Verbrauchssteuer

- die Einführung einer emissionsbezogenen Abgabe (sog. CO_2-Steuer)

---

829 Vgl. dazu Rat von Sachverständigen für Umweltfragen, Umweltgutachten 2000, Tz. 1526, wo ausdrücklich darauf hingewiesen wird, dass das derzeitige Energiewirtschaftsrecht ökologisch unzureichend ausgestaltet wird.

830 Grundsätzlich: Krämer, Direkte und indirekte Verhaltenssteuerung, in: Rengeling (Hrsg.), Handbuch zum europäischen und deutschen Umweltrecht, Bd. I, § 15, Rn. 14 ff.

II. Fördermaßnahmen zu Gunsten umweltfreundlicher Energieträger

1. Deutschland

Wie bereits dargestellt, wurden in Deutschland durch das EEG sowie das KWK-Gesetz direkte Fördermaßnahmen zu Gunsten von erneuerbaren Energieträgern und der Kraftwärmekopplung eingeführt bzw. verstärkt. Eine progressive Fortführung dieser Fördermaßnahmen in naher Zukunft ist zu erwarten.[831] In der Tagespolitik ist derzeit vor allem eine Quotenregelung zu Gunsten der Kraft-Wärmekopplung in der Diskussion. Eine solche Quotenregelung ist jedenfalls gegenüber der derzeitigen Preisregelung im EEG und KWKG vorzugswürdig, da sie sowohl innerhalb Deutschlands wie auch grenzüberschreitend nach Wettbewerbsgesichtspunkten ausgestaltet werden kann.[832] Problematisch ist jedoch bei diesen direkten Fördermaßnahmen, dass sie immer auch eine Beschränkung der unternehmerischen Freiheit und damit der Wettbewerbsfreiheit im Rahmen des liberalisierten Strommarktes bedeuten.[833] Des weiteren ist bei nationalen Fördermaßnahmen die Vereinbarkeit mit dem EG-Beihilfenrecht grundsätzlich problematisch.[834] Grundsätzlich bestehen Bedenken, ob allein durch Fördermaßnahmen eine umweltpolitische Ausrichtung des liberalisierten Strommarktes verwirklicht werden kann.[835] Insgesamt scheint es sich dabei vorrangig um punktuelle Maßnahmen zu handeln, die darüber hinaus zu einer erneuten Zersplitterung der Energiemärkte in der EU führen könnten.

2. EU

Im Mai 2000 hat die Kommission erstmals einen Richtlinienentwurf für die Förderung umweltfreundlicher Energieträger in der EU vorgelegt. Dieser Entwurf setzt allerdings nicht auf eine Harmonisierung der unterschiedlichen nationalen Fördermaßnahmen der Mitgliedstaaten, sondern auf deren Beibehaltung und Beobachtung.[836] Ein solcher Ansatz dient nicht der Errichtung eines europäischen Binnenmarktes für Elektrizität unter Einbeziehung umweltfreundlicher

---

831 Vgl. dazu Schalast/Hermonies, ET 2000, S. 688.

832 Vgl. hierzu Rat von Sachverständigen für Umweltfragen; Umweltgutachten 2000, Tz. 1572 und 1491 f.

833 Vgl. dazu Rat von Sachverständigen für Umweltfragen; Umweltgutachten 2000, Tz. 1572 am Ende; nicht zuletzt aus diesem Grund ist auch die Verfassungsmäßigkeit des EEG im Hinblick auf seine Vereinbarkeit mit Art. 12 Abs. 1 GG höchst umstritten, vgl. dazu Dederer/Schneller, RdE 2000, S. 216 ff.

834 Vgl. dazu Dederer/Schneller, RdE 2000, S. 218 ff., hinsichtlich des EEG; Schalast/Hermonies, ET 2000, S. 689 ff. hinsichtlich, des KWK-Gesetzes.

835 Vgl. grundsätzlich zum Begriff „Steuerung“ im Energiemarkt: Hölzer, Der Energiesektor zwischen Marktwirtschaft und öffentlicher Aufgabe, S. 19 ff., 39 ff.

836 Vgl. dazu grundsätzlich Falke, ZUR 2000, S. 386 ff.

Energien, sondern er fördert eine Zersplitterung der Ökostrommärkte.[837] Hinzu kommt, dass eine europaweite Förderung dem grundsätzlichen Beihilfeverbot und der Wettbewerbsorientierung des EGV zuwider laufen könnte.

III. Energiesteuern

a. Deutschland

Durch die ökologische Steuerreform wurde in Deutschland erstmals 1999 eine Stromsteuer als Verbrauchssteuer eingeführt.[838] Da diese allerdings jeden Elektrizitätsverbrauch besteuert, ist sie nur beschränkt geeignet, die notwendige umfassende ökologische Ausrichtung eines liberalisierten Strommarktes zu verwirklichen. Hinzu kommt, dass gerade die tagespolitische Diskussion über die weiteren Stufen der ökologischen Steuerreform zeigt, dass die Bundesregierung unter öffentlichem Druck auch zu kurzfristigen Anpassungen bereit ist. Es ist daher zweifelhaft, ob die Ökosteuer eine langfristige Verhaltenssteuerung in einem deregulierten Elektrizitätsmarkt zu Gunsten der Umwelt herbeiführen kann.

Im Gegensatz zu der Stromverbrauchssteuer kann in einem liberalisierten Energiemarkt eine emissionsbezogene Abgabe eine ökologische Lenkung bewirken, wenn aufgrund ihrer Ausgestaltung deutlich wird, dass sie langfristig angelegt ist und dadurch die notwendige Rechtssicherheit für die langfristigen Investitionsentscheidungen in diesem Wirtschaftsbereich schafft.[839]

Eine solche Abgabe setzt bei der tatsächlichen Umweltrelevanz der Stromerzeugung und Stromversorgung, also vorrangig der CO_2-Produktion an. Die emissionsbezogene Umweltabgabe würde die Kosten der Umweltbelastung durch Stromerzeugung und Stromversorgung beziffern und dem Verursacher auferlegen.[840] Um günstigen und wettbewerbfähigen Strom zu erzeugen,

---

837 Vgl. aber die Reform des dänischen Elektrizitätsmarktes mit der Einführung grüner Zertifikate für eine wettbewerbsorientierte Förderung von Öko-Strom, Entscheidung der EG-Kommission von 3. 10. 2000, Az. Nr. N a 16/1999.

838 Siehe grundsätzlich zu Umweltabgaben: Kirchhof, Umweltabgaben – Die Regelungen in der Europäischen Gemeinschaft und ihren Mitgliedstaaten, in: Rengeling (Hrsg.), Handbuch zum europäischen und deutschen Umweltrecht, Bd. 1, § 38.

839 Vgl. zu den Wechselbeziehungen zwischen Liberalisierung des Energiemarktes und einer emissionsbezogenen Abgabe Rat von Sachverständigen für Umweltfragen, Umweltgutachten 1996, Tz. 1075.

840 Vgl. dazu KOM (2000), 576 endg., S. 4; zu Recht weist die Kommission in dieser Mitteilung vom September 2000 an den Rat und das Europäische Parlament allerdings darauf hin, dass die Wirkung einer solchen Abgabe nicht dadurch entwertet werden darf, dass die besonders umweltbelastenden Industrie- und Produktionsbereiche von

sind die Energieversorger gehalten, die Emissionen zu senken. Im Ergebnis ist daher ein System emissionsbezogener Abgaben gegenüber Verbrauchssteuern vorzugswürdig.[841]

b. EU

Die Argumente, die im nationalen Rahmen für eine emissionsbezogene Abgabe (CO_2-Steuer) sprechen, gelten noch mehr in der EU angesichts der durch die Elektrizitätsbinnenmarktrichtlinie vorgeschriebenen grenzüberschreitenden Liberalisierung. Bereits vor Verabschiedung der Richtlinie hatte daher die Kommission Vorschläge für eine europäische CO_2-Energiesteuer vorgelegt.[842] Auch wenn die bisherigen Vorschläge der Kommission Anlass für Kritik gaben,[843] ist eine umweltpolitische Lenkung im europäischen Elektrizitätsmarkt durch eine grenzüberschreitende EU-Abgabe nationalen Alleingängen vorzuziehen. Dabei ist, wie schon für Deutschland diskutiert, eine emissionsbezogene Abgabe gegenüber einer Verbrauchssteuer[844] die effizientere und wettbewerbsneutrale Lösung.[845] Die Energieversorgungsunternehmen der Gemeinschaft hatten so eine Grundlage für eine langfristige Investitionsplanung mit dem Ziel der Emissionsreduktion. Insgesamt ist festzustellen, dass emissionsbezogene Abgaben - unabhängig von ihrer konkreten Ausgestaltung - in dem liberalisierten europäischen Elektrizitätsmarkt ein geeignetes Mittel zur umweltpolitischen Ausrichtung und Lenkung darstellen.

---

ihrer Wirkung ausgenommen werden, S. 9. Diesen problematischen Ansatz hat dagegen das deutsche Ökosteuergesetz gewählt.

841 Rat von Sachverständigen für Umweltfragen, Umweltgutachten 2000, Tz. 1526; ausführlich dazu Rat von Sachverständigen für Umweltfragen, Umweltgutachten 1996, Tz. 1000 ff.; dabei ist es auch denkbar, diese Emissionsabgabe als handelbares Emissionsrecht auszugestalten, siehe dazu die Nachweise bei Rat von Sachverständigen für Umweltfragen, Umweltgutachten 1996, Tz. 1045 ff.; sowie KOM 2000/, 87 endg.

842 KOM (92), 226 endg., überarbeitet 1995 in KOM (95) 172 endg.

843 Vgl. Badura, Umweltschutz und Energiepolitik, in: Rengeling (Hrsg.), Handbuch zum europäischen und deutschen Umweltrecht, Band I, § 83, Rn 78 f.; Rat von Sachverständigen für Umweltfragen, Umweltgutachten 2000, Tz. 1013 ff.

844 Kritisch gegenüber einer CO_2-Energiesteuer: Badura, Umweltschutz und Energiepolitik, in: Rengeling (Hrsg.), Handbuch zum europäischen und deutschen Umweltrecht, Band I, § 83, Rn. 78 f.

845 Vgl. Rat von Sachverständigen für Umweltfragen, Umweltgutachten 1996, Tz. 1009 ff.

IV. Konkretisierung der Umweltschutzklausel zur Begründung einer Durchleitungsverweigerung

1. Deutschland

Im Abschnitt C wurde geschildert, dass der deutsche Gesetzgeber den Umweltschutz zwar im Rahmen von § 6 Abs. 3 EnWG als mögliche Legitimation einer Durchleitungsverweigerung des Netzeigentümers genannt hat, eine Konkretisierung der Ökoschutzklausel aber unterblieben ist. Im Ergebnis hat der Gesetzgeber damit die Konkretisierung dieses Ausnahmetatbestandes den Gerichten übertragen und es ist zu vermuten, dass sich betroffene Unternehmen nur sehr zurückhaltend im Hinblick auf die Rechtsunsicherheit im Rahmen eines Verfahrens auf diese Bestimmung berufen werden. Daher stellt sich weiter die Frage, ob eine Konkretisierung dieses Umweltschutzvorbehaltes möglich ist.

Einen Ansatzpunkt für eine Konkretisierung des Ökovorbehaltes enthält § 454 UGB KomE.[846] Auch wenn der Kommissionsentwurf von einem eigenständigen ökologischen Durchleitungsmodell ausgeht,[847] ist doch erwägungswert, dass er einen Umweltkoeffizienten für Elektrizität auf Grundlage konkreter Umweltkriterien der verschiedenen Energieträger unter Einbeziehung des Sicherheitsrisikos vorschlägt.[848] Ein nach diesem Modell vom Gesetzgeber definierter Umweltschutzkoeffizient, der im Rahmen des Durchleitungsmodells als Ausnahmetatbestand langfristig ausgestaltet werden könnte, wäre sehr wohl ein Anreiz für eine künftige Umweltorientierung der Energieversorgungsunternehmen. Netzeigentümer und neue Wettbewerber wären gehalten, in diesem Zusammenhang um den besseren Umweltschutzkoeffizienten zu konkurrieren, um einen Durchleitungsanspruch durchsetzen zu können.

2. EU

Die vorstehenden Überlegungen hinsichtlich der Definition eines Umweltkoeffizienten zur Durchsetzung bzw. Verbindung von Durchleitungen könnten auch von der EU im Rahmen einer Durchleitungsrichtlinie übernommen werden. Die vielfältige Kritik an der Umsetzung der Elektrizitätsbinnenmarktrichtlinie durch

---

846 Bundesministerium für Umwelt, Naturschutz und Reaktorsicherheit, UGB-KomE; vgl. dazu auch die Diskussion über die Setzung von Umweltstandards: Rehbinder, Festschrift Feldhaus, S. 141 ff., m.w.N.

847 Zu der Konzeption des Kommissionsentwurfes im Energiesektor: Sendler, Europäisches Umweltrecht und künftiges deutsches Umweltgesetzbuch, in Rengeling (Hrsg.), Handbuch zum europäischen und deutschen Umweltrecht, Bd. II, § 93, Rn. 74.

848 § 454 Abs. 1 KomE enthält Vorgaben für eine konkrete Definition des Umweltkoeffizienten; Einzelheiten bleiben nach diesem Konzept einer Rechtsverordnung überlassen.

die Mitgliedstaaten[849] könnte Anlass dafür sein, eine europäische Durchleitungsrichtlinie zu erarbeiten. In einer solchen Richtlinie könnte – wie vorstehend für Deutschland geschildert - dass Querschnittsziel Umweltschutz durch eine Umweltschutzvorbehaltsklausel berücksichtigt werden. Dadurch wäre im europäischen Rahmen die notwendige Rechtssicherheit und damit auch der Anreiz für eine umweltorientierte Stromerzeugung geschaffen.

V. Bewertung

Die vorstehenden Ausführungen haben gezeigt, dass die derzeit in der Praxis der Mitgliedstaaten der EU, aber auch in den aktuellen Konzepten der Kommission bevorzugten Fördermaßnahmen zu Gunsten umweltfreundlicher Energieträger nicht ausreichen, eine ökologische Neuausrichtung herbeizuführen und damit eine Auflösung des Wertwiderspruchs zwischen Umweltschutz und Wettbewerb im deregulierten Elektrizitätsmarkt zu bewirken. Vielmehr bietet sich hierfür die Einführung von nationalen, und europäischen Energiesteuern und zwar nicht ausgestaltet als Verbrauchssteuern, sondern als Emissionsabgaben an. Nur eine solche langfristig angelegte Politik würde in den deregulierten Elektrizitätsmärkten zu den notwendigen langfristigen Verhaltensänderungen der Akteure führen.

Daneben ist erforderlich, die bisher nur verbal vorhandenen Umweltschutzvorrangklauseln im Rahmen des vorherrschenden Durchleitungsmodells in Deutschland und in der EU zu konkretisieren und durch einen Umweltschutzkoeffizienten den Energieversorgungsunternehmen die notwendige Rechtssicherheit für Durchleitungsverweigerungen zu verschaffen. Auch dadurch könnte eine langfristige umweltorientierte Umgestaltung der Stromversorgung gefördert werden.
Beide Konzepte könnten – auch parallel- zu einer Umsetzung der im EnWG 1998 und in der Elektrizitätsbinnenmarktrichtlinie formulierten ökologischen Zielrichtungen der Energiepolitik führen.

---

[849] Vgl. etwa Lecherer/Gundel, RdE 2000, S. 165 ff. zu Frankreich und Schalast, RdE 2000, S. 177 ff. zu Griechenland.

G. THESEN

I. Das deutsche Energierecht

Die Untersuchung hat gezeigt, dass die Regulierung der Elektrizitätswirtschaft in Deutschland historisch geprägt war von den Zielen „Sicherheit“ und „Preiswürdigkeit“. Spätestens bei Verabschiedung des EnWG 1935 ging der Gesetzgeber davon aus, dass diese Ziele nur durch den Ausschluss des aus damaliger Sicht „kontraproduktiven“ Wettbewerbs in der Elektrizitätsversorgung verwirklicht werden konnten. Diese Überlegungen haben auch bei der Beratung des ersten deutschen Kartellgesetzes, des GWB, 20 Jahre später dazu geführt, dass ein Ausnahmebereich für die Versorgungswirtschaft unter Einbeziehung der Elektrizitätswirtschaft geschaffen wurde. In der Folge unterlagen die den Substitutions-Wettbewerb ausschließenden Absprachen zwischen Energieversorgungsunternehmen, die Konzessions- und Demarkationsverträge nicht dem Kartellverbot. Bereits bei Verabschiedung des GWB setzte allerdings eine Diskussion dahingehend ein, ob ein Ausnahmebereich für die Versorgungswirtschaft tatsächlich notwendig sei, und in den folgenden GWB-Novellen ist eine Tendenz feststellbar, Wettbewerbselemente im Rahmen der Missbrauchsaufsicht über die Energieversorgung langsam zu verstärken. In den 1980er Jahren intensivierte sich dann die Diskussion um eine Wettbewerbsöffnung des deutschen Elektrizitätsmarktes, nicht zuletzt angestoßen durch entsprechende Gesetzgebungsvorhaben der Europäischen Kommission im Rahmen des Binnenmarktes. Anfang der 1990er Jahre entstand schließlich in Deutschland ein politischer Konsens darüber, dass eine Wettbewerbsöffnung erforderlich sei.

Zeitlich parallel zu der Anerkennung des Wettbewerbs als „zulässiges“ Ziel der Elektrizitätsversorgung entwickelte sich der Umweltschutz seit den 1970er Jahren zu einem anerkannten Ziel der deutschen Politik und bald auch der Energieversorgung. Diese Entwicklung ist nicht nur auf der Ebene der Politikformulierung - etwa in dem ersten energiepolitischen Programm der Bundesregierung-feststellbar, sondern zeigt sich auch in einer intensiven energiebezogenen Umweltschutzgesetzgebung, die mit dem Stromeinspeisungsgesetz 1990 ihren ersten Höhepunkt erreichte.

Die gleichzeitige und gleichrangige Umsetzung der Ziele Wettbewerb und Umweltschutz im Rahmen der Reform des Energierechts war aber offensichtlich nicht möglich.

Zum Zeitpunkt der ersten ernsthaften Arbeiten an einer deutschen Energierechtsnovelle war damit sowohl dem Gesetzgeber wie den gerade in der Energieversorgung besonders einflussreichen Interessengruppen deutlich geworden, dass die Ziele „Umweltschutz“ und „Wettbewerb“ in einem Wert- und Anwendungskonflikt in der Elektrizitätsversorgung stehen.

Die Bundesregierung hat sich dann im Rahmen des EnWG 1998 dazu entschlossen, den Umweltschutz zwar formell zu einem gleichberechtigten Ziel der Elektrizitätsversorgung zu erheben und eine „Ökoschutzklausel“, § 6 Abs. 3 EnWG, zu schaffen. Sie hat es dann aber unterlassen, diese Schutzklausel hinsichtlich der Behandlung von Vorrangkonflikten, insbesondere im Rahmen von Durchleitungsbegehren zu konkretisieren, d.h. den Begriff des vorrangigen „Ökostroms“ zu definieren. Da der Durchleitungsanspruch des EnWG zivilrechtlich ausgeformt ist, bleibt es den Parteien im Rahmen der Dispositionsmaxime und den Gerichten überantwortet, im Einzelfall darzulegen bzw. zu prüfen, ob z.B. ein 20 %-Windstrom-Anteil oder ein 50 %-Anteil von in KWK-Anlagen erzeugtem Strom in dem Leitungsnetz des Durchleitungsverpflichteten, der durch „anderen“ Strom verdrängt wird, die Anwendung der Ökoschutzklausel legitimieren.

Die Entscheidung des Gesetzgebers, das Ziel „Umweltschutz“ als politisches Ziel aber ohne konkrete rechtliche Ausformung in die Energierechtsnovelle aufzunehmen, führt damit zu erheblicher Rechtsunsicherheit, die allen Zielen, d.h. dem Wettbewerb, dem Umweltschutz und der sicheren Energieversorgung schaden kann.

II. Europäische Union

Das Konzept einer Deregulierung des europäischen Elektrizitätsmarktes entstand als verspäteter Ableger des Binnenmarktes in den späten 80er Jahren und war vor allem von dem Ziel einer Wettbewerbsöffnung bestimmt. Doch bereits vor dem vor allem durch die wirtschaftsbezogenen Grundfreiheiten geprägten Binnenmarktprogramm hat sich in der Europäischen Union seit den 1970er Jahren - dokumentiert nicht zuletzt durch die Umweltaktionsprogramme - eine intensive Umweltschutzpolitik entwickelt. Durch die EEA – die vor allem zur Verwirklichung des Binnenmarktes neue Rechtsetzungsbestimmungen enthielt - wurde 1987 auch der Umweltschutz als Politikbereich in den EWGV integriert. Die umweltpolitischen Kompetenzen der Gemeinschaft werden nachfolgend kontinuierlich durch die Verträge von Maastricht und Amsterdam verstärkt. Besonders hervorzuheben ist dabei die Querschnittsklausel, nunmehr Art. 6 EG, die die EU verpflichtet, den Umweltschutz in ihre anderen Politiken zu integrieren. Damit war auch für den europäischen Gesetzgeber zum Zeitpunkt der Entstehung erster Deregulierungsvorschriften offensichtlich, dass im Bereich der Elektrizitätsversorgung Umweltschutz und Wettbewerb gleichberechtigte Ziele sind, die in einem Anwendungs- und Wertkonflikt stehen. Der Gesetzgeber war damit aufgerufen, diesen Konflikt zu entscheiden.

Die Elektrizitätsbinnenmarktrichtlinie hat aber ebenfalls eine Entscheidung über die Wertigkeit des Umweltschutzes unterlassen. Die Richtlinie ist vorrangig von dem Ziel der Wettbewerbsöffnung bestimmt, und der Umweltschutz wird zwar als ein Ziel der Gemeinschaft genannt, eine konkrete Umsetzungsmaßnahme fehlt dagegen. Damit hat der europäische Gesetzgeber den im deutschen Recht, aber auch im Recht anderer Mitgliedstaaten der Union feststellbaren Wertwiderspruch mitverursacht.

III. Lösungsvorschlag

Als Lösung des Konfliktes zwischen Umweltschutz und Wettbewerb im liberalisierten Elektrizitätsmarkt bietet sich zunächst die Einführung einer nationalen und europäischen Emissionsabgabe (CO_2-Steuer) an. Eine solche nichtverbrauchsorientierte Stromsteuer könnte die bisher vereinzelten umweltpolitischen Lenkungsmaßnahmen vereinheitlichen und zu einer langfristigen Umorientierung des Elektrizitätsmarktes hin zu einer Verminderung der Emissionen in Deutschland und Europa führen.

Ein zweiter Schritt zur Lösung für diesen Konflikt im Sinne des Umweltschutzes könnte die Definition von Ökostrom durch den Gesetzgeber und der gesetzlich festgelegte Vorrang dieses Ökostroms, im Rahmen der Prüfung einer ökologisch begründeten Durchleitungsverweigerung sein. Anhaltspunkte für eine solche „Legaldefinition" könnte man der europäischen Umweltgesetzgebung, insbesondere der Öko-Audit-Verordnung oder der UVP-Richtlinie entnehmen. Einen konkreten Vorschlag für einen Umweltkoeffizienten zur Definition von „Öko-Strom" enthält auch der Umweltgesetzbuch-Entwurf der Unabhängigen Sachverständigenkommission.

IV. Konsequenz

Im Ergebnis zeigt die Deregulierung der Elektrizitätsversorgung in der EU und in Deutschland die Tendenz des modernen Gesetzgebers, wichtige Ziel- und Wertkonflikte zu politisieren und ihre Entscheidung im Einzelfall der Verwaltung bzw. den Gerichten - vorliegend den Zivilgerichten - zu übertragen. Damit wird erhebliche Rechtsunsicherheit in einem Wirtschaftsbereich geschaffen, der durch langfristige und kostenintensive Investitionen und Planungszeiten gekennzeichnet ist.

Ahrens, Karl
Umweltschutz - Handeln in der kommunalen Versorgungswirtschaft, WiVerw 1987, S. 15-26;
(zitiert: Ahrens, WiVerw 1987)

Arndt, Hans-Wolfgang
Zur finanzverfassungsrechtlichen Zulässigkeit subventionierender Vergütungen nach dem Stromeinspeisungsgesetz vom 7. Dezember 1990, RdE 1995, S. 41-49;
(zitiert: Arndt, RdE 1995)

Arndt, Hans-Wolfgang
"Common Carrier" bei Strom und Gas, Zur nationalstaatlichen und europarechtlichen Zulässigkeit von Durchleitungsverpflichtungen, RIW 1989, Beilage 7 zu Heft 10, S. 1-34;
(zitiert: Arndt, RIW 1989, Beilage 7 zu Heft 10)

Arzt, Clemens /Apfelstedt, Gert
Energierechtsnovelle - mit Umweltschutz vereinbar?, ZUR 1997, S.136-144;
(zitiert: Arzt/Apfelstedt, ZUR 1997)

Bald, Arnold /Lovis, Martin /Heusinger, Klaus
Modernisierung der Energieversorgung in den neuen Bundesländern, ET 1995, S.570-573;
(zitiert: Bald/Heusinger/Lovis, ET 1995)

Baron, Michael
Kartellgesetznovelle: Die wesentlichen Änderungen, in: Schwerpunkte des Kartellrechts 1998, Verwaltungs- und Rechtsprechungspraxis Bundesrepublik Deutschland und EG, Köln 1999, S. 1-21;
(zitiert: Baron, Kartellgesetznovelle, Die wesentlichen Änderungen)

Baron, Michael Das neue Kartellgesetz, Einführung in die 6. GWB-Novelle und das Vergaberecht, Köln 1999, 355 Seiten; (zitiert: Baron, Das neue Kartellgesetz)

Baur, Jürgen F. Sinn und Unsinn einer Energierechtsreform, in: Festschrift für Rudolf Lukes zum 65. Geburtstag, herausgegeben von Herbert Leßmann, Bernhard Großfeld, Lothar Vollmer, Köln, Berlin, Bonn, München 1989, S.253-269; (zitiert: Baur, FS Lukes)

Baur, Jürgen F. Rechtliche Voraussetzungen und Folgen der energiepolitischen Aufgabenverteilung im föderativen Staat, ZfE 1987, S. 230-236; (zitiert: Baur, ZfE 1987)

Bechtold, Rainer Das neue Kartellgesetz, NJW 1998, S. 2769-2774; (zitiert: Bechtold, NJW 1998)

Bechtold, Rainer Kartellgesetz: Gesetz gegen die Wettbewerbsbeschränkungen, Kommentar, München 1993, 842 Seiten; (zitiert: Bechtold, Kartellgesetz)

Beck, P. Umweltaspekte der Energieumsetzung, Entwicklung der Energieversorgung mit integriertem Umweltschutz, atomwirtschaft 1985, S. 95-101; (zitiert: Beck, atomwirtschaft 1985)

Becker, Ulrich Der Gestaltungsspielraum der EG-Mitgliedstaaten im Spannungsfeld zwischen Umweltschutz und freiem Warenverkehr, Baden-Baden 1991, 171 Seiten; (zitiert: Becker, Der Gestaltungsspielraum)

Becker-Schwarze, Kathrin	Steuerungsmöglichkeiten des Kartellrechts bei umweltschützenden Unternehmenskooperationen: Das Beispiel der Verpackungsverordnung, Baden-Baden 1997, Schriftenreihe des Zentrums für Europäische Rechtspolitik an der Universität Bremen, Band 25, 277 Seiten, Dissertation Bremen 1997; (zitiert: Becker-Schwarze, Steuerungsmöglichkeiten des Kartellrechts)
Bellamy, Christopher /Child, Graham D.	Common market law of competition, 4th edition, London 1993, 1381 Seiten; (zitiert: Bellamy/Child, Common market law of competition)
Benda, Ernst	Verfassungsrechtliche Aspekte des Umweltschutzes, UPR 1982, S. 241-247; (zitiert: Benda, UPR 1982)
Bender, Bernd /Sparwasser, Reinhard /Engel, Rüdiger	Umweltrecht: Grundzüge des öffentlichen Umweltschutzrechts, 3. Auflage, Heidelberg 1995, 659 Seiten; (zitiert: Bender/Sparwasser/Engel, Umweltrecht)
Benesch, Rudolf	Die Kompetenzen der EG-Kommission aus Art. 90 Abs. 3 EWG-V, Köln Berlin Bonn München 1993, 141 Seiten, Schriften zum Wirtschafts-, Handels- und Industrierecht Band 34, Dissertation Münster/Westf. 1993; (zitiert: Benesch, Die Kompetenzen der EG-Kommission)
Berkner, Ursula /Hermann, Hans Peter /Schmitz, Erich	Die neue Bundestarifordnung Elektrizität (BTO Elt), - Veränderungen und Fortführungen des bisher geltenden Strompreisrechts im Tarifabnehmerbereich, RdE 1990, S. 2-17;

(zitiert: Berkner/Hermann/Schmitz, RdE 1990)

Berkner, Ursula /Hermann, Hans Peter /Le Nestour, Chantal /Rupp, Jürgen /Schmitz, Erich Das Recht der Elektrizitätswirtschaft 1989, Elektrizitätswirtschaft 1990, S. 76-110; (zitiert: Berkner/Hermann/Le Nestour/Rupp/Schmitz, Elektrizitätswirtschaft 1990)

Bernsdorff, Norbert Positivierung des Umweltschutzes im Grundgesetz (Art.20a GG), NuR 1997, S.330-334; (zitiert: Bernsdorff, NuR 1997)

Bernuth, Wolff Heinrich von Umweltschutzfördernde Unternehmenskooperationen und das Kartellverbot des Gemeinschaftsrechts, Baden-Baden 1996, 265 Seiten; (zitiert: von Bernuth, Umweltschutzfördernde Unternehmenskooperationen)

Beutler, Bengt /Bieber, Roland /Pipkorn, Jörn /Streil, Jochen Die Europäische Union, Rechtsordnung und Politik, 4. Auflage, Baden-Baden 1993, 608 Seiten (zitiert: Beutler/Bieber/Pipkorn/Streil, Die Europäische Union)

Bieber, Roland /Dehousse, Renaud /Pinder, John /Weiler, Joseph H.H. Back to the future: Policy, Strategy and Tactics of the White Paper on the Creation of a Single European Market, in: dies. (Hrsg.): 1992: One European Market ?, Baden-Baden 1988, S. 13-34; (zitiert: Bieber/Dehousse/Pinder /Weiler, Back to the future)

Bierhoff, Rolf Stromversorgung in der Bundesrepublik Deutschland, Zielvorstellungen und ihre praktische Bewährung, ET 1990, S. 758-761; (zitiert: Bierhoff, ET 1990)

Bierhoff, Rolf Stromverbund in der Europäischen Gemeinschaft, Atomwirtschaft 1990, S. 389-396; (zitiert: Atomwirtschaft, 1990)

Birkenmeier, Dieter Gemeinsamer Markt, nationales Interesse und Art.90 EWGV, Zur Debatte über grenzüberschreitende Elektrizitätslieferungen, EuR 1988, S.144-157; (zitiert: Birkenmeier, EuR 1988)

Birkenmeier, Dieter Der europäische Stromverbund und das Mißbrauchsverbot des EWG-Kartellrechts - ein Diskussionsbeitrag, WRP 1988, S. 518-521; (zitiert: Birkenmeier, WRP 1988)

Bleckmann, Albert Europarecht: Das Recht der Europäischen Union und der Europäischen Gemeinschaften, 6. Auflage, Köln, Berlin, Bonn, München 1997, 1125 Seiten; (zitiert: Bearbeiter, in: Bleckmann, Europarecht)

Blischke, Uwe /Hermann, Hans-Peter /Koch, Ulrike /Rupp, Jürgen Das Recht der Elektrizitätswirtschaft 1987, Elektrizitätswirtschaft 1988, S. 6-26; (zitiert: Blischke/Hermann/Koch /Rupp, Elektrizitätswirtschaft 1988)

Börner, Bodo Frankreichstrom nach Deutschland? Art. 90 II EWGV, Teil I, in: Das Energiewirtschaftsgesetz im Wandel von fünf Jahrzehnten, Veröffentlichungen des Instituts für Energierecht an der Universität zu Köln, Band 57, Baden-Baden 1987, mit Vorträgen von Bodo Börner, Hans-Ulrich Evers, Ulrich Immenga und Friedrich Späth, S. 61-116;

(zitiert: Börner, Frankreichstrom nach Deutschland?, - Art. 90 II EWGV, Teil I)

Börner, Bodo Das Energiewirtschaftsgesetz – legislatorische Defizite oder sachgerechtes Gesetzesinstrumentarium, in: Börner, Bodo, Studien zum deutschen und europäischen Wirtschaftsrecht, Fünfter Band, S. 353-379, Kölner Schriften zum Europarecht Band 57, Köln, Berlin, Bonn, München;
(zitiert: Börner, Das EnWG – legislatorische Defizite oder sachgerechtes Gesetzesinstrumentarium)

Börner, Bodo Wettbewerbsverzerrung, Zum Entwurf eines Hessischen Gesetzes über sparsame, rationelle, sozial- und umweltverträgliche Energienutzung, ET 1985, S. 350-358;
(zitiert: Börner, ET 1985)

Börner, Bodo Reform des Energierechts und Natur der Sache, Düsseldorf 1971, 65 Seiten, Veröffentlichungen des Instituts für Energierecht an der Universität zu Köln, Band 30;
(zitiert: Börner, Reform des Energierechts und Natur der Sache)

Bonberg, Wolfgang /Hofmann, Hans-Georg Vegetations- und Materialschäden – Lösungsansätze des Energiewirtschaftsrechts und des Immissionsschutzrechts, ET 1984, S. 57- 64;
(zitiert: Bonberg/Hofmann, ET 1984)

Bonner Kommentar Kommentar zum Bonner Grundgesetz, Hamburg, Stand: Dezember 1999;
(zitiert: Bearbeiter, in: Bonner Kommentar)

Bosselmann, Klaus Eigene Rechte für die Natur?, Ansätze einer ökologischen Rechtsauffassung, Kritische Justiz 1986, S. 1-22; (zitiert: Bosselmann, KJ 1986)

Bosselmann, Klaus Wendezeit im Umweltrecht, Kritische Justiz 1985, S. 345-361; (zitiert: Bosselmann KJ 1985)

Bothe, Michael Umweltschutz in der Europäischen Gemeinschaft. Zusammenfassung der Diskussion und Ausblick, in: Umweltschutz in der Europäischen Gemeinschaft. Spannungsfelder zwischen nationalem Recht und europäischem Gemeinschaftsrecht. Hrsg. von Peter Behrens und Hans-Joachim Koch, Baden-Baden 1991, S. 181-187; (zitiert: Bothe, Umweltschutz)

Bothe, Michael /Gündling, Lothar Neuere Tendenzen des Umweltrechts im internationalen Vergleich: Forschungsbericht 10106023, Unter Mitarbeit von Rainer Hofmann und Christian Rumpf. Im Auftrag des Umweltbundesamtes, Berlin 1990, 310 Seiten; (zitiert: Bothe/Gündling, Neuere Tendenzen des Umweltrechts im internationalen Vergleich)

Brauch, Hans-Günter (Hrsg.): Energiepolitik: technische Entwicklung, politische Strategien, Handlungskonzepte zu erneuerbaren Energien und zur rationellen Energienutzung, Berlin 1997, 740 Seiten; (zitiert: Brauch, Energiepolitik)

Breier, Siegfried Die Bedeutung der umweltrechtlichen Querschnittsklausel des Art. 130r Abs. 2 Satz 2 EWG-Vertrag für die Verwirklichung des europäischen Binnenmarktes, NuR 1992, S. 174-181;

(zitiert: Breier, NuR 1992)

Breuer, Rüdiger Entwicklungen des europäischen Umweltrechts - Ziele, Wege und Irrwege: erweiterte Fassung eines Vortrages, gehalten vor der Juristischen Gesellschaft zu Berlin am 27. Januar 1993, Berlin, New York 1993, Schriftenreihe der Juristischen Gesellschaft zu Berlin Band 134, 100 Seiten;
(zitiert: Breuer, Entwicklungen des europäischen Umweltrechts)

Briche, Brigitte Die Elektrizitätswirtschaft in der Europäischen Union: Institutionelle und materielle Aspekte, Baden-Baden 1997;
(zitiert: Briche, Die Elektrizitätswirtschaft in der Europäischen Union)

Britz, Gabriele Öffnung der Europäischen Strommärkte durch die Elektrizitätsbinnenmarktrichtlinie?, RdE 1997, S.85-93;
(zitiert: Britz, RdE 1997)

Britz, Gabriele Elektrizitätsbinnenmarkt-Richtlinie und Umsetzung ins deutsche Recht, EuZW 1997, S.334-337;
(zitiert: Britz, EuZW 1997)

Britz, Gabriele Örtliche Energieversorgung nach nationalem und europäischem Recht, Unter besonderer Berücksichtigung kommunaler Gestaltungsmöglichkeiten, Baden-Baden 1994, 375 Seiten;
(zitiert: Britz, Örtliche Energieversorgung nach nationalem und europäischem Recht)

Budde, Hans-Jürgen Ein gemeinsamer Strommarkt in der EG - Aus der Sicht der industriellen Energiewirtschaft, VIK-Mitteilungen 1988, S. 29-32;

(zitiert: Budde, VIK-Mitteilungen 1988)

Buderath, Josef — Strom im Wettbewerb, Geschlossene Versorgungsgebiete sind notwendig, ET 1989, S. 138-140; (zitiert: Buderath, ET 1989)

Büdenbender, Ulrich — Die Energieaufsicht über Energieversorgungsunternehmen nach dem neuen Energiewirtschaftsgesetz, DVBl. 1999, S. 7-19; (zitiert: Büdenbender, DVBl. 1999)

Büdenbender, Ulrich — Rechtsfragen anläßlich der Durchleitung elektrischer Energie, in: Baur, Jürgen (Hrsg.), Energiewirtschaft - Der neue energie- und kartellrechtliche Rahmen, Baden-Baden 1999, S. 73-131; (zitiert: Büdenbender, Rechtsfragen anläßlich der Durchleitung elektrischer Energie)

Büdenbender, Ulrich — Durchleitung elektrischer Energie nach der Energierechtsreform, RdE 1999, S. 1-11; (zitiert: Büdenbender, RdE 1999)

Büdenbender, Ulrich — Schwerpunkte der Energierechtsreform 1998, Köln 1999, 382 Seiten; (zitiert: Büdenbender, Schwerpunkte)

Büdenbender, Ulrich — Energierecht: eine systematische Darstellung des gesamten Rechts der öffentlichen Energieversorgung, München, Köln 1982, 605 Seiten; (zitiert: Büdenbender, Energierecht)

Büdenbender, Ulrich — Zur Einführung: Das Recht der öffentliche Energieversorgung, JuS 1978, S. 150-156; (zitiert: Büdenbender, JuS 1978)

Bürger, Ilka — Das neue Gesetz für den Vorrang Erneuerbarer Energien und seine verfassungs- und europarechtliche Problematik, UPR 2000, S. 215-220; (zitiert: Bürger/Senger, UPR 2000)

Buhse, Karl-Heinrich — Rationelle und sparsame Energieversorgung, Die Regionalversorger mit neuer Schwerpunktsetzung?, ET 1990, S. 210-214; (zitiert: Buhse, ET 1990)

Bundesministerium für Umwelt, Naturschutz und Reaktorsicherheit, (Hrsg.) — Umweltgesetzbuch (UGB- KomE), Entwurf der unabhängigen Sachverständigenkommission zum Umweltgesetzbuch beim Bundesministerium für Umwelt, Naturschutz und Reaktorsicherheit, Berlin 1998, 1725 Seiten; (zitiert: Bundesministerium für Umwelt, Naturschutz und Reaktorsicherheit (Hrsg.), UGB-KomE)

Bundesministerium für Umwelt, Naturschutz und Reaktorsicherheit — Umweltschutz in Deutschland, Bonn 1996, 133 Seiten; (zitiert: Bundesministerium für Umwelt, Naturschutz und Reaktorsicherheit, Umweltschutz in Deutschland)

Bundesministerium für Wirtschaft (Hrsg.) — Energieversorgung in der Europäischen Gemeinschaft, Fakten und Daten, Autoren: M. Czakainski, H. Körber, Bonn 1993, 108 Seiten; (zitiert: Bundesministerium für Wirtschaft, Energieversorgung in der Europäischen Gemeinschaft)

Burchard, Friedrich von — Die Kompetenzen der EG-Kommission nach Art. 90 III EWGV, EuZW 1991, S. 339-343; (zitiert: Burchard, EuZW 1991)

Cardoso e Cunha, Antonio — Energiepolitik und Binnenmarkt 1992,

WuW 1989, S. 785-789;
(zitiert: Cardoso e Cunja, WuW 1989)

Cecchini, Paolo Europa '92: der Vorteil des Binnenmarktes, Baden-Baden 1988, 151 Seiten;
(zitiert: Cecchini, Europa '92: der Vorteil des Binnenmarktes)

Christians, F. Wilhelm Energiewirtschaft zwischen nationaler Notwendigkeit und EG-weiter Marktfreiheit, VIK-Mitteilungen 1988, S. 138-141;
(zitiert: Christians, VIK-Mitteilungen 1988)

Clemens, Cornelia Die Klimaproblematik: Materialien und Diskussionsstand, Hrsg. vom Institut der Deutschen Wirtschaft Köln, Köln 1992, 66 Seiten, Beiträge zur Wirtschafts- und Sozialpolitik Köln, Band 199;
(zitiert: Clemens, Die Klimaproblematik)

Cronauge, Ulrich Ökologische Aspekte als Bestandteil des öffentlichen Versorgungsauftrages, der gemeindehaushalt 1987, S. 227-231;
(zitiert: Cronauge, der gemeindehaushalt 1987)

Cronenberg, Martin Das neue Energiewirtschaftsrecht, RdE 1998, S. 85-91;
(zitiert: Cronenberg, RdE 1998)

Cronenberg, Martin Elektrizitäts-Binnenmarkt und deutscher Ordnungsrahmen, ET 1994, S. 6-10;
(zitiert: Cronenberg, ET 1994)

Dauses, Manfred A. Die rechtliche Dimension des Binnenmarktes, EuZW 1990, S. 8-11;

(zitiert: Dauses, EuZW 1990)

Dauses, Manfred A. (Hrsg.) Handbuch des EU-Wirtschaftsrechts, Loseblattsammlung, München, Band 1: Stand November 1998, Band 2: Stand November 1998; (zitiert: Bearbeiter, in: Dauses, Handbuch des EU-Wirtschaftsrechts)

Dederer, Hans-Georg /Schneller, Christian Garantierte Stromeinspeisungs-Vergütung versus Zertifikatshandelsmodell, RdE 2000, S. 214-222; (zitiert: Dederer/Schneller, RdE 2000)

Dehmer, Rudolf Anmerkung zur Entscheidung der EG-Kommission vom 16. 1. 1991 betr. SEP, ET 1991, S. 333-335; (zitiert: Dehmer, ET 1991)

Deregulierungskommission Markt und Wettbewerb in der Stromwirtschaft, Sonderdruck aus dem Bericht der Deregulierungskommission, - Unabhängige Expertenkommission zum Abbau marktwidriger Regulierungen -, Abschnitt: Die Stromwirtschaft, Stuttgart März 1991, 27 Seiten; (zitiert: Deregulierungskommission)

Deriks, Marion Das Recht der Elektrizitätsversorgung in den Niederlanden, RdE 1988, S. 66-83; (zitiert: Deriks, RdE 1988)

Di Fabio, Udo Integratives Umweltrecht, NVwZ 1998, S. 329-337; (zitiert: Di Fabio, NVwZ 1998)

Dieckmann, Martin Anmerkung zum Beschluß des EuGH vom 12. Juli 1990, "Schwerverkehrsabgabe", IUR (ZUR) 1990, S. 72-73; (zitiert: Dieckmann, IUR (ZUR) 1990)

Dienes, Karsten Die neue Technische Anleitung Luft '86, Wesentliche Inhalte und Problemfelder, ET 1986, S. 971-983; (zitiert: Dienes, ET 1986)

Dreher, Meinrad Die 6. GWB-Novelle, in: Forschungsinstitut für Wirtschaftsverfassung und Wettbewerb e.V. Köln (Hrsg.), Schwerpunkte des Kartellrechts 1998, Referate des XXVI. FIW-Seminars mit zusätzlichen Beiträgen, Köln Bonn Berlin München 1999, S. 111-119; (zitiert: Dreher, Die 6. GWB-Novelle)

Drozda, Frank /Storm, Bertine Die Stromsteuer – nur eine neue Verbrauchsteuer?, NJW 1999, S. 2333-2335; (zitiert: Drozda/Storm, NJW 1999)

Ebel, Hans-Rudolf Durchleitung von Strom und Gas nach § 103 GWB, WuW 1994, S. 731-739; (zitiert: Ebel, WuW 1994)

Ebel, Hans-Rudolf Zum Grundsatzbeschluß des Bundeskartellamts vom 29. Juni 1992 in Sachen Durchleitung Verbundnetz Gas-AG (VNG), VIK-Mitteilungen 1992, S. 109-113; (zitiert: Ebel, Grundsatzbeschluß, VIK-Mitteilungen 1992)

Ebel, Hans-Rudolf Durchleitung, Preisrecht und kartellrechtliche Mißbrauchsaufsicht in ihren Auswirkungen auf die Preisstruktur eines Energieversorgungsunternehmens, VIK-Mitteilungen 1992, S. 30-35; (zitiert: Ebel, Durchleitung, VIK-Mitteilungen 1992)

Ehlermann, Claus-Dieter The Role of the European Commission as Regards National Energy Policies, Journal of Energy and Natural Resources Law 1994, S. 342-353;

(zitiert: Ehlermann, Journal of Energy and Natural Resources Law 1994)

Ehlermann, Claus-Dieter — Quelles règles de functionnement pour le marché intérieur de l`énergie, Revue du Marché Commun et de l`Union Européenne (No 374), 1994, S. 450-459; (zitiert: Ehlermann, Revue du Marché Commun et de l`Union Européenne 1994)

Ehlermann, Claus-Dieter — EG-Binnenmarkt für die Energiewirtschaft, EuZW 1992, S. 689-693; (zitiert: Ehlermann, EuZW 1992)

Ehmer, Jörg — Regulierung im Telekommunikationswesen - Sind die tatsächlichen Gegebenheiten und der rechtliche Rahmen mit der Energiewirtschaft vergleichbar?, Baden-Baden 1998; (zitiert: Ehmer, Regulierung)

Ehrmann, Markus — Die Genfer Klimaverhandlungen, NVwZ 1997, S.874-876; (zitiert: Ehrmann, NVwZ 1997)

Eisenbarth, Siegfried — Der Stand des Immissionsschutzes im vereinten Deutschland - eine Zusammenfassung der wichtigsten Aussagen des Fünften Immissionsschutzberichtes der Bundesregierung, UPR 1993, S. 171-178; (zitiert: Eisenbarth, UPR 1993)

Eiß, Harald /Pick, Hartmut /Schulz, Walter — Auf dem Wege zu einem Binnenmarkt für Elektrizität, ZfE 1989, S.163-176; (zitiert: Eiß/Pick/Schulz, ZfE 1989)

Emmerich, Volker — Kartellrecht, 7. Auflage, München 1994, 614 Seiten; (zitiert: Emmerich, Kartellrecht)

Emmerich, Volker Anmerkung zum Urteil des EuGH v. 27. 4. 1994 - Rs C 393/92 = EuZW 1994, S. 408, Anwendung des EG-Vertrages auf Energieversorgungsunternehmen (Almelo/IJM), in: JuS 1994, S. 882-883; (zitiert: Emmerich, JuS 1994)

Emmerich, Volker Die deutsche Versorgungswirtschaft in der Wettbewerbsordnung der europäischen Gemeinschaft, in: Festschrift für Otto-Friedrich Freiherr von Gamm, herausgegeben von: Willi Erdmann u. a., Köln 1990, S. 581-596; (zitiert: Emmerich, FS von Gamm)

Emmerich, Volker Deutsche Energiepolitik in den letzten 25 Jahren, - Ein kritischer Überblick aus wettbewerbspolitischer Sicht -, JZ 1982, S. 496-500; (zitiert: Emmerich, JZ 1982)

Emmerich, Volker Ist der kartellrechtliche Ausnahmebereich für die leitungsgebundene Versorgungswirtschaft wettbewerbspolitisch gerechtfertigt? Hannover: Niedersächsisches Ministerium für Wirtschaft und Verkehr, Referat Öffentlichkeitsarbeit, 1978, 122 Seiten; (zitiert: Emmerich, Ausnahmebereich)

Emmerich, Volker Die leitungsgebundene Energiewirtschaft als wettbewerbsrechtliches und wettbewerbspolitisches Problem, ZfE 1977, S. 47-53; (zitiert: Emmerich, ZfE 1977)

Emmerich, Volker Das Wirtschaftsrecht der öffentlichen Unternehmen, Bad Homburg v.d.H., Berlin, Zürich 1969, 508 Seiten, Habilitation Münster/Westf.; (zitiert: Emmerich, Das Wirtschaftsrecht der öffentlichen Unternehmen)

Epiney, Astrid Umweltrecht in der Europäischen Union, Köln, Berlin, Bonn, München 1997, 332 Seiten;
(zitiert: Epiney, Umweltrecht in der Europäischen Union)

Epiney, Astrid /Möllers, Thomas M. J. Freier Warenverkehr und nationaler Umweltschutz, Köln 1992, 149 Seiten;
(zitiert: Epiney/Möllers, Freier Warenverkehr und nationaler Umweltschutz)

Epiney, Astrid /Furrer, Andreas Umweltschutz nach Maastricht, Ein Europa der drei Geschwindigkeiten?, EuR 1992, S. 369-408;
(zitiert: Epiney/Furrer; EuR 1992)

Ernst-Vogel, Maren Universalenergie Öl gebremst durch "Nachhaltigkeit"? RdE 1997, S. 137-141;
(zitiert: Ernst-Vogel, RdE 1997)

Esch, Bastiaan van der Integrating the Environment into the Energy Policy of the European Union, Journal of Energy and Natural Resources Law 1995, S.14-20;
(zitiert: van der Esch, Journal of Energy and Natural Resources Law 1995)

Evers, Hans-Ulrich Entstehungsgeschichte, Ziele, Konzeptionen, Grundsätze und Änderungen des Energiewirtschaftsgesetzes, in: Bodo Börner (Hrsg.), Das Energiewirtschafts-Gesetz im Wandel von fünf Jahrzehnten, Veröffentlichungen des Instituts für Energierecht an der Universität zu Köln, Band 57, Baden-Baden 1987, mit Vorträgen von Bodo Börner, Hans-Ulrich Evers, Ulrich Immenga und Friedrich Späth, S. 15-42;
(zitiert: Evers, Entstehungsgeschichte, Ziele, Konzeptionen, Grundsätze und

Änderungen des Energiewirtschaftsgesetzes)

Evers, Hans-Ulrich Das Recht der Energieversorgung, 2. Aufl., Baden-Baden 1983, 311 Seiten; (zitiert: Evers, Das Recht der Energieversorgung)

Falke, Josef Europäisches Umweltrecht: Konsolidierungen und Anstöße, ZUR 2000, S. 384-389; (zitiert: Falke, ZUR 2000)

Falke, Josef "Umwelt-Audit"-Verordnung, Grundsätze und Kritikpunkte, ZUR 1995, S. 4-9; (zitiert: Falke, ZUR 1995)

Feuerborn, Alfred Der kartellrechtliche Freistellungsbereich für Elektrizitätsversorgungsunternehmen und deren Kontrolle, Münster 1983, 374 Seiten, Dissertation Münster/Westf., 1982; (zitiert: Feuerborn, Der kartellrechtliche Freistellungsbereich)

Fikentscher, Wolfgang Wirtschaftsrecht, Band II, Deutsches Wirtschaftsrecht, München 1983, 583 Seiten; (zitiert: Fikentscher, Wirtschaftsrecht, Band II)

Fischer, Kristian Die Einwirkung des europäischen auf das nationale Umweltrecht, JuS 1999, S. 320-329; (zitiert: Fischer, JuS 1999)

Fischer, Wolfgang /Häckel, Erwin Internationale Energieversorgung und politische Zukunftssicherung, Das europäische Energiesystem nach der Jahrtausendwende: Außenpolitik, Wirtschaft, Ökologie, Studie einer gemeinsamen Arbeitsgruppe der Kern-

forschungsanlage Jülich GmbH und des Forschungsinstituts der Deutschen Gesellschaft für Auswärtige Politik e.V., Bonn, Schriften des Forschungsinstituts der Deutschen Gesellschaft für Auswärtige Politik e.V., Bonn, Reihe: Internationale Politik und Wirtschaft, Band 51, München 1987, 344 Seiten;
(zitiert: Fischer/Häckel, Internationale Energieversorgung)

Fischerhof, Hans — Europäisches Wettbewerbsrecht und Energiewirtschaft, in: ders., Rechtsfragen der Energiewirtschaft, Aufsätze von Hans Fischerhof, Band II, München 1966, S. 122-131;
(zitiert: Fischerhof, Europäisches Wettbewerbsrecht und Energiewirtschaft)

Fischerhof, Hans — Wettbewerb in der Energiewirtschaft und das Gesetz gegen Wettbewerbsbeschränkungen, in: ders., Rechtsfragen der Energiewirtschaft, Band II, München 1966, S. 102-116;
(zitiert: Fischerhof, Wettbewerb in der Energiewirtschaft und das Gesetz gegen Wettbewerbsbeschränkungen)

Fischerhof, Hans — Gesetz gegen Wettbewerbsbeschränkungen und Energiewirtschaft, Fragen der Vertragspraxis, in: ders., Rechtsfragen der Energiewirtschaft, Band II, München 1966, S. 80-101;
(zitiert: Fischerhof, Gesetz gegen Wettbewerbsbeschränkungen und Energiewirtschaft - Fragen der Vertragspraxis)

Frenz, Walter — Deutsche Umweltgesetzgebung und Sustainable Development, ZG 1999, S. 143-160;

(zitiert: Frenz, ZG 1999)

Frenz, Walter Nationalstaatlicher Umweltschutz und EG-Wettbewerbsfreiheit: Beschränkungen von Art. 85, 86 EGV und ihre Rechtfertigung durch den Umweltschutz als eigenständigen Rechtfertigungsgrund im Lichte des Subsidiaritätsprinzips, Köln, Berlin, Bonn, München 1997, 132 Seiten, Schriften zum deutschen und europäischen Umweltrecht Band 9;
(zitiert: Nationalstaatlicher Umweltschutz und EG-Wettbewerbsfreiheit)

Friauf, Karl-Heinrich Das Stromeinspeisungsgesetz als Mittel einer unzulässigen Zwangssubventionierung zu Lasten privater Unternehmen, ET 1995, S.597-599;
(zitiert: Friauf, ET 1995)

Fritzsche, Jörg "Notwendige" Wettbewerbsbeschränkungen im Spannungsfeld von Verbot und Freistellung nach Art. 85 EGV, ZHR 160 (1996) S.31-58;
(zitiert: Fritzsche, ZHR 1996)

von Gamm Otto-Friedrich Frhr. von Gamm, Kartellrecht, Kommentar zum Gesetz gegen die Wettbewerbsbeschränkungen und zu Art. 85, 86 EWGV, 2. Auflage, Köln, Berlin, Bonn, München 1990, 1046 Seiten;
(zitiert: von Gamm)

Gattinger, Matthias /Halbritter, Josef CO_2-Emissionen bei der Stromerzeugung, Weltweite Betrachtung unter besonderer Berücksichtigung der Kernenergie, ET 1990, S. 634-639;
(zitiert: Gattinger/Halbritter, ET 1990)

Geiger, Rudolf EG-Vertrag, Kommentar, 2. Auflage, München 1995, 920 Seiten;

(zitiert: Geiger, EG-Vertrag)

Gemeinschaftskommentar Gesetz gegen die Wettbewerbsbeschränkungen und Europäisches Kartellrecht, Gemeinschaftskommentar, begründet von Hans Müller-Henneberg und Gustav Schwartz, herausgegeben von Werner Benisch,

§ 1-4 GWB, 4. Auflage,
1. Lieferung 1980, Köln, Berlin, Bonn, München;

§§ 102a-109 GWB, 3. Auflage,
12. Lieferung 1980,
Köln, Berlin, Bonn, München;
(zitiert: Bearbeiter, in: Gemeinschaftskommentar)

Gerberding, Matthias Das Energierecht der DDR, RdE 1990, S. 70-74;
(zitiert: Gerberding, RdE 1990)

Glaeser, Bernhard Umweltpolitik zwischen Reparatur und Vorbeugung: eine Einführung am Beispiel der Bundesrepublik im internationalen Kontext, Opladen 1989, 153 Seiten;
(zitiert: Glaeser, Umweltpolitik zwischen Reparatur und Vorbeugung)

Götz, Volkmar Europäische Gesetzgebung durch Richtlinien, NJW 1992, S. 1849-1857;
(zitiert: Götz, NJW 1992)

Grabosch, Volker Zur Aufnahme einer Umweltverträglichkeitsprüfung in das Verfahren nach § 4 des Energiewirtschaftsgesetzes, DVBl. 1989, S. 390-393;
(zitiert: Grabosch, DVBl. 1989)

Grabitz/Hilf Kommentar zur Europäischen Union, Vertrag über die Europäische Union,

	Vertrag zur Gründung der Europäischen Gemeinschaft, herausgegeben von Eberhard Grabitz und Meinhard Hilf, Loseblattsammlung, Stand: Juli 1997, München, Band I: Art. 1-189e, (zitiert: Bearbeiter, in: Grabitz/Hilf)
Graf, Hans	Der Produktionsfaktor Energie muß wettbewerbsfähiger werden - Kritik und Aussagen der industriellen Energiewirtschaft aus der Sicht des Jahres 1988, VIK-Mitteilungen 1988, S. 142-146; (zitiert: Graf, VIK-Mitteilungen 1988)
Gramm, Christof	Zur Gesetzgebungskompetenz des Bundes für ein Umweltgesetzbuch, DÖV 1999, S. 540-549; (zitiert: Gramm, DÖV 1999)
Grawe, Joachim	Umweltschutz und Energiepolitik, RdE 1993, S. 85-91; (zitiert: Grawe, RdE 1993)
Grawe, Joachim	Die ökologische Verträglichkeit unserer Energieträger, ET 1990, S. 568-578; (zitiert: Grawe, ET 1990)
Groeben /Thiesing /Ehlermann	Kommentar zum EWG-Vertrag, Band 2, Art. 85-109, 4. Auflage, Baden-Baden 1991, 3119 Seiten; Band 3, Art. 110-188, 4. Auflage, Baden-Baden 1991, 493 Seiten; (zitiert: Bearbeiter, in: Groeben /Thiesing/Ehlermann)
Gröner, Helmut	Überlegungen zum Fortbestand geschlossener Versorgungsgebiete in einem EG-Binnenmarkt für Elektrizität, ZfE 1989, S. 22-25; (zitiert: Gröner, ZfE 1989)

Gröner, Helmut — Die Ordnung der deutschen Elektrizitätswirtschaft, Baden-Baden 1975, 496 Seiten, Dissertation Bonn; (zitiert: Gröner, Die Ordnung der deutschen Elektrizitätswirtschaft)

Gröner, Helmut /Smeets, Hans-Dieter — Regulierung der leitungsgebundenen Energiewirtschaft, in: Krakowski, Michael (Hrsg.), Regulierung in der Bundesrepublik Deutschland, Die Ausnahmebereiche des Gesetzes gegen die Wettbewerbsbeschränkungen, Hamburg 1988, S. 117-193; (zitiert: Gröner/Smeets, Regulierung der leitungsgebundenen Energiewirtschaft)

Gründing, Franz-Josef /Pick, Hartmut — Die europäische Energiewirtschaft vor dem Binnenmarkt, ZfE 1990, S. 1-15; (zitiert: Gründing/Pick, ZfE 1990)

Grunwald, Jürgen — Tschernobyl und das Gemeinschaftsrecht, EuR 1986, S. 315-339; (zitiert: Grunwald, EuR 1986)

Häberle, Peter — „Wirtschaft“ als Thema neuerer verfassungsstaatlicher Verfassung, Jura 1987, S. 577-584; (zitiert: Häberle, Jura 1987)

Hagenmeyer, Ernst — Strom-Europa dehnt sich aus: gigantischer Energiemarkt in Sicht, Neue Märkte und neue Player forcieren Strukturwandel in der deutschen Stromwirtschaft, ET 1996, S.432-435; (zitiert: Hagenmeyer, ET 1996)

Hailbronner, Kay — Umweltrecht und Umweltpolitik in der EG 1991, Linz 1991; (zitiert: Hailbronner, Umweltrecht und Umweltpolitik)

Hancher, Leigh Die Almelo-Entscheidung des Europäischen Gerichtshofs, Hintergrund, Bewertung, mögliche Auswirkungen, ET 1995, S. 68-76; (zitiert: Hancher, ET 1995)

Handbuch des Umweltrechts Himmelmann, Steffen/Pohl, Andreas /Tünnesen-Harms, Peter (Hrsg.), München, Stand: Januar 1998; (zitiert: Bearbeiter, in: Handbuch des Umweltrechts)

Hansmeyer, Karl-Heinrich Energie und Umwelt - Verhandlungen und Ergebnisse der 11. Weltenergiekonferenz, ZfU 1981, S. 119-136; (zitiert: Hansmeyer, ZfU 1981)

Harms, Wolfgang Zur Anwendung der Schutzklauseln für Öko-, KWK- und Braunkohlestrom im Neuregelungsgesetz vom 24.4. 1998, RdE 1999, S. 165-176; (zitiert: Harms, RdE 1999)

Harms, Wolfgang Wettbewerb in der leitungsgebundenen Energiewirtschaft im Hinblick auf den europäischen Binnenmarkt, ZfE 1989, S. 13-21; (zitiert: Harms, ZfE 1989)

Harms, Wolfgang (Hrsg.) Atomstrom aus Frankreich, Zur Schaffung eines Binnenmarktes für Strom; Versorgungskonzepte – Planungen und Realisierung; Ungleichbehandlung bei Konzessionsabgaben; Vorträge und Diskussionen des Energierechtsgesprächs am 12./13. Mai 1987, Köln Berlin Bonn München 1987; (zitiert: Harms, Atomstrom aus Frankreich)

Harms, Wolfgang /Metzenthin, Andreas Energie und Recht, in: Dieter Schmitt, Heinz Heck (Hrsg.), Handbuch Energie, Pfullingen 1990, S. 269-279;

(zitiert: Harms/Metzenthin, Energie und Recht)

Hartkopf, Günter Emmissionsbegrenzung bei Feuerungsanlagen - Bilanz und Perspektiven, NuR 1984, S. 128-131; (zitiert: Hartkopf, NuR 1984)

Heinz, Kersten Die geplante Staatszielbestimmung Umweltschutz, Ein Weg zu einem besseren Grundgesetz ?, ZfU 1988, S. 1-31; (zitiert: Heinz, ZfU 1988)

Henke, Jörg EuGH und Umweltschutz: die Auswirkungen der Rechtsprechung des Gerichtshofs der Europäischen Gemeinschaften auf das Umweltschutzrecht, München 1992, 317 Seiten; (zitiert: Henke, EuGH und Umweltschutz)

Henneke, Hans-Günter Der Schutz der natürlichen Lebensgrundlagen in Art. 20a GG, Inhalt und Wirkungen einer ausbalancierten Staatszielbestimmung, NuR 1995, S.325-335; (zitiert: Henneke, NuR 1995)

Hermann, Hans Peter Privatisierung der britischen Elektrizitätswirtschaft, Von der nationalisierten zur administrativ regulierten Elektrizitätswirtschaft, ET 1988, S. 886-892; (zitiert: Hermann, ET 1988)

Hermann, Hans Peter Ordnungsgrundlagen der Elektrizitätswirtschaft in den Mitgliedsstaaten der Europäischen Gemeinschaft, RdE 1988, S. 110-119; (zitiert: Hermann, RdE 1988)

Hermann, Hans Peter Energieversorgungskonzepte im Spannungsfeld zwischen Politik und Recht, DÖV 1985, S. 337-345; (zitiert: Hermann, DÖV 1985)

Hermes, Georg Kommunale Energieversorgung zwischen hoheitlicher Aufgabenwahrnehmung und wirtschaftlicher Betätigung Privater, Der Staat 1992 (31), S. 281-304; (zitiert: Hermes, Der Staat 1992)

Hermes, Georg Das Grundrecht auf Schutz von Leben und Gesundheit, Schutzpflicht und Schutzanspruch aus Art. 2 Abs. 2 Satz 1 GG, Heidelberg 1987, 307 Seiten, Freiburger Rechts- und Staatswissenschaftliche Abhandlungen Band 46; (zitiert: Hermes, Das Grundrecht)

Hesse, Konrad Grundzüge des Verfassungsrechts der Bundesrepublik Deutschland, 20. Aufl., 320 Seiten, Heidelberg 1999; (zitiert: Hesse, Grundzüge)

Hildebrand, Manfred Rauchgasreinigung bei Kraftwerken, Aktueller Stand und Ausblick, ET 1987, S. 149-157; (zitiert: Hildebrand, ET 1987)

Hildemann, Hans-Joachim Die Rechtsprechung des Bundesgerichtshofs zu den Energieversorgungsverträgen, WM 1976, S. 1294-1305; (zitiert: Hildemann, WM 1976)

Hill, Hermann Bemühungen zur Verbesserung der Gesetzgebung, ZG 1993, S. 1-11; (zitiert: Hill, ZG 1993)

Hill, Hermann Das Verhältnis des Bürgers zum Gesetz, DÖV 1988, S. 666-670; (zitiert: Hill, DÖV 1988)

Hochleitner, Ferdinand
Die Kompetenzen der Europäischen Wirtschaftsgemeinschaft auf dem Gebiet des Umweltschutzes, Wien 1990, Dissertation Linz 1988, 219 Seiten; (zitiert: Hochleitner, Die Kompetenzen)

Hölzer, Frank
Der Energiesektor zwischen Marktwirtschaft und öffentlicher Aufgabe – Möglichkeiten und Grenzen staatlicher Steuerung unter besonderer Berücksichtigung des Gesetzes zur Neuregelung des Energiewirtschaftsrechts und des Europarechts, Köln, Berlin, Bonn, München 2000, Dissertation Berlin Humboldt-Uni. 1998, 382 Seiten; (zitiert: Hölzer, Der Energiesektor zwischen Marktwirtschaft und öffentlicher Aufgabe)

Hoffert, Ursula
Europarecht und nationale Umweltpolitik: nationale Abweichungsmöglichkeiten von der gemeinschaftsrechtlichen Rechtsangleichung und Ausnahmen vom Grundsatz des freien Warenverkehrs am Beispiel des Umweltschutzrechts, Wien, New York 1993, 144 Seiten, Dissertation Wien 1992/93; (zitiert: Hoffert, Europarecht und nationale Umweltpolitik)

Hoffmann, Egon
Energieversorgung im Zielkonflikt, Versorgungssicherheit – Preiswürdigkeit - Umweltschutz, ET 1984, S.447 - 453; (zitiert: Hoffmann, ET 1984)

Hoffmann, Egon
Bund und Länder in der Energiepolitik, WiVerw 1983, S. 98-118; (zitiert: Hoffmann, WiVerw 1983)

Hoffmann-Riem, Wolfgang Umweltschutz als Gesellschaftsziel - illustriert an Beispielen aus der Energiepolitik, Gewerbearchiv 1996, S.1-6;
(zitiert: Hoffmann-Riem, Gewerbearchiv 1996)

Hoffmann-Riem, Wolfgang /Schneider, Jens-Peter Umweltpolitische Steuerung in einem liberalisierten Strommarkt, Baden-Baden 1995, 292 Seiten;
(zitiert: Hoffmann-Riem/Schneider, Umweltpolitische Steuerung in einem liberalisierten Strommarkt)

Hohlefelder, Walter Zusammenfluß technischer, wirtschaftlicher und rechtlicher Aspekte in ausgewählten Bereichen des Atomrechts, ET 1985, S. 709-717;
(zitiert: Hohlefelder, ET 1985)

Hoppe, Werner /Beckmann, Martin Umweltrecht: juristisches Kurzlehrbuch für Studium und Praxis, München 1989, 579 Seiten;
(zitiert: Hoppe/Beckmann, Umweltrecht)

Hucko, Elmar Matthias Zum Stromeinspeisungsgesetz, zum Verfassungsrecht als Nothelfer und zur Rechtskultur der alten Griechen, - Eine Erwiderung auf Arndt in RdE 1995, 41 - RdE 1995, S. 141-142;
(zitiert: Hucko, RdE 1995)

Hüffer, Uwe /Ipsen, Knut /Tettinger, Peter J. Die Transitrichtlinien für Gas und Elektrizität: eine Studie zu den rechtlichen Schranken bei der Verwirklichung des Binnenmarktes für Energie, unter Mitarbeit von Johann-Christian Pielow, Stuttgart, München, Hannover 1991, 368 Seiten;
(zitiert: Hüffer/Ipsen/Tettinger, Die Transitrichtlinien)

Immenga, Ulrich | Nationale Ausnahmeregelungen vom Recht der Wettbewerbsbeschränkungen als Verstoß gegen Gemeinschaftsrecht ?, in: Festschrift für Ernst Steindorff zum 70. Geburtstag am 13. März 1990, herausgegeben von Jürgen F. Baur, Klaus J. Hopt, K. Peter Mailänder, Bonn, New York 1990, S. 967-978;
(zitiert: Immenga, FS Steindorff)

Immenga, Ulrich /Mestmäcker, Ernst-Joachim | EG-Wettbewerbsrecht, Kommentar, Band I, München 1997,1467 Seiten;
(zitiert: Bearbeiter, in: Immenga /Mestmäcker, EG-Wettbewerbsrecht)

Immenga, Ulrich /Mestmäcker, Ernst-Joachim | Gesetz gegen die Wettbewerbsbeschränkungen, Kommentar zum Kartellgesetz, 2. Auflage, München 1992;
(zitiert: Bearbeiter, in: Immenga /Mestmäcker, GWB)

International Energy Agency | The Role of IEA Governments in Energy, 1996 Update, Paris 1996, 358 Seiten;
(zitiert: International Energy Agency, The Role of IEA Governments in Energy)

International Energy Agency | Energy Policies of IEA Countries, 1996 Review, Paris 1996, 353 Seiten;
(zitiert: International Energy Agency, Energy Policies of IEA Countries)

Ipsen, Hans Peter | Europäisches Gemeinschaftsrecht, Tübingen 1972, 1092 Seiten;
(zitiert: Ipsen, Europäisches Gemeinschaftsrecht)

Isensee, Josef | Handbuch des Staatsrecht der Bundesrepublik /Kirchhof, Paul Deutschland, Heidelberg ,

Band III, Handeln des Staates, 1996;
Band VI, Freiheitsrechte, 1989;
(zitiert: Bearbeiter, in: Isensee /Kirchof)

Jahns-Böhm, Jutta /Breier, Siegfried Die umweltrechtliche Querschnittsklausel des Art. 130r II 2 EWGV, Eine Untersuchung am Beispiel der Güterverkehrspolitik der Europäischen Gemeinschaft, EuZW 1992, S. 49-55;
(zitiert: Jahns-Böhm/Breier, EuZW 1992)

Jarass, Hans D. Wirtschaftsverwaltungsrecht und Wirtschaftsverfassungsrecht, 3. Auflage, Neuwied, Kriftel, Berlin 1997, mitbearbeitet von Matthias Locher, 358 Seiten;
(zitiert: Jarass, Wirtschaftsverwaltungsrecht und Wirtschaftsverfassungsrecht)

Jarass, Hans D. Auslegung und Umsetzung der EG-Richtlinie zur Umweltverträglichkeitsprüfung: konkretisiert anhand der Probleme im Abfallrecht, Baden-Baden 1989, 99 Seiten, Schriftenreihe Europäisches Recht, Politik und Wirtschaft Band 134;
(zitiert: Jarass, Auslegung und Umsetzung der EG-Richtlinie zur Umweltverträglichkeitsprüfung)

Jarass, Hans D. Kommentar zum Bundes-Immissionsschutzgesetz, 4. Auflage, München 1999, 1389 Seiten;
(zitiert: Jarass, Bundesimmissionsschutzgesetz)

Jarass, Hans D. Formen staatlicher Einwirkungen auf die Energiewirtschaft, Der Staat 1978 (17), S. 507-526;
(zitiert: Jarass, Der Staat 1978)

Jarre, Jan Ökonomische Interdependenzen zwischen Umweltschutz und Wettbewerb, ZfU 1978, S. 71-94;
(zitiert: Jarre, ZfU 1978)

Jung, Volker Energiepolitische Positionen der kommunalen Versorgungswirtschaft, Der Städtetag 1995, S. 849-853;
(zitiert: Jung, Der Städtetag 1995)

Kahl, Wolfgang Umweltprinzip und Gemeinschaftsrecht: eine Untersuchung zur Rechtsidee des "bestmöglichen Umweltschutzes" im EWG-Vertrag, Heidelberg 1993, 380 Seiten, Augsburger Rechtsstudien Band 17;
(zitiert: Kahl, Umweltprinzip und Gemeinschaftsrecht)

Karpen, Ulrich Gesetzgebungs-, Verwaltungs- und Rechtsprechungslehre: Beiträge zur Entwicklung einer Regelungstheorie, Baden-Baden 1989;
(zitiert: Karpen, Gesetzgebungs-, Verwaltungs- und Rechtsprechungslehre)

Karpen, Ulrich Zu einem Grundrecht auf Umweltschutz, in: Thieme, Werner (Hrsg.), Umweltschutz im Recht, im Auftrag des Collegiums Hamburger Professoren des Öffentlichen Rechts, Berlin 1988, S. 9-24;
(zitiert: Karpen, Grundrecht auf Umweltschutz)

Katz, Alfred Staatsrecht, Grundkurs im öffentlichen Recht, 14. Auflage, Heidelberg 1999, 414 Seiten;
(zitiert: Katz, Staatsrecht)

Kilian, Wolfgang Europäisches Wirtschaftsrecht: EG-Wirtschaftsrecht und seine Bezüge zum deutschen Recht; ein Studienbuch, München 1996, 351 Seiten; (zitiert: Kilian, Europäisches Wirtschaftsrecht)

Kimminich, Otto /Lersner, Heinrich Frhr. v. /Storm, Peter-Christoph (Hrsg.) Handwörterbuch des Umweltrechts, I. Band, 2. Auflage, Berlin 1994; II. Band, 2. Auflage, Berlin 1994; (zitiert: Bearbeiter, in: Kimminich/von Lersner/Storm, HdUR)

Kitschelt, Herbert Politik und Energie: Energie – Technologiepolitiken in den USA, der Bundesrepublik Deutschland, Frankreich und Schweden, Frankfurt am Main, New York 1983, 472 Seiten; (zitiert: Kitschelt, Politik und Energie)

Kiwitt, Wilhelm Großverbundsysteme in Europa, Fakten und Grenzen, ET 1990, S. 761-769; (zitiert: Kiwitt, ET 1990)

Klados, Charalabos Umweltschutz als Freistellungsgrund im Gemeinschaftskartellrecht, Hamburg 1999, Dissertation Trier; (zitiert: Klados, Umweltschutz als Freistellungsgrund)

Klätte, G. Wettbewerb und EG-Binnenmarkt, Physikalisch-technische Konsequenzen für die Stromversorgung, ET 1988, S. 412-421; (zitiert: Klätte, ET 1988)

Klaue, Siegfried Netzzugang als neuer GWB-Tatbestand, in: Forschungsinstitut für Wirtschaftsverfassung und Wettbewerb e. V. Köln (Hrsg.), Schwerpunkte des Kartellrechts 1998, Referate des XXVI. FIW-Seminars mit zusätzlichen Beiträgen, Köln Bonn Berlin München 1999, S. 23-32;

	(zitiert: Klaue, Netzzugang als neuer GWB-Tatbestand)
Klaue, Siegfried	Strukturfragen der deutschen Elektrizitätswirtschaft, RdE 1986, S. 174-176; (zitiert: Klaue, RdE 1986)
Klinger, Heinz	Brauchen wir ein neues Energiewirtschaftsgesetz?, RdE 1985, S. 138-144; (zitiert: Klinger, RdE 1985)
Klinger, Heinz	Energieversorgung und Umweltschutz, WiVerw 1985, S. 147-167; (zitiert: WiVerw 1985)
Kloepfer, Michael	Umweltrecht, unter Mitarbeit von Thilo Brandner, 2. Auflage, München 1998, 1416 Seiten; (zitiert: Kloepfer, Umweltrecht)
Kloepfer, Michael	Verfassungsänderung statt Verfassungsreform, Zur Arbeit der Gemeinsamen Verfassungskommission, 2. Auflage, Berliner Juristische Universitätsschriften Öffentliches Recht Band 1, Berlin 1996, 173 Seiten; (zitiert: Kloepfer, Verfassungsänderung statt Verfassungsreform)
Kloepfer, Michael	Umweltschutz und Verfassungsrecht, - Zum Umweltschutz als Staatspflicht, DVBl. 1988, S. 305-316; (zitiert: Kloepfer, DVBl. 1988)
Kloepfer, Michael	Europäischer Umweltschutz ohne Kompetenz, - Ein Diskussionsbeitrag zu den Zuständigkeitsfragen der EG-Umweltpolitik -, UPR 1986, S. 321-326; (zitiert: Kloepfer, UPR 1986)

Kloepfer, Michael	Umweltschutz als Kartellprivileg? Kartellrechtsfragen zum Umweltschutz -, JZ 1980, S. 781-790; (zitiert: Kloepfer, JZ 1980)
Kloepfer, Michael	Zum Grundrecht auf Umweltschutz, Berlin 1978, 39 Seiten; (zitiert: Kloepfer, Zum Grundrecht auf Umweltschutz)
Kloepfer, Michael /Kunig, Philip /Rehbinder, Eckard /Schmidt-Aßmann, Eberhard	Zur Kodifikation des Allgemeinen Teils eines Umweltgesetzbuches (UGB-AT), DVBl. 1991, S.339-346; (zitiert: Kloepfer/Kunig/Rehbinder /Schmidt-Aßmann, DVBl. 1991)
Kloepfer, Michael /Rehbinder, Eckard /Schmidt-Aßmann, Eberhard	Umweltgesetzbuch: allgemeiner Teil, Forschungsbericht 10106028/01-03, unter Mitwirkung von Philip Kunig, im Auftrag des Umweltbundesamtes, Berlin 1991, 504 Seiten; (zitiert: Kloepfer/Rehbinder/Schmidt-Aßmann, Umweltgesetzbuch)
Klopfer, Thomas	Märkte für Strom - Internationale Erfahrungen und Übertragbarkeit auf Deutschland, VIK-Mitteilungen 1993, S. 86-90; (zitiert: Klopfer, VIK-Mitteilungen 1993)
Knoepfle, Robert	Kurzkommentar zum Beschluß des BGH vom 11. 3. 1997 - KZR 2/96, ZIP 1997, 993 (OLG Düsseldorf), EWIR 11/1997, S. 509-510; (zitiert: Knoepfle, EWIR 11/1997)
Koch, H.-J. /Behrend, Claudia	Klimaschutz im geltenden Umwelt-, recht NuR 1996, S.433-440; (zitiert: Koch/Behrend, NuR 1996)

Köck, Wolfgang Umweltschutzsichernde Betriebsorganisation als Gegenstand des Umweltrechts: Die EG- "Öko-Audit"-Verordnung, JZ 1995, S.643-650; (zitiert: Köck, JZ 1995)

Köck, Wolfgang Die Entdeckung der Organisation durch das Umweltrecht, Reflexionen zur "Öko-Audit"-VO der EG, ZUR 1995, S. 1-3; (zitiert: Köck, ZUR 1995)

Köhler, Helmut Abfallrückführungssysteme der Wirtschaft im Spannungsfeld von Umweltrecht und Kartellrecht, BB 1996, S. 2577 – 2582; (zitiert: Köhler, BB 1996)

Krämer, Ludwig Die Integrierung umweltpolitischer Erfordernisse in die gemeinschaftliche Wettbewerbspolitik, in: Rengeling, Hans-Werner (Hrsg.), Umweltschutz und andere Politiken der Europäischen Gemeinschaft, Erste Osnabrücker Gespräche zum deutschen und europäischen Umweltrecht, Köln, Berlin, Bonn, München 1992, Schriften zum deutschen und europäischen Umweltrecht, Band 1, S. 47-83; (zitiert: Krämer, Die Integrierung umweltpolitischer Erfordernisse)

Krämer, Ludwig Das "hohe Schutzniveau" für die Umwelt im EG-Vertrag, Industrielle Norm oder politische Vorgabe, ZUR 1997, S. 303-308; (zitiert: Krämer, ZUR 1997)

Krämer, Ludwig (Hrsg.) Umweltrecht der EG: Textsammlung, 2. Auflage, Baden-Baden 1995, 1316 Seiten; (zitiert: Krämer, Umweltrecht der EG)

Krämer, Ludwig /Kromarek, Pascale Europäisches Umweltrecht, Chronik vom 1. 10. 1991 bis 31. 3. 1995, Beilage zur ZUR 3/95, S. I-XVI; (zitiert: Krämer/Kromarek, Beilage zur ZUR 3/95)

Kübler, Knut Externe Kosten und Standortsicherung - eine energiepolitische Gestaltungsaufgabe, ET 1995, S.492-496; (zitiert: Kübler, ET 1995)

Kühne, Gunther Der Netzzugang und seine Verweigerung im Spannungsfeld zwischen Zivilrecht, Energierecht und Kartellrecht, RdE 2000, S. 1-7; (zitiert: Kühne, RdE 2000)

Kühne, Gunther /Scholtka, Boris Das neue Energiewirtschaftsrecht, NJW 1998, S. 1902-1909; (zitiert: Kühne/Scholtka, NJW 1998)

Kuhnt, Dietmar Energieversorgungsunternehmen – Gestaltungsspielräume bei staatlicher Aufsicht, in: Berg- und Energierecht vor den Fragen der Gegenwart, Festschrift für Fritz Fabricius zum 70. Geburtstag, Stuttgart, München, Hannover 1989, S. 235-250; (zitiert: Kuhnt, FS Fabricius)

Kuhnt, Dietmar Probleme des Stromimports aus der Sicht deutscher Stromerzeuger, in: Harms, Wolfgang (Hrsg.), Atomstrom aus Frankreich, Vorträge und Diskussionen des Energierechtsgesprächs am 12./13. Mai 1987, Berliner Beiträge zum Wirtschaftsrecht Band 2, Köln, Berlin, Bonn, München 1987, S. 9-19; (zitiert: Kuhnt, Probleme des Stromimports aus der Sicht deutscher Stromerzeuger)

Kuhnt, Dietmar Reformüberlegungen zum Energiewirtschafts- und Immissionsschutzrecht? ET 1984, S. 173; (zitiert: Kuhnt, ET 1984)

Kulartz, Hans-Peter Kommunale Gebietsreform und Energieversorgung, Baden-Baden 1982, 168 Seiten, Dissertation Frankfurt am Main; (zitiert: Kulartz, Kommunale Gebietsreform und Energieversorgung)

Lamprecht, F. GEE-Jahrestagung: Energiepolitik zwischen fehlendem Konsens, Klimaschutz und niedrigen Energiepreisen, ET 1995, S.615; (zitiert: Lamprecht, ET 1995)

Lamprecht, Franz Wettbewerb und Regulierung in der britischen Elektrizitätswirtschaft, ET 1992, S. 775-779; (zitiert: Lamprecht, ET 1992)

Lang, Gerhard EG-Strompreise 1992 im Vergleich, ET 1992, S. 693-697; (zitiert: Lang, ET 1992)

Lang, Gerhard Das Strompreisniveau in den EG-Ländern 1991, ET 1991, S.672-677; (zitiert: Lang, ET 1991)

Langen/Bunte Kommentar zum deutschen und europäischen Kartellrecht, herausgegeben von Hermann-Josef Bunte, Neuwied Kriftel Berlin 1998, 8. Aufl., 2265 Seiten; (zitiert: Bearbeiter, in: Langen/Bunte, Kartellrecht)

Langen/Niederleithinger /Ritter/Schmidt Kommentar zum Kartellgesetz: Gesetz gegen die Wettbewerbsbeschränkungen mit Erläuterungen für die Praxis unter Einbeziehung des EG-

Kartellrechts, begründet von Eugen Langen, fortgeführt von Ernst Niederleithinger, 6. Auflage, Neuwied, Darmstadt 1982, 1918 Seiten; (zitiert: Langen/Niederleithinger /Ritter/Schmidt)

Langer, Stefan Durchleitung von Energie gemäß § 103 Abs.5 GWB, Zum Beschluß des Bundesgerichtshofs im Falle "VNG /WIEH", ET 1995, S. 395-400; (zitiert: Langer, ET 1995)

Lauriol, Thierry Electricity Liberalisation in the European Union, Law & Commentary, London 1998, 196 Seiten; (zitiert: Lauriol, Electricity Liberalisation in the European Union, Law & Commentary)

Lecheler, Helmut Die Umsetzung der Elektrizitäts-Binnenmarktrichtlinie in Frankreich: Hat der französische Gesetzgeber die gemeinschaftsrechtlichen Vorgaben erfüllt?, RdE 2000, S. 165-177; (zitiert: Lecheler/Gundel, RdE 2000)

Le Nestour, Chantal /Zinow, Bernd-Michael Monopolstrukturen in der Elektrizitätsversorgung und europäisches Recht, Eine Betrachtung unter besonderer Berücksichtigung der Fälle Corbeau und Almelo, ET 1995, S. 78-83; (zitiert: Le Nestour/Zinow, ET 1995)

Le Nestour /Zinow, Bernd-Michael Rechtsfragen des « Service Public », RdE 1994, S. 170-174 ; (zitiert: Le Nestour/Zinow, RdE 1994)

Lenz, Carl Otto (Hrsg.) Kommentar zu dem Vertrag zur Gründung der Europäischen Gemeinschaft, Köln, Basel, Wien 1994, 1548 Seiten; (zitiert: Bearbeiter, in: Lenz, EGV-Kommentar)

Lewington, Ilka /Weisheimer, Martin Lehren aus der britischen Elektrizitätswirtschaftsreform, ET 1995, S.591-596;
(zitiert: Lewington/Weisheimer, ET 1995)

Liesen, Klaus Energiewirtschaft und Europa – Perspektiven und Probleme, ZfE 1988, S. 6-10;
(zitiert: Liesen, ZfE 1988)

Lindemann, Hans-Heinrich /Köster, Kristina Energiewirtschaft auf dem Weg zu mehr Wettbewerb - Zum Regierungsentwurf für ein neues Energiewirtschaftsgesetz (EnWG) -, DVBl. 1997, S. 527-534;
(zitiert: Lindemann/Köster, DVBl. 1997)

Linkohr, Rolf Wie erfüllt die Europäische Union ihre Kyoto-Verpflichtung?, RdE 2000, S. 209-210;
(zitiert: Linkohr, RdE 2000)

Lippert, Axel Offener europäischer Strommarkt 1992 ?, Wettbewerbsfähige Strompreise für industrielle Großverbraucher, in: Harms, Wolfgang (Hrsg.), Atomstrom aus Frankreich, Zur Schaffung eines Binnenmarktes für Strom; Versorgungskonzepte – Planungen und Realisierung; Ungleichbehandlung bei Konzessionsabgaben; Vorträge und Diskussionen des Energierechtsgesprächs am 12./13. Mai 1987, Köln Berlin Bonn München 1987; S. 21-25;
(zitiert: Lippert, Offener europäischer Strommarkt 1992?)

Löwer, Wolfgang Energieversorgung zwischen Staat, Gemeinde und Wirtschaft, in: Schriftenreihe Recht - Technik - Wirtschaft,

Band 53, Köln, Berlin, Bonn, München 1989, 254 Seiten;
(zitiert: Löwer, Energieversorgung zwischen Staat, Gemeinde und Wirtschaft)

Löwer, Wolfgang
Energiewirtschaft und Energieversorgung, in: Kurt G.A. Jeserich/Hans Pohl/Georg-Christoph Unruh (Hrsg.), Deutsche Verwaltungsgeschichte, Band V: Die Bundesrepublik Deutschland, 1987, S. 817-843;
(zitiert: Löwer, Energiewirtschaft und Energieversorgung)

Lücke, Jörg
Das Grundrecht des einzelnen gegenüber dem Staat auf Umweltschutz, DÖV 1976, S. 289-296;
(zitiert: Lücke, DÖV 1976)

Lückenbach, Andreas
„Anzuerkennendes Interesse“ für Wettbewerbsbeschränkungen in Lieferverträgen zwischen Energieversorgungsunternehmen (EVU)?, RdE 2000, 101-107;
(zitiert: Lückenbach, RdE 2000)

Ludwig, Wolfgang /Odenthal, Hans
Lexikon des Rechts der Energie- und Wasserversorgung, Kommentar, Loseblatt, Neuwied, Stand: Juni 1999;
(zitiert: Ludwig/Odenthal)

Lukes, Rudolf
Aktivitäten der EG auf dem Strom- und Gassektor, DB 1989, S. 2057-2061;
(zitiert: Lukes, DB 1989)

Lukes, Rudolf
Gesetzgebung und Rechtsprechung im Prioritätskonflikt zwischen Energiebedarf und Umweltschutz, ZfE 1978, S. 310-316;
(zitiert: Lukes, ZfE 1978)

Lukes, Rudolf

Die Benutzung öffentlicher Wege zur Fortleitung elektrischer Energie, herausgegeben von der Vereinigung Deutscher Elektrizitätswerke, Frankfurt/Main 1973, 91 Seiten;
(zitiert: Lukes, Die Benutzung öffentlicher Wege zur Fortleitung elektrischer Energie)

Marcus, Peter /Baur, Jürgen F.

Anmerkungen zu den energie- und kartellrechtlichen Novellierungsvorschlägen des BMWi, ET 1994, S. 407-409;
(zitiert: Marcus/Baur, ET 1994)

Markert, Kurt

Schwerpunkte der Energie-Kartellrechtspraxis 1996, ET 1997, S.70-75;
(zitiert: Markert, ET 1997)

Markert, Kurt

Die Bedeutung der BGH-Entscheidung "Gasdurchleitung", Sichtweise des Bundeskartellamts, ET 1995, S. 400-402;
(zitiert: Markert, ET 1995)

Markert, Kurt

Neueste Entwicklungen im Energie-Kartellrecht, RdE 1995, S. 60-64;
(zitiert: Markert, RdE 1995)

Markert, Kurt

Durchleitung von Strom und Gas nach geltendem deutschen Kartellrecht, BB 1994, S. 1645-1650;
(zitiert: Markert, BB 1994)

Markert, Kurt

Stromversorgung und europäischer Binnenmarkt unter kartellrechtlichem Aspekt, VIK-Mitteilungen 1989, S. 12-17;
(zitiert: Markert, VIK-Mitteilungen 1989)

Markert, Kurt

Stellungnahme zum Thema Stromimporte in die Bundesrepublik Deutsch-

land, insbesondere nach Nordrhein-Westfalen, und mögliche energiewirtschaftliche Konsequenzen", in: Harms, Wolfgang (Hrsg.), Atomstrom aus Frankreich, Vorträge und Diskussionen des Energierechtsgesprächs am 12./13. Mai 1987, Berliner Beiträge zum Wirtschaftsrecht Band 2, Köln, Berlin, Bonn, München 1987, S. 75-83 ;
(zitiert: Markert, Stellungnahme zum Thema Stromimporte)

Masuhr, Klaus P. Kostenwahrheit ohne Staat?, ET 1995, S. 487-490;
(zitiert: Masuhr, ET 1995)

Maunz, Theodor /Dürig, Günter Grundgesetz, Kommentar, München, Stand: Februar 1999;
(zitiert: Bearbeiter: in: Maunz/Dürig)

Mélin-Soucramanien, Ferdinand Les Pouvoirs Speciaux Conférés à la Commission en Matière de Concurrence par l'Article 90, § 3, du Traité de Rome, Revue du Marché commun et de l'Union européene, no. 382, 1994, S. 601-610;
(zitiert: Mélin-Soucramanien, Revue du Marché commun et de l'Union européene 1994)

Metzenthin, Andreas Wettbewerb durch EG-Stromimporte: zum Fortbestand geschlossener Versorgungsgebiete nach deutschem und europäischem Recht, Berliner Beiträge zum Wirtschaftsrecht, Köln, Berlin, Bonn, München 1992, 244 Seiten, Dissertation FU Berlin 1991;
(zitiert: Metzenthin, Wettbewerb durch EG- Stromimporte)

Meyer-Abich, Jann Anmerkung zum Urteil des OVG Münster vom 7. 7. 1976 - VII A 1804/75, NJW 1976, S. 2365-2366; (zitiert: Meyer-Abich, NJW 1976)

Meyer-Teschendorf, Klaus-G. Verfassungsmäßiger Schutz der natürlichen Lebensgrundlagen, Empfehlung der Gemeinsamen Verfassungskommission für einen neuen Art. 20a GG, ZRP 1994, S. 73-79; (zitiert: Meyer-Teschendorf, ZRP 1994)

Michaelis, Hans CO_2 - eine neue Dimension der Energiepolitik, in: Festschrift für Rudolf Lukes zum 65. Geburtstag, herausgegeben von Herbert Leßmann, Bernhard Großfeld, Lothar Vollmer, Köln, Berlin, Bonn, München 1989, S. 121-128; (zitiert: Michaelis, FS Lukes)

Michaelis, Hans Energiepolitik und CO_2 , Zur Aktualität einer weltweiten Herausforderung, ET 1988, S. 850-856; (zitiert: Michaelis, ET 1988)

Michaelis, Hans Strom aus Frankreich, Elektrizitätswirtschaft 1987, S.749-757; (zitiert: Michaelis, Elektrizitätswirtschaft 1987)

Michaelis, Hans Energiemarkt im Wandel, Die deutsche Elektrizitätswirtschaft und ihr Umfeld, ET 1986, S. 188-195; (zitiert: Michaelis, ET 1986)

Michel, Lutz H. Umweltschutz als Staatsziel?, Zur Problematik der Aufnahme einer Umweltstaatszielbestimmung in das Grundgesetz, NuR 1988, S.272-284; (zitiert: Michel, NuR 1988)

Michel, Lutz H. Staatszwecke, Staatsziele und Grundrechtsinterpretation unter besonderer Berücksichtigung der Positivierung des Umweltschutzes im Grundgesetz, Frankfurt/Main 1986, 390 Seiten; (zitiert: Michel, Staatszwecke, Staatsziele und Grundrechtsinterpretation)

Michelsen, Gerd Kompetenzfragen der Umweltpolitik in der Deutschland, Frankfurt am Main, Las Vegas 1979, 198 Seiten, Europäische Hochschulschriften Band 209, Dissertation Freiburg/Breisgau; (zitiert: Michelsen, Kompetenzfragen der Umweltpolitik in der Bundesrepublik Deutschland)

Michler, Hans-Peter Zum Entwurf eines Umweltgesetzbuches, DVBl. 1999, S. 816-828; (zitiert: Michler, DVBl. 1999)

Middeke, Andreas Nationaler Umweltschutz im Binnenmarkt: rechtliche Möglichkeiten und Grenzen umweltrelevanter Alleingänge im Verhältnis zum freien Warenverkehr, Köln, Berlin, Bonn 1994, 433 Seiten, Schriften zum deutschen und europäischen Umweltrecht Band 3, Dissertation Osnabrück; (zitiert: Middeke, Nationaler Umweltschutz im Binnenmarkt)

Möller, Jürgen Verfassungsgemäß oder nicht? Stellungnahme aus dem Hessischen Ministerium für Wirtschaft und Technik, ET 1985, S. 627-631; (zitiert: Möller, ET 1985)

Mönig, Walter /Schmitt, Dieter /Schneider, Hans K. /Schürmann, Jürgen Konzentration und Wettbewerb in der Energiewirtschaft, in: Aktuelle Fragen der Energiewirtschaft Band 10, München 1977, 983 Seiten; (zitiert: Mönig/Schmitt/Schneider

/Schürmann, Konzentration und Wettbewerb in der Energiewirtschaft)

Möschel, Wernhard Energiepolitik im Umbruch, JZ 1989, S. 713-717;
(zitiert: Möschel, JZ 1989)

Möschel, Wernhard Energiepolitik im Umbruch, VIK-Mitteilungen 1989, S. 86-91; (zitiert: Möschel, VIK-Mitteilungen 1989)

Möschel, Wernhard Recht der Wettbewerbsbeschränkungen, Köln, Berlin, Bonn, München 1983, 756 Seiten;
(zitiert: Möschel, Recht der Wettbewerbsbeschränkungen)

Mombaur, Peter Michael EU-Binnenmarkt Strom - Durchbruch für Verbraucherrechte?, Zur 2. Lesung im Europäischen Parlament, ET 1996, S.704-707;
(zitiert: Mombaur, ET 1996)

Mombaur, Peter Michael Städte und Gemeinden auf dem Weg zum Europäischen Binnenmarkt, Die wirtschaftsverwaltungs- und umweltrechtliche Perspektive, WuR 1990, S.7-14;
(zitiert: Mombaur, WuR 1990)

Müller, Joachim A. Dienstleistungsmonopole im System des EWGV, Baden-Baden 1988, 259 Seiten, Dissertation Bayreuth;
(zitiert: Müller, Dienstleistungsmonopole im System des EWGV)

Münch, Ingo von /Kunig, Philip (Hrsg.) Grundgesetzkommentar,
Band 1, Präambel bis Art. 19, 5. Aufl., München 2000, 1135 Seiten;
Band 3, Art. 70 bis 146, 3. Aufl., München 1996, 1788 Seiten;

Murswiek, Dietrich Umweltrecht und Grundgesetz,

	Die Verwaltung 2000, S. 241-283; (zitiert: Murswiek, Die Verwaltung 2000)
Murswiek, Dietrich	Freiheit und Freiwilligkeit im Umweltrecht, - Mehr Umweltschutz durch weniger Reglementierung?, JZ 1988, S. 985-993; (zitiert: Murswiek, JZ 1988)
Murswiek, Dietrich	Umweltschutz - Staatszielbestimmung oder Grundsatznorm?, ZRP 1988, S. 14-20; (zitiert: Murswiek, ZRP 1988)
Murswiek, Dietrich	Zur Bedeutung der grundrechtlichen Schutzpflichten für den Umweltschutz, WiVerw 1986, S. 179-204; (zitiert: Murswiek, WiVerw 1986)
Mutius, Albert von	Staatszielbestimmung "Umweltschutz", WiVerw 1987, S. 51-67; (zitiert: von Mutius, WiVerw 1987)
Mutschler, Ulrich	Stromeinspeisung und ihre Vergütung - Ordnungspolititsche Überlegungen -, RdE 1995, S. 12-15; (zitiert: Mutschler, RdE 1995)
Nagel, Bernhard	Wirtschaftsrecht der Europäischen Union: eine Einführung, 2. Aufl., Baden-Baden 1999, 355 Seiten; (zitiert: Nagel, Wirtschaftsrecht der Europäischen Union)
Nicolaysen, Gerd	Umweltschutz im Europäischen Gemeinschaftsrecht, in: Thieme, Werner (Hrsg.), Umweltschutz im Recht, im Auftrag des Collegiums Hamburger Professoren des Öffentlichen Rechts, Berlin 1988, S. 197-212; (zitiert: Nicolaysen, Umweltschutz im Europäischen Gemeinschaftsrecht)

Niederleithinger, Ernst
Die Stellung der Versorgungswirtschaft im Gesetz gegen Wettbewerbsbeschränkungen, Düsseldorf 1968, 263 Seiten, Veröffentlichungen des Instituts für Energierecht an der Universität zu Köln, Band 18/19, Dissertation Köln 1967;
(zitiert: Niederleithinger, Die Stellung der Versorgungswirtschaft im GWB)

Obernolte, Wolfgang /Danner, Wolfgang
Energiewirtschaftsrecht, Energiewirtschaftsgesetz mit den Durchführungsbestimmungen, Nebengesetzen, Verordnungen und Erlassen, Kommentar, begründet von Ernst Eiser, fortgeführt von Johann Riederer, Loseblattsammlung, München,
Band I, Stand: März 2000;
Band II, Stand: März 2000;
(zitiert: Bearbeiter, in: Obernolte /Danner, Energiewirtschaftsrecht)

Oboussier, Felix
Die Sicherstellung des nuklearen Brennstoffkreislaufes - eine europäische Aufgabe ?, in: Die Kernenergie als Problem europäischer Politik, Jahreskolloquium 1978, herausgegeben vom Vorstand des Arbeitskreises Europäische Integration e. V., Baden-Baden 1980, Schriftenreihe des Arbeitskreises Europäische Integration e. V. Band 5, S. 35-47;
(zitiert: Oboussier, Die Sicherstellung des nuklearen Brennstoffkreislaufes)

Öko-Institut e.V.
Revision of the European Treaties in the Energy Sector, in: European Parliament, Research and Documentation Papers, Energy and Research Series No. 12, Luxembourg, December 1991;

(zitiert: Öko-Institut e. V., Revision in the European Treaties in the Energy Sector)

Oligmüller, Peter Internalisierung externer Effekte bei der Stromerzeugung, VIK-Mitteilungen 1993, S. 2-7;
(zitiert: Oligmüller, VIK-Mitteilungen 1993)

Oligmüller, Peter Verlangt der Umweltschutz ein neues Energierecht?, ZRP 1983, S. 69-74;
(zitiert: Oligmüller, ZRP 1983)

Oppermann, Thomas Europarecht, München 1991, 786 Seiten;
(zitiert: Oppermann, Europarecht)

Oschmann, Volker Das Gesetz für den Vorrang erneuerbarer Energien, ET 2000, S. 460-464;
(zitiert: Oschmann, ET 2000)

Ossenbühl, Fritz Zur Verfassungswidrigkeit des Stromeinspeisungsgesetzes, RdE 1997, S. 46-55;
(zitiert: Ossenbühl, RdE 1997)

Ossenbühl, Fritz Rechtliche Probleme der Investitionskontrolle gemäß § 4 Energiewirtschaftsgesetz, Köln, Berlin, Bonn, München 1988, 140 Seiten;
(zitiert: Ossenbühl, Rechtliche Probleme)

Ossenbühl, Fritz Umweltschutz und Gemeinwohl in der Rechtsordnung, Bitburger Gespräche Jahrbuch 1983, S. 5-23;
(zitiert: Ossenbühl, Umweltschutz und Gemeinwohl)

Palinkas, Peter Die Europäische Energie-Charta und die Revision der EG-Verträge im Energiebereich. Vortrag vor dem

Europa-Institut der Universität des Saarlandes, Saarbrücken, den 22. Juli 1992, Saarbrücken 1992, 52 Seiten, Vorträge, Reden und Berichte aus dem Europa-Institut Nr. 284;
(zitiert: Palinkas, Die Europäische Energiecharta und die Revision der EG-Verträge im Energiebereich)

Palinkas, Peter Europäische Energiepolitik und der Binnenmarkt für Energie. Vortrag vor dem Europa-Institut der Universität des Saarlandes, Saarbrücken, den 15. November 1989, Saarbrücken 1989, 35 Seiten, Vorträge, Reden und Berichte aus dem Europa-Institut, Nr. 189;
(zitiert: Palinkas, Europäische Energiepolitik und der Binnenmarkt für Energie)

Palinkas, Peter The EC on the way to an Internal Energy Market, Intereconomics 1987, S. 246-254;
(zitiert: Palinkas, Intereconomics 1987)

Pallaske, Karl Friedrich Minderung der CO_2-Emissionen, - Umsetzung des Rahmenkonzeptes einer energiesparenden und umweltschonenden Wärmeversorgung, Der Städtetag 1990, S. 43-45;
(zitiert: Pallaske, Der Städtetag 1990)

Palme, Christoph E. Nationale Umweltpolitik in der EG: Zur Rolle des Art. 100a IV im Rahmen einer europäischen Umweltgemeinschaft, Berlin 1992, 192 Seiten, Tübinger Schriften zum internationalen und europäischen Recht Band 27, Dissertation 1991;
(zitiert: Palme, Nationale Umweltpolitik in der EG)

Papier, Hans-Jürgen Durchleitungen und Eigentum, DB 1997, S. 1213-1220; (zitiert: Papier, DB 1997)

Papier, Hans-Jürgen Staatliche Einwirkungen auf die Energiewirtschaft, in: Festschrift zum 125-jährigen Bestehen der juristischen Gesellschaft zu Berlin, Berlin, New York 1984, S. 529-547; (zitiert: Papier, Staatliche Einwirkungen auf die Energiewirtschaft)

Peglau, Reinhard Die Normung von Umweltmanagementsystemen und Umweltauditing im Kontext der EG-Öko-Audit-Verordnung, ZUR 1995, S. 19-24; (zitiert: Peglau, ZUR 1995)

Pernice, Ingolf Umweltschutz und Energiepolitik, RdE 1993, S. 45-55; (zitiert: Pernice, RdE 1993)

Pernice, Ingolf Rechtlicher Rahmen der europäischen Unternehmenskooperation im Umweltbereich unter besonderer Berücksichtigung von Art. 85 EWGV, EuZW 1992, S. 139-143; (zitiert: Pernice, EuZW 1992)

Pernice, Ingolf Auswirkungen des europäischen Binnenmarktes auf das Umweltrecht Gemeinschafts(verfassungs-)rechtliche Grundlagen -, NVwZ 1990, S. 201-211; (zitiert: Pernice, NVwZ 1990)

Peters, Heinz-Joachim Zur Rechtmäßigkeit der unterschiedlichen Emissionsbegrenzung bei Alt- und Neuanlagen durch die Großfeuerungsanlagenverordnung, NVwZ 1985, S. 723-725; (zitiert: Peters, NVwZ 1985)

Püttner, Günter Energieversorgung als kommunale Aufgabe, RdE 1992, S. 92-96; (zitiert: Püttner, RdE 1992)

Püttner, Günter Gemeinden und Kreise in der Energieversorgung, DÖV 1990, S.461-467; (zitiert: Püttner, DÖV 1990)

Püttner, Günter Der verfassungsrechtliche Rahmen für die Energieversorgung in Deutschland, LKV 1991, S.209-213; (zitiert: Püttner, LKV 1991)

Raabe, Marius /Meyer, Niels Das Erneuerbare-Energien-Gesetz, NJW 2000, S. 1298-1301; (zitiert: Raabe/Meyer, NJW 2000)

Rapp-Jung, Barbara Der Energiesektor zwischen Marktwirtschaft und öffentlicher Aufgabe, Anmerkung zu EuGH, EuZW 1994, 408 - Gemeinde Almelo u. a./NV Energiebedrijf Ijsselmij, EuZW 1994, S. 464-466; (zitiert: Rapp-Jung, EuZW 1994)

Rapp-Jung, Barbara Die EU-Richtlinie für Elektrizität im Spannungsfeld zwischen den Wettbewerbsregeln des Vertrags und den verbliebenen energiepolitischen Befugnissen der Mitgliedstaaten, RdE 1997, S.133-137; (zitiert: Rapp-Jung, RdE 1997)

Rat von Sachverständigen für Umweltfragen Umweltgutachten 2000, Schritte ins nächste Jahrtausend, Stuttgart 2000, 685 Seiten; (zitiert: Rat von Sachverständigen für Umweltfragen, Umweltgutachten 2000)

Rat von Sachverständigen für Umweltfragen Umweltgutachten 1996, Zur Umsetzung einer dauerhaften umweltge-

rechten Entwicklung, Stuttgart 1996, 468 Seiten;
(zitiert: Rat von Sachverständigen für Umweltfragen, Umweltgutachten 1996)

Rat von Sachverständigen für Umweltfragen Umweltgutachten 1987, Stuttgart, 674 Seiten
(zitiert: Rat von Sachverständigen für Umweltfragen, Umweltgutachten 1987)

Rat von Sachverständigen für Umweltfragen Energie und Umwelt, Sondergutachten März 1981, Stuttgart, Mainz 1981, 190 Seiten;
(zitiert: Rat von Sachverständigen für Umweltfragen, Energie und Umwelt 1981)

Rehbinder, Eckard Selbstverpflichtungen zum Schutz der Umwelt und Kartellrecht, in: Baums, Theodor/Hopt, Klaus J./Horn, Norbert (Hrsg.), Corporations, capital markets, and business in the law: liber amicorum Richard M. Buxbaum, Den Haag 2000, S. 433-443;
(zitiert: Rehbinder, FS Buxbaum)

Rehbinder, Eckard Ein Modell für die Setzung von Umweltstandards, in: Festschrift für Gerhard Feldhaus, Heidelberg 1999, S. 141-158;
(zitiert: Rehbinder, Festschrift Feldhaus)

Rehbinder, Eckard Festlegung von Umweltzielen, - Begründung, Begrenzung, instrumentale Umsetzung -, NuR 1997, S.313-328;
(zitiert: Rehbinder, NuR 1997)

Rehbinder, Eckard Argumente für die Kodifikation des deutschen Umweltrechts, UPR 1995, S. 361-364;

(zitiert: Rehbinder, UPR 1995)

Rehbinder, Eckard Umweltschutz in der Rechtsordnung der Europäischen Gemeinschaft, in: Gesellschaft für Rechtspolitik Trier, Bitburger Gespräche, Jahrbuch 1983, München 1983, S. 51-64;
(zitiert: Rehbinder, Umweltschutz in der Rechtsordnung der Europäischen Gemeinschaft)

Rehbinder, Eckard Umweltrecht, rechtsvergleichendes Genera-lreferat, RabelsZ 1976 (40), S. 363-408;
(zitiert: Rehbinder, RabelsZ 1976)

Rehbinder, Eckard Sicherung der Energieversorgung und Umweltschutz als Zielkonflikt, in: Emmerich, Volker/Lukes, Rudolf (Hrsg.), Die Sicherheit der Energieversorgung - Ist sie gegenwärtig gefährdet und durch welche Reformmaßnahmen wird sie vergrößert, Referate und Diskussionen, Schriftenreihe Recht - Technik - Wirtschaft Band 4, Köln Berlin Bonn München 1974, S. 117-128;
(zitiert: Rehbinder, Sicherung der Energieversorgung und Umweltschutz)

Rehbinder, Eckard Grundfragen des Umweltschutzes, ZRP 1970, S. 250-256;
(zitiert: Rehbinder, ZRP 1970)

Rehbinder, Eckard Zur kartellrechtlichen Beurteilung von Absprachen und Empfehlungen über Geschäftszeiten und Betriebsferien, BB 1964, S. 895-901;

Rehbinder, Eckard /Heuvels, Klaus Die EG-Öko-Audit-Verordnung auf dem Prüfstand, DVBl. 1998, S. 1245-1255;

(zitiert: Rehbinder/Heuvels, DVBl. 1998)

Rehfeld, Dieter Bestimmungsfaktoren der Energiepolitik in der Bundesrepublik Deutschland, Frankfurt am Main 1986, 287 Seiten, Dissertation Braunschweig; (zitiert: Rehfeld, Bestimmungsfaktoren der Energiepolitik)

Reich, Norbert Die Bedeutung der Binnenmarktkonzeption für die Anwendung der EWG-Wettbewerbsregeln, in: Festschrift für Ernst Steindorff zum 70. Geburtstag am 13. März 1990, herausgegeben von Jürgen F. Baur, Klaus J. Hopt, K. Peter Mailänder, Bonn, New York 1990, S. 1065-1084; (zitiert: Reich, FS Steindorff)

Reich, Norbert Europäisches Verbraucherschutzrecht: Binnenmarkt und Verbraucherinteresse, 2. Auflage, Baden-Baden 1993, 406 Seiten; (zitiert: Reich, Europäisches Verbraucherschutzrecht)

Rengeling, Hans-Werner (Hrsg.) Handbuch zum europäischen und deutschen Umweltrecht, Band I, Allgemeines Umweltrecht, Köln, Berlin, Bonn, München 1998, 1715 Seiten; Band II, Besonderes Umweltrecht, Köln, Berlin, Bonn, München 1998, 1954 Seiten; (zitiert: Bearbeiter, in: Rengeling, Handbuch zum europäischen und deutschen Umweltrecht)

Rengeling, Hans-Werner Die dänische Pfandflaschenregelung - EuGH, /Heinz, Kersten NVwZ 1989, 849, in: JuS 1990, S. 613-617; (zitiert: Rengeling/Heinz, JuS 1990)

Ress, Georg | Löst Art. 100a EWGV die Probleme der Rechtsangleichung des Einheitlichen Binnenmarktes?, in: Ress, Georg (Hrsg.), Rechtsprobleme der Rechtsangleichung. Wissenschaftliches Kolloquium aus Anlaß des 70. Geburtstages von Heinrich Matthies, Saarbrücken 1988, S. 9-34;
(zitiert: Ress, Löst 100a EWGV die Probleme der Rechtsangleichung des einheitlichen Binnenmarktes?)

Ress, Georg | Umweltrecht und Umweltpolitik der Europäischen Gemeinschaft nach dem Vertrag über die Europäische Union, Vortrag gehalten auf dem Umwelttag am 17. Juli 1992 in Saarbrücken, Schriftenreihe des Europainstituts Band 291, Saarbrücken 1992, 72 Seiten;
(zitiert: Ress, Umweltrecht und Umweltpolitik)

Riechmann, Volkhard | Kommunale Energieversorgung – Aspekte im Spannungsfeld zwischen Kosten, Wettbewerb und Ökologie, Der Städtetag 1991, S. 241-245;
(zitiert: Riechmann, Der Städtetag 1991)

Riechmann, Volkhard | Das Konzessionsabgabewesen unter dem Aspekt der neuen Genehmigungspraxis des Ministers für Wirtschaft, Mittelstand und Technologie des Landes Nordrhein-Westfalen, der gemeindehaushalt 1990, S. 1-5;
(zitiert: Riechmann, der gemeindehaushalt 1990)

Riechmann, Volkhard | Rechtsprobleme des Stromimports, in: Harms, Wolfgang (Hrsg.), Atomstrom aus Frankreich?, Vorträge und Diskussionen des Energierechtsgesprächs

am 12./13. Mai 1987, Berliner Beiträge zum Wirtschaftsrecht Band 2, Köln, Berlin, Bonn, München 1987, S. 29-44;
(zitiert: Riechmann, Rechtsprobleme des Stromimports)

Riesner, Wilhelm Energieeffizienzentwicklung in der Industrie der DDR und den neuen Bundesländern, ET 1995, S.574-578;
(zitiert: Riesner, ET 1995)

Ritter, Lennart Die Anwendung der EG-Wettbewerbsregeln auf den zwischenstaatlichen Handel mit Elektrizität, in: Harms, Wolfgang (Hrsg.), Atomstrom aus Frankreich, Zur Schaffung eines Binnenmarktes für Strom; Versorgungskonzepte - Planungen und Realisierung; Ungleichbehandlung bei Konzessionsabgaben; Vorträge und Diskussionen des Energierechtsgesprächs am 12./13. Mai 1987, Köln, Berlin, Bonn, München 1987, S. 45-51;
(zitiert: Ritter, Die Anwendung der EG-Wettbewerbsregeln)

Rittner, Fritz Wirtschaftsrecht: ein Lehrbuch, 2. Auflage, Heidelberg 1987, 661 Seiten;
(zitiert: Rittner, Wirtschaftsrecht)

Rose-Ackermann, Susan Umweltrecht und -politik in den Vereinigten Staaten und der Bundesrepublik Deutschland, Baden-Baden 1995, 300 Seiten, Frankfurter Schriften zum Umweltrecht Band 10;
(zitiert: Rose-Ackermann, Umweltrecht und -politik in den Vereinigten Staaten und der Bundesrepublik Deutschland)

Rupp, Jürgen-Johann	Umweltrechtliche Grundlagen des Betriebs elektrischer Betriebsmittel, RdE 1990, S. 26-34; (zitiert: Rupp, RdE 1990)
Sachs, Michael (Hrsg.)	Grundgesetz, Kommentar, 2. Aufl., München 1999, 2015 Seiten; (zitiert: Bearbeiter, in: Sachs, Grundgesetz)
Sailer, Christian	Subjektives Recht und Umweltschutz, DVBl. 1976, S. 521-532; (zitiert: Sailer, DVBl. 1976)
Salje, Peter	Vorrang für Erneuerbare Energien, RdE 2000, S. 125-132; (zitiert: Salje, RdE 2000)
Salje, Peter	Das Gesetz zur Neuregelung des Energiewirtschaftsrechts, NVwZ 1998, S. 916-922; (zitiert: Salje, NVwZ 1998)
Salje, Peter	Umweltaspekte der Reform des Energiewirtschaftsrechts, UPR 1998, S. 201-206; (zitiert: Salje, UPR 1998)
Schacht, Martin	Örtliche und regionale Energieversorgungskonzepte, Zu den ökonomischen und interessenbedingten Hemmnissen einer rationellen Energieversorgung auf dem Wärmemarkt, in: Beiträge zur angewandten Wirtschaftsforschung Band 17, Berlin 1988, 229 Seiten, Dissertation Hannover 1987; (zitiert: Schacht, Örtliche und regionale Energieversorgungskonzepte)
Schalast, Christoph	Aufgaben der Regulierungsbehörde für Telekommunikation und Post im Bereich der Breitbandkabelnetze, BuW 2000, S. 275-283;

(zitiert: Schalast, BuW 2000)

Schalast, Christoph Förderung der Kraft-Wärme-Kopplung in Deutschland und EU-Beihilferegime, EUROHEAT & POWER – Fernwärme international 2000, S. 38-41;
(zitiert: Schalast, EUROHEAT & POWER – Fernwärme international 2000)

Schalast, Christoph Reform der Energiewirtschaft in Bosnien - Herzegowina, ET 1999, S. 254-256;
(zitiert: Schalast, ET 1999)

Schalast, Christoph Regulierung und Deregulierung in Ost und West, - Chancen und Perspektiven eines gesamteuropäischen Wirtschaftsverwaltungsrechts-, ROW 1997, S. 252-257;
(zitiert: Schalast, ROW 1997)

Schalast, Christoph Energiewirtschaftsreform. Auswirkungen auf ausländische Investoren, ET 1997, S. 29-33;
(zitiert: Schalast, ET 1997)

Schalast, Christoph Energierechtsreform in Osteuropa, Das Beispiel Slowenien, ET 1995, S. 653.656;
(zitiert: Schalast, ET 1995)

Schalast, Christoph Die Diskussion über die Ordnung der Energiewirtschaft in der Europäischen Gemeinschaft im Hinblick auf die Umstrukturierung in den Staaten Osteuropas, ROW 1993, S. 155-157;
(zitiert: Schalast, ROW 1993)

Schalast, Christoph Die Diskussion über die Ordnung der Energiewirtschaft in der Europäischen Gemeinschaft im Hinblick auf die

Umstrukturierung in den Staaten Osteuropas, Osteuroparecht 1993, S. 277-280;
(zitiert: Schalast, Osteuroparecht 1993)

Schalast, Christoph Der Binnenmarkt für Energie und das System zur Förderung der Kohleverstromung in der Bundesrepublik Deutschland, RdE 1991, S.2-5;
(zitiert: Schalast, RdE 1991)

Schalast, Christoph /Hermonies, Felix Kraft-Wärme-Kopplung und EU-Beihilfeverbot, ET 2000, S. 688-692;
(zitiert: Schalast/Hermonies, ET 2000)

Schaub, Andrea Europäische Energiebinnenmarktpolitik und Umweltpolitik, Baden-Baden 1996, 307 Seiten, Dissertation Frankfurt am Main;
(zitiert: Schaub, Europäische Energiebinnenmarktpolitik und Umweltpolitik)

Schavoir, Rainer Verhaltenskodex zur Energie- und Umweltpolitik?, ET 1990, S. 12;
(zitiert: Schavoir, ET 1990)

Scheuing, Dieter H. Die Einheitliche Europäische Akte als Grundlage umweltrechtlicher Aktivitäten der Europäischen Gemeinschaft. Regelungsgewinn und Reformnotwendigkeiten, in: Behrens, Peter/Koch, Hans-Joachim (Hrsg.), Umweltschutz in der Europäischen Gemeinschaft. Spannungsfelder zwischen nationalem Recht und europäischem Gemeinschaftsrecht, Baden-Baden 1991, S. 46-74;
(zitiert: Scheuing, Die einheitliche europäische Akte)

Scheuing, Dieter H.	Umweltschutz auf der Grundlage der Einheitlichen Europäischen Akte, EuR 1989, S. 152-192; (zitiert: Scheuing, EuR 1989)
Scheuner, Ulrich	Das Gesetz als Auftrag der Verwaltung, DÖV 1969, S. 585-593; (zitiert: Scheuner, DÖV 1969)
Schiffer, Hans-Wilhelm	Deutscher Energiemarkt ´99, ET 2000, S. 114-133; (zitiert: Schiffer, ET 2000)
Schiffer, Hans-Wilhelm	Energiemarkt Bundesrepublik Deutschland, 6. Auflage, Köln 1997, 399 Seiten; (zitiert: Schiffer, Energiemarkt Bundesrepublik Deutschland)
Schiffer, Hans-Wilhelm	Deutscher Energiemarkt ´96, Primärenergie - Mineralöl - Braunkohle - Steinkohle - Erdgas - Elektrizität - Energiepreise, ET 1997, S.152-165; (zitiert: Schiffer, ET 1997)
Schiffer, Hans-Wilhelm	Struktur des Elektrizitätsmarktes der Bundesrepublik Deutschland, Atomwirtschaft 1989, S. 359-367; (zitiert: Schiffer, Atomwirtschaft 1989)
Schiffer, Hans-Wilhelm	Umweltpolitische Bilanz für den Energiesektor, ZfE 1988, S. 49-57; (zitiert: Schiffer, ZfE 1988)
Schink, Alexander	Kodifikation des Umweltrechts - Zum Entwurf der Sachverständigenkommission Umweltgesetzbuch (UGB-KomE), DÖV 1999, S. 1-12; (zitiert: Schink, DÖV 1999)
Schlesinger, Michael /Schulz, Walter	Deutscher Energiemarkt 2020, Prognose im Zeichen von Umwelt und

Wettbewerb, ET 2000, S. 106-113;
(zitiert: Schlesinger/Schulz, ET 2000)

Schmidhuber, Peter M. Der Binnenmarkt 1992 - Eine Herausforderung für die Gesetzgebung der Gemeinschaft und der Mitgliedstaaten, Europa-Archiv 1989, S. 75-84;
(zitiert: Schmidhuber, EA 1989)

Schmidt, Eike Gesetzgebung, Rechtspraxis und Jurisprudenz als Gegenstände kritischer Betrachtung, KritV 1986, S. 1-20;
(zitiert: Schmidt, KritV 1986)

Schmidt, Reiner Neuere höchstrichterliche Rechtsprechung zum Umweltrecht, JZ 1995, S. 545-556;
(zitiert: Schmidt, JZ 1995)

Schmidt-Aßmann, Eberhard Kommunen und örtliche Energieversorgung, in: Berg- und Energierecht vor den Fragen der Gegenwart, Festschrift für Fritz Fabricius zum 70. Geburtstag, Stuttgart, München, Hannover 1989, S. 251-270
(zitiert: Schmidt-Aßmann, FS Fabricius)

Schmidt-Preuß, Mattias Die Entwicklung des deutschen Umweltrechts als verfassungsgeleitete Umsetzung der Maßgaben supra- und internationaler Umweltpolitik, JZ 2000, S. 581-591;
(zitiert: Schmidt-Preuß, JZ 2000)

Schmidt-Preuß, Matthias Verpackungsverordnung und Kartellrecht, in: Festschrift für Otfried Rengeling zum 70. Geburtstag, herausgegeben von Ernst Niederleithinger, Rosemarie Werner, Gerhard Wiedemann, München 1997, S. 549-570;

(zitiert: Schmidt-Preuß, Festschrift Rengeling)

Schmitt, Dieter Das Hessische Energiegesetz - eine Analyse aus wirtschaftswissenschaftlicher Sicht, ZfE 1985, S. 211-218; (zitiert: Schmitt, ZfE 1985)

Schmitt von Sydow, Helmut The Basic Structure of the Commission´s White Paper, in: Bieber, Roland/Dehousse, Renaud/Pinder, John /Weiler, Joseph H.H. (Hrsg.), 1992: One European Market ?, Baden-Baden 1988, S. 79-106; (zitiert: Schmitt von Sydow, The Basic Structure)

Schneider, Hans Gesetzgebung, 2. Aufl., Heidelberg 1991, 471 Seiten; (zitiert: Schneider, Gesetzgebung)

Schneider, Jens-Peter Umweltpolitische Steuerung und regulative Marktorganisation in der Stromwirtschaft, ZUR 1999, S. 181-187; (zitiert: Schneider, ZUR 1999)

Schnutenhaus, Jörn Die Umsetzung der Öko-Audit-Verordnung in Deutschland, ZUR 1995, S. 9-13; (zitiert: Schnutenhaus, ZUR 1995)

Schönwiese, Christian-Dietrich Naturwissenschaftliche Grundlagen: Klima und Treibhauseffekt, in: Brauch, Hans Günter (Hrsg.), Klimapolitik; Naturwissenschaftliche Grundlagen, internationale Regimebildung und Konflikte, ökonomische Analysen sowie nationale Problemerkennung und Politikumsetzung, Berlin 1996, S. 3-20; (zitiert: Schönwiese, Naturwissenschaftliche Grundlagen)

Scholz, Rupert Die Vergütungsregelung des Stromeinspeisungsgesetzes als Mittel verfassungsmäßiger Wirtschaftslenkung und Umweltpolitik, ET 1995, S.600-602;
(zitiert: Scholz, ET 1995)

Scholz, Rupert Staatsziel Umwelt - Schutz in das Grundgesetz?, Ein Zwischenbericht zur Verfassungsrechtsdiskussion, ET 1993, S. 342-345;
(zitiert: Scholz, ET 1993)

Scholz, Rupert /Langer, Stefan Europäischer Binnenmarkt und Energiepolitik, Berlin 1992, 337 Seiten;
(zitiert: Scholz/Langer, Europäischer Binnenmarkt und Energiepolitik)

Schröder, Meinhard Sustainable Development - Ausgleich zwischen Umwelt und Entwicklung als Gestaltungsaufgabe der Staaten, AVR 1996, S. 251-275;
(zitiert: Schröder, AVR 1996)

Schüppstuhl, Ernst-Ludwig /Maier, Karl-Heinrich Elektrizität und Wettbewerb, WuW 1995, S. 374- 383;
(zitiert: Schüppstuhl/Maier, WuW 1995)

Schütze, Joachim Europäischer Stromverbund und EG-Recht, Köln, Berlin, Bonn, München 1992, 216 Seiten, Dissertation Münster/Westf.;
(zitiert: Schütze, Europäischer Stromverbund)

Schulz, Jürgen Umweltrechtliche Anforderungen im internationalen Vergleich, VIK-Mitteilungen 1993, S. 106-113;
(zitiert: Schulz, VIK-Mitteilungen 1993)

Schulz, Walter Ordnungsprobleme der Elektrizitätswirtschaft, Schriftenreihe des Energiewirtschaftlichen Instituts Band 25, München 1979, 423 Seiten, Habilitation Köln 1979;
(zitiert: Schulz, Ordnungsprobleme der Elektrizitätswirtschaft)

Schwabe, Petra Die deutsche Stromversorgungsstruktur und der EWG-Vertrag, Zur Vereinbarkeit des deutschen Systems geschlossener Stromversorgungsgebiete mit dem EWG-Vertrag, Baden-Baden 1993, 180 Seiten;
(zitiert: Schwabe, Die deutsche Stromversorgungsstruktur und der EWG-Vertrag)

Schwark, Eberhard Die Struktur der deutschen Elektrizitätswirtschaft im Lichte der Art. 30ff., 85ff. EWGV, in: Berg- und Energierecht vor den Fragen der Gegenwart, Festschrift für Fritz Fabricius zum 70. Geburtstag, Stuttgart, München, Hannover 1989, S. 203-218;
(zitiert: Schwark, FS Fabricius)

Schwarze, Jürgen (Hrsg.) EU-Kommentar, Baden-Baden 2000, 2660 Seiten;
(zitiert: Bearbeiter, in: Schwarze, EU-Kommentar)

Schweitzer, Albin Der grenzüberschreitende Verbund in Europa - Rechtsgrundlagen einer gemeinsamen Marktes für Elektrizität, Baden-Baden 1984, 208 Seiten;
(zitiert: Schweitzer, Der grenzüberschreitende Stromverbund)

Schweitzer, Michael /Hummer, Waldemar Europarecht, 5. Auflage, Neuwied, Kriftel, Berlin 1996, 631 Seiten;
(zitiert: Schweitzer/Hummer, Europarecht)

Schwintowski, Hans-Peter Wettbewerb und Ordnung auf Energiemärkten Wegfall der §§ 103, 103a GWB, -zugleich eine dogmatische Neubestimmung der Immanenztheorie-, WuW 1997, S.769-781;
(zitiert: Schwintowski, WuW 1997)

Schwintowski, Hans-Peter Konzept der Monopolpreiskontrolle am Beispiel eines Energieversorgungsunternehmens, BB 1996, S. 1673-1678;
(zitiert: Schwintowski, BB 1996)

Seeliger, Jochen Die Sicht des Steinkohlebergbaus, Ein EWG-Binnenmarkt für Elektrizität, ET 1988, S. 54-56;
(zitiert: Seeliger, ET 1988)

Seemann, Isabella Die deutschen Versorgungsstrukturen auf dem Prüfstand des Europäischen Gerichtshofs, in: Reichel, Christine /Schneider, Holger/Weyer, Hartmut (Hrsg.), Beiträge zum deutschen und europäischen Gemeinschaftsrecht - Varia, Festschrift für Prof. Dr. jur. Jürgen F. Baur zum 60. Geburtstag, Ver-öffentlichungen des Instituts für Energierecht Band 88, Baden-Baden 1998, S. 71-83;
(zitiert: Seemann, FS Baur)

Seidel, Martin Die Elektrizitätswirtschaft im System des Gemeinschaftsrechts, EuR 1988, S. 129-143;
(zitiert: Seidel, EuR 1988)

Sellner, Dieter Immissionsschutzrecht und Industrieanlagen, Zulassung - Abwehr – Kontrolle nach dem BImSchG, 2. Aufl., München 1988, 320 Seiten;
(zitiert: Sellner, Immissionsschutzrecht)

Sendler, Horst Verwaltungsverfahrensgesetz und Umweltgesetzbuch, NVwZ 1999, S. 132-135;
(zitiert: Sendler, NVwZ 1999)

Sening, Christoph Abschied von der Schutznormtheorie im Naturschutzrecht, NuR 1980, S. 102-110;
(zitiert: Sening, NuR 1980)

Sening, Christoph Zum Umweltgrundrecht des Bürgers - Zugleich Anmerkung zu den Urteilen des Bundesverwaltungsgerichts vom 9. 7. 1977 - IV C 51.75 und des Oberverwaltungsgerichts Berlin vom 2. 5. 1977 - OVG II B 2.77 - ,BayVBl. 1978, S. 205-206;
(zitiert: Sening, BayVBl. 1978)

Soyk, Stefan Mineralöl- und Stromsteuerrecht, Die besonderen Verbrauchsteuern auf die Energieverwendung im Rahmen der ökologischen Steuerreform, 2. Auflage, München 2000, 287 Seiten;
(zitiert: Soyk, Mineralöl- und Stromsteuerrecht)

Spannowsky, Willy Die Stellung der Kommunen im Wettbewerb der Energieversorgungsträger, RdE 1995, S. 135-140;
(zitiert: Spannowsky, RdE 1995)

Sprenger, Rolf-Ulrich Kostenbelastung der Sektoren durch Umweltschutz und ihre wettbewerblichen Auswirkungen, in: Gutzler, Helmut (Hrsg.), Umweltpolitik und Wettbewerb, Baden-Baden 1981, S. 165-211;
(zitiert: Sprenger, Kostenbelastung)

Stauffenberg, Ludwig Franz Graf Maastricht - ein Fortschritt für Europa?, ZRP 1992, S. 252-259;

/Langenfeld, Christine (zitiert: Stauffenberg/Langenfeld, ZRP 1992)

Steeg, Helga Energie und Umwelt – Langfristige Risiken und Strategien -, RdE 1998, S.129-133;
(zitiert: Steeg, RdE 1998)

Steffens, Klaus H. Billiger Strom aus Frankreich - Gefahr für die saarländische Kohlewirtschaft, Glückauf 1988, S.271-276;
(zitiert: Steffens, Glückauf 1988)

Steiger, Heinhard Mensch und Umwelt, Zur Frage der Einführung eines Umweltgrundrechts, Berlin 1975, 93 Seiten;
(zitiert: Steiger, Mensch und Umwelt)

Steinberg, Rudolf Grundgesetz und Europäische Verfassung, ZRP 1999, S. 365-374;
(zitiert: Steinberg, ZRP 1999)

Steinberg, Rudolf Standards des integrierten Umweltschutzes, NuR 1999, S. 192-198;
(zitiert: Steinberg, NuR 1999)

Steinberg, Rudolf Fortentwicklung des verwaltungsgerichtlichen Umweltschutzes, ZUR 1999, S. 126-130;
(zitiert: Steinberg, ZUR 1999)

Steinberg, Rudolf Der ökologische Verfassungsstaat, Frankfurt am Main 1998, 480 Seiten;
(zitiert: Steinberg, Der ökologische Verfassungsstaat)

Steinberg, Rudolf Verfassungsrechtlicher Umweltschutz durch Grundrechte und Staatszielbestimmung, NJW 1996, S.1985-1994;
(zitiert: Steinberg, NJW 1996)

Steinberg, Rudolf Probleme der Europäisierung des deutschen Umweltrechts, AöR 120 (1995), S.549-594;
(zitiert: Steinberg, AöR 1995)

Steinberg, Rudolf /Britz, Gabriele Der Energieliefer- und –erzeugungsmarkt nach nationalem und europäischem Recht, Baden-Baden 1995, 237 Seiten;
(zitiert: Steinberg/Britz, Der Energieliefer- und -erzeugermarkt nach nationalem und europäischem Recht)

Steinberg, Rudolf /Britz, Gabriele Die Energiepolitik im Spannungsfeld nationaler und europäischer Regelungskompetenzen, DÖV 1993, S. 313-323;
(zitiert: Steinberg/Britz, DÖV 1993)

Steinberg, Rudolf /Britz, Gabriele /Schaub, Andrea Die Bedeutung des Rechts der Europäischen Gemeinschaft für eine umweltorientierte Energiepolitik und Energierechtsetzung - insbesondere für eine Dezentralisierung der Energieversorgung, RdE 1996, S.165-173;
(zitiert: Steinberg/Britz/Schaub, RdE 1996)

Steinberg, Rudolf /Klopfer, Isabell IVU - Richtlinie und immissionsschutzrechtliche Genehmigung, DVBl. 1997, S. 973-983;
(zitiert: Steinberg/Klopfer, DVBl. 1997)

Steindorff, Ernst Grenzen der EG-Kompetenzen, Heidelberg 1990, 128 Seiten, ZHR-Beiheft Band 65;
(zitiert: Steindorff, Grenzen der EG-Kompetenzen)

Steindorff, Ernst Durchleitung von Gas im Binnenmarkt für Energie?, RIW 1989, Beilage 1 zu Heft 1, S. 1-10;

(zitiert: Steindorff, RIW 1989, Beilage 1 zu Heft 1)

Steindorff, Ernst Umweltschutz in Gemeinschaftshand?, RIW 1984, S. 767-772; (zitiert: Steindorff, RIW 1984)

Stern, Klaus Zur Aufnahme eines Umweltschutzstaatszieles in das Grundgesetz, NWVBl. 1988, S. 1-7; (zitiert: Stern, NWVBl. 1988)

Stewing, Clemens Die Richtlinienvorschläge der EG-Kommission zur Einführung eines Third Party Access für Elektrizität und Gas, EuR 1993, S. 41-64; (zitiert: Stewing, EuR 1993)

Stewing, Clemens Umweltverträglichkeitsprüfung, Zweckmäßigkeit und Ausgestaltung, ET 1986, S. 648-656; (zitiert: Stewing, ET 1986)

Stier, Bernhard Staat und Strom, Die politische Erneuerung des Elektrizitätssystems in Deutschland 1890-1950, Ubstadt-Weiher 1999, 583 Seiten; (zitiert: Stier, Staat und Strom)

Stober, Rolf Handbuch des Wirtschaftsverwaltungs- und Umweltrechts, Stuttgart 1989, 1349 Seiten; (zitiert: Stober, Handbuch)

Stober, Rolf Allgemeines Wirtschaftsrecht: Grundlagen und Prinzipien; Wirtschaftsverfassungsrecht, 11. Auflage, Stuttgart, Berlin, Köln 1998, 412 Seiten; (zitiert: Stober, Allgemeines Wirtschaftsverwaltungsrecht)

Stober, Rolf Besonderes Wirtschaftsverwaltungsrecht: Gewerberecht und andere Wirt-

schaftszweige; Subventionsrecht, 11. Auflage, Stuttgart, Berlin, Köln, 1998, 348 Seiten;
(zitiert: Stober, Besonderes Wirtschaftsverwaltungsrecht)

Storm, Peter-Christoph Umweltgesetzbuch (UGB-KomE): Einsichten in ein Jahrhundertwerk, NVwZ 1999, S. 35-40;
(zitiert: Storm, NVwZ 1999)

Storm, Peter-Christoph Umweltrecht in Deutschland, Entwicklungsstand und Entwicklungstendenzen, LKV 1991, S.53-58;
(zitiert: Storm, LKV 1991)

Stotz, Jürgen /Broßmann, Egbert Entwicklung der überregionalen Stromversorgung in den neuen Bundesländern, ET 1995, S.559-562;
(zitiert: Stotz/Broßmann, ET 1995)

Strauß, Ludwig Kooperationsmöglichkeiten zwischen Elektroverbundsystemen in West- und Osteuropa, ET 1990, S. 769-776;
(zitiert: Strauß, ET 1990)

Stumpf, Hans Kommunaler Handlungsspielraum bei der Stromversorgung, Der Städtetag 1990, S. 171-176;
(zitiert: Stumpf, Der Städtetag 1990)

Taschner, Hans Claudius Qualifizierte Mehrheit für Maßnahmen zur Rechtsangleichung?, in: Ress, Georg (Hrsg.), Rechtsprobleme der Rechtsangleichung. Wissenschaftliches Kolloquium aus Anlaß des 70. Geburtstages von Heinrich Matthies, Saarbrücken 1988, S. 87-100;
(zitiert: Taschner, Qualifizierte Mehrheit für Maßnahmen zur Rechtsangleichung)

Tegethoff, Wilm Novellierungsbestrebungen zum Kartellgesetz aus der Sicht der Energiewirtschaft, in: FIW (Hrsg.), Problematik der Ausnahmebereiche im Kartellrecht, FIW-Heft 128, Köln, Berlin, Bonn, München 1988, S. 51-67; (zitiert: Tegethoff, Novellierungsbestrebungen)

Tegethoff, Wilm Die Großfeuerungsanlagenverordnung in der Praxis, ET 1985, S. 173-179; (zitiert: Tegethoff, ET 1985)

Tegethoff, Wilm /Büdenbender, Ulrich /Klinger, Heinz Das Recht der öffentlichen Energieversorgung, Kommentar, Essen, Stand: Oktober 1993; (zitiert: Tegethoff/Büdenbender /Klinger)

Tettinger, Peter J. Recht der Energiewirtschaft, in: Schmidt, Reiner (Hrsg.), Öffentliches Wirtschaftsrecht, Besonderer Teil 1, Berlin 1995, S. 691-744; (zitiert: Tettinger, Recht der Energiewirtschaft)

Tettinger, Peter J. Rechtliche Markierungen für kommunale Energiepolitik, - Zur Stromversorgung auf kommunaler Ebene -, NWVBl. 1989, S. 1-8; (zitiert: Tettinger, NWVBl. 1989)

Theobald, Christian Gerichtlicher Meinungswandel beim Stromeinspeisungsgesetz, Anmerkung zum Urteil der 2. Zivilkammer des LG Karlsruhe vom 10. Mai 1996 - Az.: 2 0 176/95, ET 1996, S. 594-595; (zitiert: Theobald, ET 1996)

Thun-Hohenstein, Christoph Der Vertrag von Amsterdam, Die neue Verfassung der EU, Wien 1997, 360 Seiten;

(zitiert: Thun-Hohenstein, Der Vertrag von Amsterdam)

Töpfer, Klaus Europäischer Binnenmarkt, Energieversorgung und Schutz der Umwelt, ZfE 1989, S. 178-186; (zitiert: Töpfer, ZfE 1989)

Töpfer, Klaus Umwelt und Energie - Aktuelle rechtspolitische Fragestellungen, in: Festschrift für Fritz Fabricius zum 70. Geburtstag, herausgegeben von Hüffer, Uwe/Ipsen, Knut/Tettinger Peter J., Beiträge zum Berg- und Energierecht Band 7, Stuttgart 1989, S. 13-26; (zitiert: Töpfer, FS Fabricius)

Töpfer, Klaus Umweltpolitik im Energiebereich, ET 1988, S. 80-84; (zitiert: Töpfer, ET 1988)

Trenkler, Harro Der gute Wille muß Berge versetzen, Vollzugserfahrungen mit der Altanlagenregelung der Großfeuerungsanlagen-Verordnung, ET 1985, S. 534-536; (zitiert: Trenkler, ET 1985)

Trenkler, Harro Sicherheit der Energieversorgung und Schutz der Umwelt, ET 1978, S. 18-19; (zitiert: Trenkler, ET 1978)

Ulmer, Peter Rule of Reason im Rahmen von Artikel 85 EWGV, RIW 1985, S.517-524; (zitiert: Ulmer, RIW 1985)

Umweltbundesamt (Hrsg.) Umweltgesetzbuch - Besonderer Teil (UGB-BT) von Hans D. Jarass, Michael Kloepfer, Philip Kunig, Hans-Jürgen Papier, Franz-Joseph Peine, Eckard Rehbinder, Jürgen Salzwedel,

Eberhard Schmidt-Aßmann, 1055 Seiten;
(zitiert: Umweltbundesamt, Umweltgesetzbuch - Besonderer Teil)

VDEW
Strommarkt Deutschland 1996, Die öffentliche Elektrizitätsversorgung, Frankfurt am Main 1997, 56 Seiten;
(zitiert: VDEW, Strommarkt Deutschland 1996)

VDEW (Hrsg.)
Die öffentliche Elektrizitätsversorgung 1993, Frankfurt am Main 1994, 51 Seiten;
(zitiert: VDEW, Die öffentliche Elektrizitätsversorgung 1993)

VDEW
CO_2 - Minderungspotentiale in der deutschen Elektrizitätswirtschaft, ET 1990, S. 506-507;
(zitiert: VDEW, ET 1990)

VDEW (Hrsg.)
Externe Kosten der Stromerzeugung, Frankfurt am Main 1989, erarbeitet von R. Friedrich, 127 Seiten;

VDEW
Der Europäische Strommarkt, Dokumentation der deutschen Elektrizitätswirtschaft, Frankfurt am Main 1988;
(zitiert: VDEW, Der Europäische Strommarkt)

VIK Verband der Industriellen Energie- und Kraftwirtschaft e. V
VIK-Stellungnahme zu dem vom Bundesministerium für Wirtschaft mit Schreiben vom 25. Oktober 1993 vorgelegten "Konzept für eine Reform des Ordnungsrahmens für Strom und Gas (Neuregelung des Energierechts)", VIK-Mitteilungen 1994, S. 20-23;
(zitiert: VIK, VIK-Mitteilungen 1994)

Vogl, Josef

Energieversorgung, Landesentwicklung, Umweltschutz, Gemeinsamkeiten und Zielkonflikte, ET 1983, S. 837-842;
(zitiert: Vogl, ET 1983)

Volkmann, Uwe

Qualitätsorientiertes Umweltrecht – Leistungsfähigkeit, Probleme und Grenzen, DVBl. 1999, S.579-588;
(zitiert: Volkmann, DVBl. 1999)

Vorwerk, Axel

Die umweltpolitischen Kompetenzen der Europäischen Gemeinschaft und ihrer Mitgliedstaaten nach Inkrafttreten der EEA, München 1990, 184 Seiten, Dissertation München;
(zitiert: Vorwerk, Die umweltpolitischen Kompetenzen)

Vkydal, Swen

Der kartellrechtliche Kontrahierungszwang - unter besonderer Berücksichtigung der leitungsgebundenen Energiewirtschaft, Baden-Baden 1996, 297 Seiten, Dissertation Frankfurt am Main;
(zitiert: Vkydal, Der kartellrechtliche Kontrahierungszwang)

Wägenbaur, Rolf

Ein Programm für die Umwelt, EuZW 1993, S. 241-244;
(zitiert: Wägenbaur, EuZW 1993)

Wagner, Christian

Energiewirtschaft und Umwelt, ET 1987, S.102-104;
(zitiert: Wagner, ET 1987)

Walz, Rainer

Potentiale und Strategien zur CO_2-Reduktion durch Energieeinsparung, in: Brauch, Hans Günter: Energiepolitik, Technische Entwicklung, politische Strategien, Handlungskonzepte zu erneuerbaren Energien und zur ra-

tionellen Energienutzung, Berlin 1997, S. 411-422;
(zitiert: Walz, Potentiale und Strategien)

Wartenberg, Ludolf-Georg von Zur Energiepolitik der Bundesregierung, Im Mittelpunkt: Kernenergie, Kohle und EG-Binnenmarkt, ET 1988, S.150-153;
(zitiert: Wartenberg, ET 1988)

Wasmeier, Martin Die Integration des Umweltschutzes als allgemeine Auslegungsregel des Gemeinschaftsrechts, EWS 2000, S. 47-52;
(zitiert: Wasmeier, EWS 2000)

Wasmeier, Martin Umweltabgaben und Europarecht: Schranken des staatlichen Handlungsspielraumes bei der Erhebung öffentlicher Abgaben im Interesse des Umweltschutzes, München 1995, 360 Seiten, Dissertation München;
(zitiert: Wasmeier, Umweltabgaben und Europarecht)

Weigt, Norbert Rechtsfragen der Strompreisaufsicht, Anwendungsprobleme bei § 12 BTOElt, ET 1996, S.251-254;
(zitiert: Weigt, ET 1996)

Weisheimer, Martin Preise und Subventionen im Energiesektor der DDR, ET 1990, S. 626-632;
(zitiert: Weisheimer, ET 1990)

Wendling, Karl Die UVP-Richtlinie im deutschen Recht, Die Problematik ihrer Umsetzung im Bereich emittierender Anlagen, ET 1988, S. 291-298;
(zitiert: Wendling, ET 1988)

Werbeck, Thomas Öffentliche Energieversorgungsunternehmen und Umweltschutz, Zeitschrift für öffentliche und gemeinwirtschaftliche Unternehmen 1995, S. 42-62; (zitiert: Werbeck, ZögU 1995)

Wetzel, Uwe /Weyand, Martin Das Verfahren der Mitentscheidung nach dem Maastrichter Vertrag, Eine Analyse unter besonderer Berücksichtigung der Binnenmarktvorschläge der Europäischen Kommission bezüglich Erdgas und Elektrizität, RdE 1994, S. 56-60; (zitiert: Wetzel/Weyand, RdE 1994)

Wiedemann, Gerhard Handbuch des Kartellrechts, München 1999, 1837 Seiten; (zitiert: Bearbeiter, in: Wiedemann, Handbuch)

Wiegand, Bodo Bestmöglicher Umweltschutz als Aufgabe der Europäischen Gemeinschaften - Zur Bedeutung des Gemeinschaftszieles Umweltschutz für die Europäische Integration -, DVBl. 1993, S. 533-543; (zitiert: Wiegand, DVBl. 1993)

Winter, Gerd Die Vereinbarkeit des Gesetzentwurfs der Bundesregierung über die Umweltverträglichkeitsprüfung vom 29.06.1988 mit der EG-Richtlinie 85/337 und die Direktwirkung dieser Richtlinie, NuR 1989, S. 197-205; (zitiert: Winter, NuR 1989)

Wolf, Andreas Das "einfache" Wegenutzungsrecht, Kartellrechtliche Beurteilung, ET 1988, S. 56-61; (zitiert: Wolf, ET 1988)

Wutzke, Reinhold Wettbewerbschutz in der DDR – Erfordernisse, Erwartungen, Möglich-

keiten und Spielräume, WuW 1990, S. 715-721;
(zitiert: Wutzke, WuW 1990)

Zask, Jean Exportkapazität der französischen Stromwirtschaft, in: Harms, Wolfgang (Hrsg.), Atomstrom aus Frankreich, Zur Schaffung eines Binnenmarktes für Strom; Versorgungskonzepte - Planungen und Realisierung; Ungleichbehandlung bei Konzessionsabgaben; Vorträge und Diskussionen des Energierechtsgesprächs am 12./13. Mai 1987, Köln, Berlin, Bonn, München 1987, S. 3-7;
(zitiert: Zask, Exportkapazität der französischen Stromwirtschaft)

Zillman, Donald M. United States Energy Policy: Directions for the 1990s, in: Berg- und Energierecht vor den Fragen der Gegenwart, Festschrift für Fritz Fabricius zum 70. Geburtstag, Stuttgart, München, Hannover 1989, S. 395-409;
(zitiert: Zillman, FS Fabricius)

Zils, Hans-Peter Die Wertigkeit des Umweltschutzes in Beziehung zu anderen Aufgaben der Europäischen Gemeinschaft: Untersuchungen zur Anwendung der Querschnittsklausel Art. 130r Abs. 2 Satz 2 EWGV im Gemeinschaftsrecht, Heidelberg 1994, 279 Seiten, Dissertation Trier;
(zitiert: Zils, Die Wertigkeit des Umweltschutzes)

Zinow, Bernd-Michael Kartellrechtliche Preisaufsicht nach "Schwäbisch Hall", ET 1996, S.247-250;
(zitiert: Zinow, ET 1996)

Zinow, Bernd-Michael Rechtsprobleme der grenzüberschreitenden Durchleitung von Strom in einem EG-Binnenmarkt für Energie, Europäische Hochschulschriften Band 1139, Frankfurt am Main, Bern, New York, Paris 1991, 195 Seiten, Dissertation Mannheim;
(zitiert: Zinow, Rechtsprobleme der grenzüberschreitenden Durchleitung von Strom)

Zuleeg, Manfred Umweltschutz in der Rechtsprechung des Europäischen Gerichtshofs, NJW 1993, S. 31-38;
(zitiert: Zuleeg, NJW 1993)

Zuleeg, Manfred Vorbehaltene Kompetenzen der Mitgliedstaaten der Europäischen Gemeinschaft auf dem Gebiete des Umweltschutzes, NVwZ 1987, S. 280-286;
(zitiert: Zuleeg, NVwZ 1987)

Schriften zum Europa- und Völkerrecht und zur Rechtsvergleichung

Herausgegeben von Prof. Dr. Manfred Zuleeg

Band 1 Mathias Mühlhans: Internationales Wassernutzungsrecht und Spieltheorie. Die Bedeutung der neueren völkerrechtlichen Vertragspraxis und der wirtschaftswissenschaftlichen Spieltheorie für das Prinzip der angemessenen Nutzung internationaler Binnengewässer. 1998.

Band 2 Michael Grüb: Europäische Niederlassungs- und Dienstleistungsfreiheit für Private mit hoheitlichen Befugnissen. 1999.

Band 3 Kathrin Bremer: Nationale Strafverfolgung internationaler Verbrechen gegen das humanitäre Völkerrecht. Am Beispiel einer Rechtsvergleichung Deutschlands, der Schweiz, Belgiens und Großbritanniens. 1999.

Band 4 Jon Marcus Meese: Das Petitionsrecht beim Europäischen Parlament und das Beschwerderecht beim Bürgerbeauftragten der Europäischen Union. 2000.

Band 5 Christoph Schalast: Umweltschutz und Wettbewerb als Wertwiderspruch im deregulierten deutschen und europäischen Elektrizitätsmarkt. 2001.

FSC
www.fsc.org
MIX
Papier | Fördert gute Waldnutzung
FSC® C083411

Kolibri 360 GmbH
Ferdinand-Jühlke-Straße 7
99095 Erfurt, Deutschland
produktsicherheit@kolibri360.de

Druck:
CPI Druckdienstleistungen GmbH
im Auftrag der
Kolibri 360 GmbH
Ferdinand-Jühlke-Str. 7
99095 Erfurt